Williams Turpin

Potentialités probiotiques de bactéries par une approche moléculaire

Williams Turpin

Potentialités probiotiques de bactéries par une approche moléculaire

Potentiel probiotique du microbiote d'un aliment fermenté africain: approche moléculaire et validation phénotypiques

Presses Académiques Francophones

Impressum / Mentions légales
Bibliografische Information der Deutschen Nationalbibliothek: Die Deutsche Nationalbibliothek verzeichnet diese Publikation in der Deutschen Nationalbibliografie; detaillierte bibliografische Daten sind im Internet über http://dnb.d-nb.de abrufbar.

Information bibliographique publiée par la Deutsche Nationalbibliothek: La Deutsche Nationalbibliothek inscrit cette publication à la Deutsche Nationalbibliografie; des données bibliographiques détaillées sont disponibles sur internet à l'adresse http://dnb.d-nb.de.

Coverbild / Photo de couverture: www.ingimage.com

Verlag / Editeur:
Presses Académiques Francophones
ist ein Imprint der / est une marque déposée de
OmniScriptum GmbH & Co. KG
Heinrich-Böcking-Str. 6-8, 66121 Saarbrücken, Deutschland / Allemagne
Email: info@presses-academiques.com

Herstellung: siehe letzte Seite /
Impression: voir la dernière page
ISBN: 978-3-8416-2327-0

Table des matières

3

5

Liste des figures

ACE : Angiotensin converting enzyme

ADN : Acide désoxyribonucléique

AFSSA : Agence française de sécurité sanitaire des aliments

AGCC : Acide gras à courte chaîne

ARN : Acide ribonucléique

ARNr : Acide ribonucléique ribosomique

AFLP : Amplified fragment length polymorphism

ATP : Adenosine triphosphate

B. : *Bifidobacterium*

Bcl2 : B-cell lymphoma 2

BL : Bactéries lactiques

BLA : Bactéries lactiques amylolytiques

BSH : Biles salts hydrolase

CDK : Cycline dependant kinase

CE : Cellules épithéliales

CLA : Acides linoléiques conjugués

CO_2: Dioxide de carbone

COG : Clusters de gènes orthologues

DGGE : Denaturating gradient gel electrophoresis

DHAP : Dihydroxyacetone-phosphate

EC : Enzyme classification number

ECM : Extracellular matrix

EFSA : European food safety authority

EPS : Exopolysaccharide

ER : Equivalent rétinol

FAD: Flavine adenine dinucleotide

FAO : Food and agriculture organization

FMN : Flavine mononucleotide

FRO : Forme réactive de l'oxygène

FU : 5-fluorouracil

GAP : Glycerinaldéhyde-3-phosphate

GABA : Gamma-aminobutyric acid

GALT : Gut Associated lymphoid tissue

GC% : Pourcentage en guanine et cytosine

GST : Glutathion S transférase

GTP : Guanosine triphosphate

GPM : Genome probing microarray

H_2O_2 : Peroxyde d'hydrogène

HPLC : Chromatographie en phase liquide à haute performance

Ig : Immunoglobuline

IL : Interleukine

INSD : Institut national de la statistique et de la démographie

IPP : Isoleucine-proline-proline

IS : Séquences d'insertion

Kcal : Kilocalorie

kD : Kilodalton

Lb. : *Lactobacillus*

LB : Lymphocytes B

LPS : Lipopolysacharides

LT : Lymphocytes T

LTA : Acides téichoïques et lipotéichoïques

MAP : Mitogen-activated protein

MDR : Multidrug resistance

MICI : Maladies inflammatoires chroniques intestinales

MLF : Fermentation malolactique

MLST : Multi locus sequence typing

MRS : de Man Rogosa et Sharpe

MTX : Méthotrexate

ORF : Open reading frame

OTA : Ochratoxine

OMS : Organisation mondiale de la santé

p-ABA : p-aminobenzoate

PAMPs : Pathogen-associated molecular patterns

PAT : Patuline

PCNA : Proliferating cell nuclear antigen

PCR : Polymerase chain reaction

PED : Pays en développement

PFGE : Pulse field gel electrophoresis

PP : Plaques de Peyer

PPAR-γ: Peroxysome proliferators-activated receptor γ

RAPD : Random amplification of polymorphic DNA

RFLP : Restriction fragment lenght polymorphism

Rep-PCR : Repetitive palindromic extragenic elements PCR

S.: *Streptococcus*

TGGE : Temperature gradient gel electrophoresis

TGI : Tractus gastro-intestinal

THF: Tetrahydrofolate

TJ : Tight junctions

TTGE : Temporal temperature gradient gel electrophoresis

UFC: Unité formant colonie

UNICEF : United nations of international children's emergency fund

VPP : Valine-proline-proline

WHO : World health organization (OMS)

Chapitre 1. Introduction générale

En France la consommation de céréales est estimée à environ 110kg/pers/an (hors bière). Au Burkina Faso elle est de 170kg/pers/an [177], et une grande proportion est consommée sous forme fermentée. Au contraire, en France, la forme de consommation de produits céréaliers fermentés (hors boissons) est essentiellement le pain. Dans les pays développés, les fermentations lactiques des aliments sont souvent intégrées dans des stratégies marketing pour construire des allégations nutritionnelles en réponse à l'attention des consommateurs pour un mode de vie « sain » et pour répondre à des attentes organoleptiques spécifiques. Ceci est volontairement caricatural pour souligner le décalage entre les attentes des consommateurs des pays du Nord et ceux du Sud (des pays en développement ou des populations rurales des pays émergents) où avant toutes ces considérations, la fermentation lactique est le moyen principal et le plus abordable pour conserver les aliments.

Etant donné la quantité et la diversité d'aliments fermentés des pays du Sud on peut imaginer qu'il existe une grande variété d'acteurs de la fermentation. Ces derniers sont assez bien connus [56]. En plus des levures et des champignons, les bactéries lactiques (BL) sont largement retrouvées pour la plupart de ces aliments. Ces BL présentent des intérêts technos alimentaires puisqu'elles permettent de préserver les aliments par la production d'acide lactique et de bactériocines et de contribuer à l'élaboration de leur qualité organoleptique par la production d'un certain nombre d'arômes qui participent à la typicité du produit. De nombreuses études se sont d'ailleurs attachées à sélectionner des souches d'intérêt nutritionnel ou technologique [545]. Cependant la relation de la microflore lactique avec l'Homme n'a été que très peu étudiée dans le contexte des aliments amylacés fermentés notamment vis-à-vis des effets santé potentiels.

Les BL, en particulier les lactobacilles et les bifidobactéries, sont largement connues pour leur potentiel probiotique et nutritionnel. Les effets probiotiques démontrés sont la stimulation du système immunitaire, la prévention et la réduction de l'intensité/durée des épisodes diarrhéiques, et la réduction de l'intolérance au lactose [636]. Les BL possèdent également d'autres capacités bénéfiques mais bien moins documentées. Il s'agit notamment de la synthèse de vitamines du groupe B, d'une amélioration de l'absorption des minéraux et nutriments, de la dégradation de facteurs antinutritionnels, de la modulation de la physiologie intestinale, et de la réduction de la perception à la douleur. Par ailleurs certains de ces effets bénéfiques peuvent aussi s'exercer au niveau de la modification des constituants de la matrice alimentaire pour, par exemple, contribuer à améliorer la digestibilité de certains macronutriments ou la biodisponibilité en micronutriments comme le fer et le zinc. Les BL peuvent par conséquent avoir des effets bénéfiques sur la santé en contribuant à la protection contre certaines maladies ou à prévenir certaines carences nutritionnelles. C'est pourquoi ils sont très étudiés, en témoignent les 8646 articles apparaissant dans la base de données biomédicale Pubmed en tapant les mots clés [lactic acid bacteria] (29254 références sur la base « Web of Knowledge »), et 964 références en entrant [lactic acid bacteria probiotic]. En revanche on en retrouve que 388 pour les mots clés [lactic acid bacteria cereal] et seulement 165 pour [lactic acid bacteria Africa]. Comparativement aux aliments fermentés des pays développés, relativement peu de recherches ont été menées sur les aliments fermentés amylacés des pays du Sud et encore moins sur les effets bénéfiques en santé que pourraient conférer les bactéries lactiques constitutives de leur microbiote. Ceci nous a conduit à formuler notre question centrale : les bactéries lactiques des aliments fermentés amylacés des pays du Sud possèdent-elles un équipement génétique susceptible de leur permettre d'avoir certaines propriétés fonctionnelles d'intérêt en santé, tant probiotiques que nutritionnelles?

La majorité des recherches sur les souches probiotiques sont réalisées par des combinaisons de tests phénotypiques, de tests sur des modèles animaux et cellulaires et des essais cliniques qui sont pour la plupart relativement longs à mettre en œuvre quand un nombre important de souches et de caractères doivent être étudiés simultanément. Néanmoins, la disponibilité des données génomiques a permis d'améliorer nos connaissances sur la diversité des BL ainsi que sur leurs propriétés fonctionnelles qui peuvent désormais être étudiées au niveau moléculaire [327; 283; 586]. Dans cette optique nous avons identifié *in silico* et recherché par des méthodes moléculaires les gènes codant pour des fonctions d'intérêts, choisies en fonction de l'objectif opérationnel de notre équipe, à savoir l'amélioration des situations nutritionnelles des jeunes enfants en Afrique, qui très fréquemment consomment en période de sevrage des bouillies fermentées à base de céréales comme aliment de complément à l'allaitement maternel.

Les critères que nous avons retenus, tant pour le criblage de gènes impliqués dans des fonctions probiotiques que nutritionnelles, sont : l'adhésion des bactéries sur la matrice intestinale (impliqué dans la production durable de molécules bénéfiques pour l'hôte, dans l'immunostimulation, et dans l'exclusion compétitive des pathogènes), la survie de ces dernières au passage dans le tractus gastro-intestinal (TGI), la croissance de l'hôte et la modification des matrices alimentaires (tannase, amines biogènes et amylases) la synthèse de vitamines du groupe B (en prévention des carences) et la synthèse de caroténoïdes (potentiellement provitaminiques).

Ne pouvant prétendre à une étude exhaustive des aliments fermentés traditionnels, mon sujet de thèse s'est porté sur l'étude du microbiote du *ben-saalga*, bouillie préparée à partir d'une pâte fermentée à base de mil (*Pennisetum glaucum*) couramment consommée au Burkina Faso par les jeunes enfants comme aliment de complément à l'allaitement maternel [580]. Cet aliment fermenté a fait l'objet d'une étude approfondie par le laboratoire notamment au cours d'un projet européen intitulé « CEREal FERmentation » (CEREFER) et il constitue un excellent modèle de travail développé en utilisant une approche intégrée en écologie microbienne des aliments et en nutrition. A cette occasion, une collection de 152 bactéries lactiques responsables de la fermentation du *ben-saalga* a été constituée. Cette collection de bactéries lactiques a été caractérisée pour certaines activités d'intérêt nutritionnels comme la synthèse d'α-amylase, de phytase et de galactosidase, et dans le domaine sanitaire, la production de bactériocines [438; 545].

C'est sur cette collection que nous avons réalisé un criblage génétique pour détecter des gènes responsables de la synthèse d'enzymes impliquées dans des fonctions probiotiques mais aussi présentant un intérêt en nutrition. Cette méthode a ensuite été appliquée à des métagénomes d'aliments amylacés fermentés. Afin de valider notre stratégie de criblage génomique, nous avons approfondi quelques aspects associés plus particulièrement au caractère probiotique des souches en réalisant des tests phénotypiques variés, des plus simples (dénombrement bactérien) aux plus complexes (PCR en temps réel), pour mettre en relation certains gènes avec des fonctions comme la résistance des souches aux bas pH et sels biliaires, leur capacité à adhérer aux cellules intestinales sur des cultures cellulaires ou leur effet sur la maturation du tube digestif de rats gnotobiotiques.

L'ensemble des travaux réalisés est présenté en 5 chapitres.

Le chapitre 1 donne l'introduction générale.

Le chapitre 2 est une revue bibliographique des connaissances axées sur les aliments de compléments traditionnels en Afrique, les aliments fermentés et leur microbiote, les bactéries lactiques en santé (probiotique et nutrition), les bases moléculaires de la capacité des bactéries probiotiques à survivre et à adhérer au tractus digestif humain, et enfin les lactobacilles et la protection contre les pathogènes.

Le chapitre 3 décrit les matériels, les protocoles et méthodes d'analyses utilisés dans le cadre de ce travail.

Le chapitre 4 présente les résultats et les discussions:
  -Un premier volet (4.1) présente les résultats de détection de gènes codant pour des fonctions d'intérêts probiotiques et nutritionnels et l'analyse phénotypiques de certains caractères.
  -Un second volet (4.2) présente l'analyse génétique de l'adhésion d'une collection de bactéries lactiques vers l'étude phénotypique, transcriptomique et biophysique de l'adhésion de quelques souches.
  -Un troisième volet (4.3) présente les résultats obtenus de l'effet d'un cocktail de trois lactobacilles sur la maturation du tube digestif de rats initialement axéniques.

Le chapitre 5 propose une discussion générale sur l'ensemble des résultats obtenus au cours de ce travail, expose les limites de l'étude, et défini les perspectives de recherche.

Les résultats de cette thèse ont fait l'objet de la rédaction d'une revue publiée dans International Journal of Food Microbiology, un article a été accepté pour publication à Applied and Environmental Microbiology, un autre est en projet pour soumission à PloS ONE. Les derniers résultats sont présentés sous la forme de projet d'article.

Chapitre 2. Revue bibliographique

La malnutrition des jeunes enfants et des nourrissons dans les pays en développement (PED) constitue un problème majeur de santé publique [593]. Selon l'OMS, 178 millions d'enfants de moins de cinq ans présentent un retard de croissance dans le monde et 90% d'entre eux vivent dans les pays fortement défavorisés particulièrement dans les pays d'Asie du sud et d'Afrique Sub-saharienne [440]. De plus, 27% des enfants de moins de cinq ans soit près de 146 millions d'enfants souffrent d'insuffisance pondérale [592]. Par exemple au Burkina Faso l'insuffisance pondérale est retrouvée chez 31% des enfants de moins de cinq ans et 35% présentent un retard de croissance [594]. Les pratiques d'allaitement et d'alimentation ainsi que l'environnement sanitaire constituent les principaux facteurs déterminants de l'état nutritionnel des nourrissons et des jeunes enfants. Les recommandations internationales conseillent l'allaitement exclusif au sein pendant les six premiers mois de la vie (nourrisson) et il doit se poursuivre ensuite jusqu'à l'âge de deux ans au moins (jeunes enfants) en l'associant à une alimentation de complément adapté. L'Afrique est la région du monde où l'allaitement au sein est le plus répandu et dure le plus longtemps, avec cependant une grande hétérogénéité dans les pratiques qui peut expliquer ces situations nutritionnelles et les retards de croissance chez ces enfants. Au Burkina Faso, l'allaitement maternel est pratiqué par 98% des femmes et se poursuit longtemps après la naissance, mais les aliments de complément sont généralement introduits trop précocement ou trop tardivement dans l'alimentation [261]. De plus, ces aliments sont principalement constitués de bouillies traditionnelles à base d'une seule céréale comme le maïs, le mil ou le sorgho, riches en amidon et les aliments riches en lipides et en micronutriments sont consommés en quantité insuffisante, particulièrement ceux d'origine animale tels que le lait, le fromage, les œufs ou la viande [156]. Ces bouillies traditionelles sont souvent fermentées permettant ainsi de conserver les aliments en utilisant un procédé simple et non coûteux. Sous cette forme elles contribuent à l'unicité de ces aliments et à l'identité socio-culturelle des consomateurs. Les acteurs de ces fermentations ont été étudiés à plusieurs reprises [56; 229] mais dans une bien moindre envergure que chez les produits des pays développés. Cependant si les acteurs sont aujourd'hui assez bien caractérisés, les fonctions qu'ils exercent sont moins bien connues. Quelques travaux on été entrepris dans ce sens, mais ils ciblaient le plus souvents les fonctions d'intérêts technologiques et parfois nutrionnels en relation avec des modifications de la matrice alimentaire et l'on peut se demander ce qu'il en est des fonctions d'intérêts en santé humaine, une fois ces bactéries ingérées. En effet, de nombreuses activités bénéfiques à la santé sont reconnues aux BL probiotiques utilisées fréquemment dans les pays développés, mais qu'en est-il des bactéries lactiques naturellement présentes dans les aliments fermentés tropicaux ?

Après une présentation des aliments de complément africains, nous insisterons sur les aliments fermentés et leur microbiote. Ensuite nous parlerons des origines moléculaires de la capacité des bactéries probiotiques à survivre et à adhérer au tractus digestifs humain puis nous aborderons les mécanismes moléculaires des lactobacilles impliqués dans la nutrition, dans la prévention des maladies et enfin dans la protection contre les pathogènes.

I Les aliments de complément traditionnels en Afrique

Parmi les mesures préventives qui peuvent réduire la mortalité chez les enfants de moins cinq ans, on retrouve l'allaitement exclusif pendant six mois, ainsi que la bonne qualité des aliments de complément. D'après certaines estimations, ces mesures permettraient d'éviter près de 600 000 décès par an [273]. L'incidence de la malnutrition augmente dramatiquement chez les jeunes enfants de 6 à 18 mois et les déficits acquis pendant cette période sont ensuite généralement difficile à compenser. En effet, à partir de 6 mois tous les enfants doivent recevoir des aliments de compléments appropriés pour compléter les apports en énergie et en nutriments du lait maternel, devenus insuffisant pour assurer seul la couverture de leurs besoins [631]. Ces aliments de compléments désignent toutes sortes d'aliments donnés en complément du lait maternel, parmi lesquels les bouillies et les produits lactés de substitution [37]. Ils peuvent se présenter sous forme de produits manufacturés à l'échelle traditionnelle, artisanale ou industrielle et peuvent résulter de différentes matières premières ou de leur combinaison généralement avec des fruits et légumes, des céréales, des tubercules, des racines ou des ingrédients divers (viande, poisson, légumineuse etc.). Ils doivent répondre aux besoins nutritionnels des jeunes enfants et bien sûr présenter des caractéristiques sanitaires adéquates. En plus de ces caractéristiques, les aliments de complément doivent avoir des caractéristiques organoleptiques, culturelles et économiques acceptables par les mères et les enfants. Ils doivent être disponibles, facilement accessibles et présenter une grande commodité de préparation. Les traitements technologiques utilisés lors des procédés de fabrication doivent permettre de rendre utilisables les nutriments qu'ils contiennent et d'éliminer ou réduire suffisamment les effets néfastes des composés susceptibles de diminuer leur acceptabilité ou leur efficacité nutritionnelle.

1) Caractéristiques nutritionnelles

Les recommandations sur les densités en protéines, lipides, quelques vitamines et minéraux, requises pour les aliments de complément des pays en voie de développement sont décrites dans le Tableau 1 [370]. Ces recommandations tiennent compte de niveaux d'ingérés du lait maternel moyens en fonction de l'âge [629].

Tableau 1 : Composition nutritionnelle recommandée pour les aliments de complément dans les PED par ration journalière

	Pour 100 g de farine		
	6-11 mois	12-23 mois	6-23 mois
Energie et macronutriments			
Energie (kcal)	440	440	440
Protéines (g)	7,5-11,3	6,7-10,8	6-11
Lipides[1] (g)	11,7	13,7	12,7
Micronutriments			
Vitamine A (µg ER)	500	500	500
Folates (µg)	43,6-54,5	83	83
Vitamine D (µg)	2,5-5	1,7-3,3	2-4
Calcium (mg)	250-500	170-330	200-400
Fer (mg)	27,5	11,7	14
Zinc (mg)	10-12,5	6,7	8,3

[1] 24% d'énergie apporté par les lipides chez les enfants de 6 à 11 mois, 28% pour les enfants de 12-23 mois d'âge et 26% pour les enfants de 6 à 23 mois d'âge. ER : équivalent rétinol.

D'après : Lutter et Dewey, 2003.

Les aliments traditionnels utilisés comme aliments de compléments ont une composition nutrionelle assez éloignée de ces recommandations [581; 415]. En effet, elles possèdent des teneurs en matière sèche comprise entre 5 et 10g/100g de bouillie correspondant à des densités énergétique de 20kcal/100g. Les farines infantiles et produits fermentés utilisés en Afrique comme aliment de compléments devraient avoir des caractéristiques telles qu'ils puissent être préparés sous forme de bouillies ayant une densité énergétique d'au moins 100 kcal/100g tout en conservant une consistance fluide acceptable par les jeunes enfants. Ces densités énergétiques très faibles sont dues au fait que pour avoir une consistance semi-liquide aisément consommable par les jeunes enfants, il est nécessaire de diluer les bouillies pour limiter leur épaississement au cours de la cuisson. En outre, les bouillies traditionnelles fermentées ont souvent une composition nutritionnelle déséquilibrée car très pauvres en lipides et en protéines par comparaison aux valeurs recommandées.

Ceci est dû essentiellement au fait que ces aliments sont réalisés pratiquement exclusivement à base de céréales. En effet, en Afrique le sorgho et le mil ont un caractère ancestral et représentent près de la moitié de la production céréalière du continent. Au Burkina Faso, malgré une baisse observée depuis ces cinq dernières années, les cultures céréalières dont le sorgho, le mil et le maïs représentent respectivement 42%, 28% et 23% de la production totale. Ces céréales occupent une place prépondérante dans les consommations alimentaires des populations d'Afrique subsaharienne et sont une source majeure d'énergie mais procurent aussi dans une moindre mesures les protéines le fer et le zinc pour ces populations. Le mil et le sorgho constituent la base de l'alimentation de la population burkinabè, représentant près de 74% de sa consommation alimentaires [180]. Les grains de mil sont aussi une source importante de vitamines du groupe B (excepté la vitamine B12) et de vitamines E qui sont principalement retrouvées dans le germe (Tableau 2).

Tableau 2 : Teneurs en différents minéraux et vitamines du mil chandelle

Minéraux (mg/100g)		Vitamines (mg/100g)	
Ca	41,0	Vitamines A (μg ER)	24,0
Cl	47,0	Thiamine	0,3
Cu	0,5	Riboflavine	0,2
Fe	10,8	Niacine	2,9
Mg	125,0	Vitamine E	1,9
Mn	0,8		
P	373,0		
K	460,0		
Na	17,0		
Zn	2,4		

D'après Taylor (2004). ER : équivalents rétinol

Les aliments à base de mil sont principalement des produits traditionnels obtenus parfois de la préparation de grains entiers ou concassés, mais le plus souvent de farine ou de semoule, issus du décorticage et de la mouture des grains. Pour la préparation des produits dérivés du mil, plusieurs traitement utilisés seuls ou en combinaison sont utilisés, parmi lesquels : le trempage, le lavage, le décorticage, la mouture, la cuisson à la vapeur, la torréfaction, la germination, la fermentation et la cuisson à l'eau. Le mil est la céréale de prédilection pour la préparation des bouillies, fermentées ou non, à cause de ses caractéristiques organoleptiques très appréciées des consommateurs et des qualités nutritionnelles qu'on lui reconnaît comparées aux autres céréales locale [299]. Comme pour les autres céréales, l'amidon est le principal constituant du mil. En effet, dans le mil chandelle (*Pennisetum glaucum*) les teneurs en amidon varient de 63 à 78% [566] (Tableau 3).

Tableau 3 : Composition globale des grains de céréales en % de matière sèche

Produits	Amidon	Protéines	Lipides	Fibres totales
Maïs (*Zea mays*)	65-68	8-10	3,5	7-9
Riz complet [a] (*Oryza sativa*)	72-80	7	1,0	1-2
Blé [a] (*triticum*)	68-72	9-12	2,0	12
Orge [a]	62-65	8,5-10,5	1,0	10
Sorgho [b] (*Sorghum spp*)	65,3-81,0	8,1-16,8	1,4-6,2	0,4-7,3
Mil [c] (*pennisetum glaucum*)	63,1-78,5	8,6-19,4	1,5-6,8	8-9,0

Source (a) USDA Handbook No.8; supplier specifications [595; 596]

(b) Rooney et Serna-Salvador, 2000 [496]

(c) Taylor, 2004

Au Burkina Faso, plusieurs bouillies sont préparées à base de mil et consommées régulièrement par les jeunes enfants. Le *ben-saalga* est une bouillie fermentée très commune mais commes ses caractéristiques ne sont pas suffisantes pour assurer l'alimentation du jeune enfant, son procédé traditionnel à été étudié pour proposé des méthodes ayant pour objectifs d'améliorer ses qualités sanitaire et nutritionnelle [580; 545]. L'un des moyens d'améliorer la qualité nutritionnelle du *ben-saalga* consiste à modifier sa recette par l'ajout de noix d'arachides permettant d'équilibrer sa composition en macronutriment. Des modifications du procédé de fabrication sont également possibles pour améliorer la densité énergétique. En effet, l'ajout de quantités plus importantes de matière sèche (sous forme de farine) afin d'augmenter la densité énergétique induit après cuisson un épaississement de la bouillie qui la rend impropre à la consommation par le jeune enfant. Pour la fluidifier, il est nécessaire d'hydrolyser l'amidon par l'ajout d'α-amylase industrielle ou contenue dans du malt après une étape de cuisson (gélatinisation de l'amidon). Cette hydrolyse étant suivie d'une inoculation par pied de cuve ou par une bactérie lactique amylolytique. Enfin des compléments en vitamines et minéraux sont ajoutés pour équilibrer la composition en micronutriments [581; 582; 546].

2) Caractéristiques sanitaires

Les maladies d'origine alimentaire constituent un problème courant et croissant de santé publique, que ce soit dans les pays développés ou ceux en développement. Il est difficile d'estimer l'incidence mondiale des maladies d'origine alimentaire mais on a notifié en une seule année (2005) le décès de 1,8 millions de personnes est dû à des affections diarrhéiques, une grande proportion de ces cas provenant de la consommation d'eau ou d'aliments contaminés. La diarrhée est en outre une cause importante de malnutrition chez le nourrisson et le jeune enfant [439]. La qualité sanitaire des aliments de complément est donc particulièrement importante. Les contaminants chimiques naturels ou néoformés (mycotoxines, glucosides cyanogéniques, toxines, dioxines, biphényles polychlorés, plomb, mercure etc.) doivent être absents ou en quantité inférieure à leur seuil de toxicité. Les agents pathogènes responsables de diverses pathologies doivent également être absents. Il s'agit essentiellement des *Salmonella enteritidis*, des *Campylobacter jejuni*, des *Escherischia coli* entérohémorragiques ou diarrhéiques, des *Listeria monocytogenes*, des *Clostridium botulinum*, des *Staphylococcus aureus* ou encore des *Vibrio cholerae*. En plus de ces pathogènes, *Bacillus cereus* est une espèce bactérienne fréquemment retrouvé dans les aliments du Sud et est à l'origine de deux types de maladies transmises par les aliments : d'une part une maladie caractérisée par des symptômes diarrhéiques, d'autre part une maladie caractérisée par des symptômes émétiques [644]. Enfin, la préparation et la conservation des aliments de complément doivent être réalisées dans des conditions d'hygiène satisfaisante. Pourtant, en fonction de la production des aliments (unités familiales, communautaires, artisanales ou semi-industrielles) les mesures sanitaires préventives ne sont que rarement effectuées. Ainsi les petites unités de productions sont plus sensibles aux contaminations environnementales (Figure 1). Néanmoins la fermentation permet de réduire fortement la charge de bactéries pathogènes.

Figure 1 : Sources de contaminations possibles des aliments issus de petites unité de productions

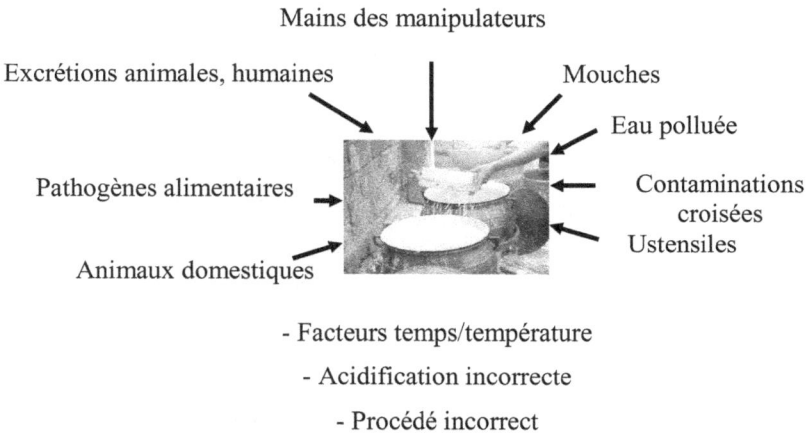

Mains des manipulateurs

Excrétions animales, humaines

Mouches

Eau polluée

Pathogènes alimentaires

Contaminations croisées

Ustensiles

Animaux domestiques

- Facteurs temps/température
- Acidification incorrecte
- Procédé incorrect

II Les aliments fermentés et leur microbiote

1) Les aliments fermentés

Les aliments fermentés sont très variés et nombreux. Dans les pays développés ces aliments sont le plus souvent d'origine laitière et les principales bactéries impliquées dans leur fermentation sont les bactéries lactiques (Tableau 4). Le groupe des BL comprend de nombreux genres de morphologies variées comme *Carnobacterium, Enterococcus, Lactobacillus, Lactococcus, Leuconostoc, Oenococcus, Paralactobacillus, Pediococcus, Streptococcus, Tetragenococcus, Vagococcus,* et *Weisella.* Les BL sont retrouvées partout dans la nature y compris chez l'Homme. Ce sont des bactéries à Gram positives, asporulées, aérotolérantes, catalases négatives, nitrates réductases négatives, cytochromes oxydases négatives, et elles produisent principalement de l'acide lactique à partir de la fermentation des glucides. Les différents genres de bactéries lactiques sont séparés par une divergence évolutive considérable et ce malgré des caractéristiques physiologiques communes. Outre la présence de sucre fermentescible, ces bactéries ont des exigences nutritionnelles variables selon la souche et l'espèce mais la plupart se développent dans des milieux relativement riches en vitamines, sels, peptides, acides gras et acides aminés. Leur métabolisme leur permet de croître à pH bas compris entre 4,0 et 4,5. Cependant certaines peuvent se multiplier à des températures extrêmes (4°C et 45°C) et à des pH extrêmes (9,6 et 3,2).

Dans les pays occidentaux, les bactéries lactiques sont actuellement utilisées comme cultures starters dans de nombreuses fermentations alimentaires industrielles pour en améliorer la qualité et la sécurité, et standardiser le produit final [84; 367; 366]. Les cultures starter laitières appartiennent essentiellement aux genres *Lactococcus*, *Lactobacillus*, *Leuconostoc* et *Streptococcus* et ont des caractéristiques techno-alimentaires bien connues. Lorsque l'on s'intéresse aux aliments non laitiers, on retrouve essentiellement les boissons alcoolisées (vin), la charcuterie (saucisson), et quelques végétaux (olives, choucroute). Les acteurs de la fermentation sont très variables. Par exemple dans les produits carnés, les lactobacilles appartenant au groupe phylogénétique des *Lb. casei* ainsi que des coques à coagulases négatifs sont fréquemment détectés. Dans le levain, les BL (*Lactobacillus*, *Leuconostoc*, *Pediococcus* et *Weisella*) coexistent avec les levures. Les microorganismes impliqués dans la fermentation du vin sont aussi très nombreux et dominés par les levures comme *Saccharomyces cerevisiae* pour la fermentation alcoolique alors que les BL (*Lactobacillus, Leuconostoc, Oenococcus, Pediococcus*) interviennent plutôt dans la conversion malolactique. A coté de ces aliments relativement peu nombreux, il existe une énorme quantité d'aliments fermentés de part le monde et en particulier dans les pays du Sud.

Tableau 4 : Exemples d'aliments fermentés traditionnels consommés dans les pays développés

Matrice	Dénomination	Bactéries lactiques présentes
Lait	Yakult	*Lb paracasei*
Lait	Yaourt	*Streptococcus thermophilus, Lb. delbrueckii ssp. bulgaricus*
Lait	Camembert, Cheddar, brie	*Lactococcus lactis, Penicillium camenberti, Lb. delbrueckii, Lb. heleveticus etc.*
lait	Emmental	*Lactococcus lactis, Streptococcus thermophilus, Enterococcus faecium, Enteroccus faecalis, Leuconostoc mesenteroides etc.*
lait	Kefir	*Lb. casei, Lb. brevis, Lb. fermentum, Saccharomyces florentinus, Kluyveromyces lactis, Lb. heleveticus, Streptococcus durans etc.*
Viande	Chorizo	*Lb. plantarum, Lb. sakei, Lb. curvatus, Staphylococcus xylosus*
Viande	Saucisson	*Lb. plantarum, Lb. sakei, Lb. curvatus, Enterococcus faecium, Leuconostoc mesenteroides etc.*
Farine	Pain au levain	*Lb. sanfranciscensis, Lb. delbruecki, Lb. plantarum, Lb. buchneri, Lb. brevis, Lb. farciminis, Lb fermentum, Leuconostoc mesenteroides, Pediococcus pentosaceus, Weisella cibaria etc.*
Végétaux	Câpre	*Lb fermentum, Lb. plantarum, Lb. brevis, Pediococcus pentosaceus, Enterococcus faecium etc.*
Végétaux	Olives	*Lb. plantarum, Enterococcus casseliflavus, Enterococcus faecium etc.*
Végétaux	Vin	*Oenoccus oeni, Pediococcus parvulus, Lb. hilgardii, Lb buchneri, Pediococcus damnosus etc.*
Végétaux	Choucroute	*Leuconostoc mesenteroides, Lb. plantarum, Lb. brevis etc.*

D'après Cocolin et Ercolini, (2008) [113]

2) Les aliments fermentés traditionnels des pays du Sud

Les aliments fermentés traditionnels sont très divers. Même si l'on se limite au continent Africain on constate que les matières premières sont également très variables et comprennent des céréales (mil, maïs, riz, sorgho), des racines (manioc, taro), des légumes secs (haricot, pois chiche, graine de soja), mais également les graines de cacao ou les grains de café

(Tableau 5). Ils sont consommés sous forme de boissons, bouillies, soupes etc. Les technologies employées pour leur fabrication sont très variées et résultent en de nombreux et complexes changements biochimiques, sensoriels et nutritionnels. Il peut y avoir une ou plusieurs étapes de fermentation allant de quelques heures à plusieurs mois selon l'aliment. Contrairement aux aliments fermentés des pays développés où les fermentations sont en majorité contrôlées, les fermentations sont pour la plupart spontanées. On constate aussi que cette diversité de matières première et de procédés se traduit par une grande variété des acteurs de la fermentation. Pour les aliments à base de céréales le microbiote est dominé par des BL associées à des levures présentes en moindre proportion. Pour d'autres types d'aliments, comme ceux à base de légumineuses la microflore dominante est constituée de bactéries du genre *Bacillus* qui réalisent une fermentation alcaline responsable du développement d'arômes très particulier. Dans le *Soumbala* par exemple, plus de 116 composés aromatiques on été identifiés dans des échantillons collectés sur le terrain, alors qu'une quarantaine de composés aromatiques seulement sont retrouvés dans le camenbert [308; 445]. Par rapport aux aliments fermentés des pays développés le nombre d'études consacrées à ces aliments extrêmement divers est extrêmement faible. Les BL sont donc responsables de la fermentation de nombreux aliments et cette plasticité peut être attribuée à leur métabolisme particulier qui leur permet notamment d'utiliser de nombreuses sources de carbone.

Tableau 5 : Exemples d'aliments fermentés traditionnels consommés en Afrique

Matrice	Nom local du produit	Pays d'origine	Principaux microorganismes	Nature du produit	Utilisation de l'aliment
Graine de néré	*Soumbala*	Burkina Faso	*Bacillus subtilis, Bacillus pumilus, Bacillus thuringiensis, Bacillus licheniformis* etc.	Solide	Condiment
Graine de néré	*Dawadawa*	Nigeria	*Bacillus subtilis, Bacillus licheniformis, Bacillus firmus, Bacillus pumilus* etc.	Solide	Plat d'accompagnement
Manioc	*Chickwangue*	Congo	*Streptoccocus faecium, Bacillus licheniformis, Lb. plantarum, Leuconostoc mesenteroides*	Pâte	Aliment de base
Manioc	*Gari*	Afrique de l'ouest	*Lb. plantarum, Weissella confusa, Lactococcus garvieae*	Farine	Aliment de base
Manioc	*Lafun*	Afrique de l'ouest	*Lb. fermentum, Lb. plantarum, Weissella confusa, Saccharomyces cerevisiae, Bacillus cereus* etc.	Pâte	Aliment de base
Maïs	*Kenkey*	Ghana	*Lb. plantarum Lb. fermentum Candida krusei Saccharomyces cerevisiae*	Pâte	Plat d'accompagnement
Maïs, mil, sorgho	*Ogi, mawé*	Afrique de l'ouest	*Lb. fermentum, Lb. reuteri, Lb. brevis, Lb. salivarius, Lactococcus lactis, Pediococcus pentosaceus, Pediococcus acidilactici, Leuconostoc mesenteroides*	Pâte	Plat d'accompagnement
Maïs,	*Banku*	Ghana	LAB, levure	Pâte	Plat

manioc					d'accompagnement
Maïs, manioc	*Mahewu*	Afrique du Sud	*Lb. delbrueckii, Lb. brevis*	Liquide	Boisson
Maïs, mil	*Togwa*	Afrique de l'Est	*Lb. plantarum, Lb. brevis, Lb. fermentum, Lb. cellobiosus, Pediococcus pentosaceus, Weissella confusa, Issatchenkia orientalis, Saccharomyces cerevisiae, Candida pelliculosa, Candida tropicalis*	Liquide	Boisson
Mil	*Ben-saalga, koko*	Burkina Faso, Ghana	*Lb. fermentum, Lb. brevis, Lb. curvatus, Lb. buchneri, Lb. plantarum, Pediococcus acidilactici, Pediococcus. pentosaceus, Weissella confusa etc.*	Liquide	Bouillie
Sorgho	*Hussuwa*	Soudan	*Lb. fermentum, Pediococcus acidilactici, Pediococcus pentosaceus, Enterococcus faecium*	Pâte	Plat d'accompagnement
Sorgho et manioc	*Buruku*	Nigeria	LAB, *candida* spp., *Saccharomyces cerevisiae*	Liquide	Boisson
Sorgho, maïs,	*Pito*	Nigeria	*Saccharomyces cerevisiae, Candida tropicalis, Lb. fermentum, Leuconostoc lactis, Lb. delbrueckii* etc.	Liquide	Boisson

D'après Cocolin et Ercolini, (2008)

3) Métabolisme des bactéries lactiques

La première étape de fermentation de l'aliment est l'utilisation des glucides par les BL. Les BL sont capables de dégrader une large gamme d'oses comme le lactose et le galactose pour les produits laitiers, mais aussi le saccharose, le maltose, le glucose, le fructose et des α-galactosides pour les produits d'origine végétale. Le métabolite majeur de cette dégradation est l'acide lactique. Cependant les BL sont capables de modifier leur métabolisme pour s'adapter à différentes niches écologiques ce qui peut les amener à produire différents métabolites.

Deux voies métaboliques existent pour la fermentation du glucose. La première est une voie homofermentaire (homolactique), la voie d'Embden-Meyerhof-Parnass (EMP) ou glycolyse caractérisée par la formation de fructose 1,6-disphosphate (FDP) qui à son tour est hydrolysé par la FDP aldolase en glycéraldéhyde-3-phosphate (GA-3P) et dihydroxyacétone-phosphate (DHAP). Le GA-3P est ensuite converti en pyruvate. De cette manière une molécule de glucose produit 2 molécules d'acides lactiques ainsi qu'un gain net de 2 ATP. Cette voie caractérise les BL homofermentaires et les lactobacilles hétérofermentaires facultatifs en présence d'hexoses comme le glucose. L'autre voie métabolique de fermentation du glucose est une voie hétérofermentaire (fermentation hétérolactique), la voie des pentoses phosphates. La phosphorylation du glucose en glucose-6P conduit à la formation de 6P-gluconate converti par une décarboxylation oxydative en ribulose-5P épimérisé en xylulose-5P. Ce dernier composé est converti en GA-3P et acétyl-P grâce à une enzyme spécifique de la voie hétérofermentaire, la D-xylulose-5P phosphocétolase.

Le GA-3P est alors converti en lactate tandis que l'acetyl-phosphate est converti en éthanol et/ou en acétate. Cette voie est utilisée par les bactéries hétérofermentaires et les lactobacilles hétérofermentaires facultatifs en présence de pentoses. Elle conduit à la production d'une molécule d'acide lactique, d'éthanol (et/ou d'acétate), de dioxide de carbone (CO_2) et à un ATP par molécule de glucose.

Le maltose est la plus abondante source de carbone et d'énergie du levain de panification pour l'élaboration des pains au levain, c'est pourquoi son catabolisme est une étape clé de la fermentation de cet aliment. Chez les espèces *Lb. sanfranciscensis*, *Lb. reuteri* et *Lb. fermentum,* il existe une maltose phosphorylase intracellulaire qui assure le clivage du maltose en glucose-1-phosphate et glucose [611]. La phosphoglucomutase convertit ensuite le glucose-1-phosphate en glucose 6-phosphate qui entre alors dans la voie des pentoses phosphate. Mais dans d'autres cas, comme cela a été montré pour une souche de *Lb. fermentum* [82] la maltose phosphorylase n'est pas présente, le maltose peut être hydrolysé en glucose par une α-glucosidase et le glucose est ensuite métabolisé selon la voie classique.

Certaines BL comme *Lb. fermentum*, *Lb. sanfranciscensis* et *Lb. pontis* sont capables d'utiliser le fructose comme source de carbone. Néanmoins chez ces espèces en présence de maltose ou d'autres oses le fructose est utilisé comme accepteur d'électron et est réduit en mannitol [556]. La réduction du fructose en mannitol génère de l'ATP via une acétate kinase.

En général, les pentoses comme le ribose et le xylose entrent dans la bactérie grâce à une perméase spécifique. Les pentoses sont alors phosphorylés et convertis par des isomérases, et épimérases en l'intermédiaire commun, le D-xylulose 5-phosphate qui est métabolisé par la voie des pentoses phosphate en acide lactique et acétate avec un gain de deux ATP [276].

Le citrate est présent dans des matrices fermentées comme le lait ou les végétaux et il peut servir de source d'énergie aux BL. Le citrate est pris en charge par un transporteur et est converti en acétate et oxaloacétate via une citrate lyase. L'oxaloacétate est ensuite décarboxylé en pyruvate [252].

Les BL possèdent donc de nombreuses voies métaboliques leur permettant de se développer dans de nombreuse niche écologiques. Certaines espèces comme *Lb. plantarum* ont gardé cette capacité à croître dans ces différents environnements alors que d'autres se sont acclimatées à des milieux restreints comme *Streptococcus thermophilus* très bien adapté au milieu laitier. Dans la plupart des cas les fermentations permettent d'améliorer la qualité nutritionnelle et sanitaire des aliments.

4) Avantages de la fermentation

La fermentation lactique est considérée comme l'un des procédés le plus ancien et le plus économique pour la conservation des aliments, particulièrement dans les pays tropicaux où les fortes températures combinées aux niveaux élevés d'humidité favorisent la fermentation spontanée. La fermentation lactique est la plus répandue mais il existe aussi d'autres types de fermentations (alcaline, alcoolique). Les BL forment un groupe de bactéries extrêmement important et intéressant du fait de leurs nombreuses activités métaboliques qui contribuent aux caractéristiques organoleptiques très appréciées des produits fermentés, notamment la flaveur, la saveur, la texture ainsi que les attributs nutritionnels et technologiques en plus de leur rôle dans la conservation des aliments [176; 448;]

[429]. Parmi ces effets, la fermentation lactique permet d'inhiber les microflores pathogènes grâce à la production d'acides lactiques et acétiques, de peroxydes d'hydrogène, de bactériocines et à la diminution du pH. Elle permet également des modifications importantes de l'aliment en améliorant les caractéristiques organoleptiques et leurs valeurs nutritionnelles. Enfin, une fermentation naturelle permet aussi d'obtenir des produits de qualité organoleptique variée, contrairement aux produits utilisant des cultures starters qui conduisent à des produits standardisés pouvant être considérés comme monotones. Les principaux effets nutritionnels bénéfiques rapportés dans la littérature sont les suivants :

• L'amélioration de la digestibilité des protéines due à l'hydrolyse de celles-ci en acides aminés par les protéases des bactéries lactiques [434]

• L'augmentation de la teneur et de la disponibilité des acides aminés : lysine, méthionine et tryptophane [567]

• L'amélioration de la digestibilité de l'amidon, grâce à l'activité amylolytique de certaines bactéries lactiques amylolytiques (BLA) [545; 546]

• L'amélioration de la teneur en vitamine du groupe B, notamment en riboflavine, niacine et thiamine [99]

• La réduction des facteurs antinutritionnels tels que les α-galactosides (stachyose et raffinose responsables de flatulences), les phytates et les composés phénoliques (diminuant la biodisponibilité des minéraux tels que le fer, le zinc, le calcium, etc.), et les inhibiteurs de protéases (facteur inhibiteur de la trypsine), [341; 545; 492]

• La réduction de composés toxiques comme les amines biogènes, les composés cyanogéniques (e.g. linamarine) etc. [211; 336; 119]

La fermentation naturelle est donc un moyen économique et efficace pour améliorer la qualité nutritionnelle et sanitaire des aliments. Les aliments fermentés participent aussi à l'identité culturelle, et ce procédé de fabrication doit se perpétuer malgré certains points négatifs abordés ci-après.

5) Inconvénients de la fermentation

Malgré ces avantages, la fermentation peut présenter quelques inconvénients. En Afrique, la fermentation naturelle ou spontanée est majoritairement pratiquée dans la préparation des bouillies traditionnelles fermentées [247; 397]. Cette pratique ancestrale de fermentation connue depuis des millénaires résulte d'une activité compétitive d'une diversité de microorganismes autochtones et de contaminants qui proviennent naturellement des matières premières, du matériel utilisé et de l'environnement. Cette complexité de la microflore naturelle rend difficile le contrôle de la fermentation spontanée et entraîne une grande variabilité au niveau de la qualité nutritionnelle, sanitaire et sensorielle des bouillies fermentées [11; 12; 563]. Même si cette variabilité peut être souhaitée afin d'obtenir des produits différents à chaque fabrication, les procédés traditionnels ne permettent pas toujours d'obtenir des produits de qualité hygiénique et organoleptique satisfaisante [11; 12; 563; 268]. Ce mode de fermentation spontannée est encore dominant dans une grande partie du monde en développement mais elle tend à devenir une pratique ancienne dans les pays industrialisés en raison des efforts réalisés pour développer des procédés qui permettent d'améliorer et de contrôler la qualité des aliments fermentés.

De plus la qualité sanitaire n'est pas toujours assurée par les fermentations lactiques. En effet certains pathogènes sont retrouvés dans ces aliments [2; 268; 457; 350] car certains germes sont capables de résister au pH acide résultant de la fermentation comme certaines souches acido-tolérantes d'*E. coli* entéropathogènes ou de résister à des traitements thermiques par sporulation comme *Bacillus cereus* [108; 100].

Le métabolisme des bactéries lactiques entraîne la production d'acide lactique pouvant être sous forme L(+) ou D(-) ou en mélange racémique. Seule la forme L(+) est métabolisé chez l'Homme [448]. Ainsi, la consommation d'une grande quantité d'acide D-lactique (supérieure à 100 mg/j/kg de poids corporel) peut résulter en une accumulation dans le sang et par conséquent provoquer une acidose métabolique. La consommation d'un litre/j de bouillie à 1% d'acide D-lactique par individu de 50 kg constitue la dose limite avant la manifestation de cette pathologie.

Un autre risque lié à la fermentation est la formation d'amines biogènes, principalement l'histamine, la tyramine, la putrescine, et la cadavérine issues de la décarboxylation d'acides aminés comme l'histidine, l'arginine, la sérine, ou la lysine. Ces composés toxiques peuvent être retrouvé dans de nombreux aliments fermentés et leur consommation peut avoir de graves conséquences toxicologiques mais ce risque est essentiellement limité à des produits d'origine animale [376; 548]. Cependant et selon les concentrations la putrescine peut aussi être bénéfique pour la maturation du système intestinal.

Afin de mieux comprendre les facteurs pouvant influencer la qualité des aliments de complément fermentés, plusieurs études sur le microbiote de ces aliments ont été réalisées par des approches classiques de culture et de plus en plus fréquemment à l'aide d'outils de biologie moléculaire.

6) Quelques méthodes moléculaires d'analyse du microbiote d'aliments fermentés

L'analyse de la composition du microbiote des aliments fermentés des pays du Sud résulte essentiellement de l'utilisation de méthodes de culture. L'un des principaux avantage des méthodes indépendantes de cultures est qu'elles permettent d'étudier la diversité microbienne de nombreux échantillons en éliminant les biais liés aux techniques nécessitant des étapes de culture préalable utilisant de grandes quantités de boîte de Pétri et différent milieux de culture [491]. En effet les bactéries cultivables isolées d'un environnement ne représentent qu'une fraction du microbiote, et la diversité microbienne et l'abondance relative des espèces est souvent sous-estimée [617]. Cependant il reste nécessaire d'isoler des souches pures afin d'étudier leur physiologie et aussi certaines de leurs caractéristiques en vue de les sélectionner pour développer des cultures starter. Toutefois le prélèvement est souvent restreint à un nombre limité d'échantillons et ne prend généralement pas en considération la variabilité de populations microbiennes pouvant exister entre différentes zones géographiques. La question de la représentativité des échantillons et de leurs microflores peu donc être posée. Les méthodes classiques d'analyses du microbiote sont très lourdes à appliquer quand de nombreux échantillons provenant de diverses régions et unités de production doivent être analysés. Ainsi les méthodes de biologie moléculaire permettent une approche globale dépourvue des lourdeurs et des biais liés aux méthodes de culture microbienne. Ces méthodes sont très nombreuses et mettent en jeux plusieurs techniques différentes généralement couplées à la réaction de polymérisation en chaîne (*Polymerase Chain Reaction*, PCR). La PCR a été imaginée en 1985 [516]. C'est une technique *in vitro* de biologie moléculaire de réplication ciblée qui permet d'obtenir, à partir d'un échantillon complexe et peu abondant, d'importantes quantités d'un fragment d'acide désoxyribonucléique (ADN) spécifique et de longueur définie. Son principe repose sur une succession de réplications d'une matrice d'ADN double brin. Chaque réaction met en œuvre deux amorces oligonucléotidiques dont les extrémités 3' pointent l'une vers l'autre et comprend trois phases différentes: une dénaturation, une hybridation et une élongation. Les amorces définissent alors, en la bornant, les séquences à amplifier. L'amplification obtenue est exponentielle. De nos jours la plupart les laboratoires utilisent cette méthode à des fins très diverses. Parmi les méthodes d'analyses du microbiote, certaines permettent d'avoir un aperçu global des populations bactériennes tandis que d'autres nécessitent l'isolement préalable des souches bactériennes sur lesquelles sont ensuite appliquées des méthodes de typage moléculaire pour leur identification mais aussi pour l'analyse de la diversité inter et intra-espèces.

a) Méthodes moléculaires d'étude de la diversité des souches isolées d'un aliment fermenté

AFLP

L'AFLP (*Amplified Fragment Length Polymorphism*) est une technique utilisée pour étudier les polymorphismes de l'ADN. Son principe repose sur une restriction de l'ADN total, suivie d'une ligation avec des adaptateurs dont les extrémités cohésives sont complémentaires des sites de restriction. Une réaction de PCR est alors réalisée à l'aide d'amorces ciblant ces adaptateurs et marquées par un fluorochrome, générant des amplicons fluorescents à partir d'un certain nombre de fragments de restriction. L'avantage de cette méthode est essentiellement lié à sa haute reproductibilité, sa résolution et sa sensibilité. Cette technique à déjà été employé pour suivre les population de BL au cours de fermentations d'aliment à base de sorgho [311].

RAPD

La RAPD (*Random Amplification of Polymorphic DNA*) permet une amplification aléatoire de l'ADN par PCR en utilisant des amorces courtes définies arbitrairement. Les premières utilisations de cet méthode date de 1994 [426]. Ces fragments sont alors séparés par électrophorèse. L'intérêt principal de cette méthode est qu'elle ne nécessite pas la connaissance préalable de l'ADN cible puisque les amorces s'hybrident de façon aléatoire. Cependant cette méthode nécessite que les ADN génomiques utilisés soient intacts.

Rep-PCR

La Rep-PCR (*Repetitive Palindromic extragenic elements PCR*) est une technique fondée sur l'utilisation d'amorces spécifiques d'éléments génétiques répétés dans un génome. Ces éléments sont conservés et retrouvés dans de nombreuses espèces et genres bactériens. De cette manière il est possible d'obtenir des profils moléculaires contenant des bandes de tailles variées représentant le polymorphisme de distance entre éléments répétés de différents génomes. Malgré son utilisation pour estimer la diversité génétique entre isolats de BL [201], cette méthode est discutable pour la classification et l'identification des isolats au sein d'une collection.

PFGE

La PFGE (*Pulse Field Gel Electrophoresis*) est une méthode fondée sur la digestion d'ADN bactérien avec des endonucléases qui reconnaissent des sites de restriction peu* fréquents dans le chromosome, ce qui permet de générer des longs fragments d'ADN qui ne peuvent pas être séparés par les électrophorèses conventionnelles [530]. En PFGE, l'orientation du champ électrique est régulièrement changée ce qui permet aux fragments d'ADN de plusieurs mégabases d'être séparés selon leur poids. Ainsi, la PFGE permet la comparaison de profils plus simples que ceux obtenu avec des endonucléases à haute fréquence de coupure.

MLST

La MLST (*Multi Locus Sequence Typing*) repose sur l'analyse des séquences nucléotidiques de gènes par séquençage. Ainsi des séquences qui diffèrent de quelques bases (substitutions, délétions, insertions ponctuelles) sont considérées comme étant des allèles distincts d'un gène. Les gènes de ménages sont souvent sélectionnés pour les MLST car ils présentent une taille située aux alentours de 500pb, sont retrouvés dans tous les microorganismes, et présentent généralement suffisamment de variations au sein d'une même espèce pour effectuer des comparaisons. Par exemple chez les *Lactobacillus* les gènes *recA, cpn60, tuf, pheS, rpoA* et *slp* sont souvent utilisés [184; 141] alors que les gènes *gyrA, gyrB, sodA* et *parC* sont plutôt sélectionnés pour les *Streptococcus* [284]. C'est donc une méthode très précise et discriminante mais coûteuse par comparaison avec les autres méthodes décrites ci-dessus.

GPM

La GMP (*Genome Probing Microarray*) est une méthode originale permettant d'étudier l'écologie microbienne d'échantillons. Elle permet d'identifier des communautés microbiennes par hybridation ADN/ADN. La GMP contient de l'ADN génomique de près de 149 souches de BL et possèdent l'avantage de ne pas nécessiter d'étapes de PCR pouvant introduire un biais [36]. Cependant l'arrivée des nouvelles techniques de séquençage à haut débit a limité l'utilisation de cette méthode pourtant intéressante.

b) Méthodes moléculaires d'analyse globale du microbiote d'aliments fermentés

DGGE, TTGE, TGGE

La DDGE fait référence à *Denaturating Gradient Gel Electrophoresis*, la TGGE à *Temperature Gradient Gel Electrophoresis*, et la TTGE à *Temporal Temperature Gradient Gel Electrophoresis*. Après extraction de l'ADN de l'échantillon à analyser, une région variables du gène d'intérêt (bien souvent le gène de l'ARNr 16S) est amplifiée par PCR. La séparation des produits PCR s'effectue selon un gradient de dénaturation soit chimique (DGGE) soit thermique (TGGE, TTGE). La première utilisation de cette technique pour décrire une population microbienne date de 1993 [420], depuis elle est utilisé dans plusieurs laboratoires pour étudier la composition microbienne dans les aliments [21]. L'un des avantage de cette technique est que les bandes obtenues après migration peuvent être récupérées et séquencées afin d'identifier les populations présentes. C'est actuellement la méthode la plus courante pour décrire le microbiote d'un aliment [170].

T-RFLP

La T-RFLP (*Terminal Restriction Fragment Lenght Polymorphism*) est une méthode basée sur la technique de PCR qui permet d'obtenir une empreinte de la complexité microbienne d'un échantillon [357; 112]. Après amplification

47

du gène codant pour l'ARNr 16S le produit obtenu est digéré par des enzymes de restrictions. L'utilisation d'une amorce fluorescente permet de détecter uniquement les régions terminales du fragment amplifié. Comme les espèces bactériennes possèdent des sites de restriction à différentes localisations du gène, une séparation sur gel d'acrylamide, permet d'estimer l'abondance relative et la diversité des espèces présentes. La limite principale de cette technique est qu'elle ne permet pas de quantifier les espèces minoritaires, masquées par le bruit de fond lié à la fluorescence. Cette technique est surtout utilisée pour un le criblage rapide et une comparaison microbienne entre différents échantillons.

Clonage séquençage

Cette technique laborieuse consiste à liguer un fragment d'ADN génomique issu d'un échantillon complexe dans un vecteur de clonage. Ce vecteur doit ensuite transformer une bactérie hôte. L'ensemble de ces bactéries transformées forme une librairie génomique. Une PCR peut alors être appliquée pour ensuite séquencer des marqueurs phylogénétiques conservés comme par exemple l'ADN codant pour l'ARNr16S, RecA, RpoB etc. Cette méthode présente plusieurs biais, principalement au niveau des étapes de ligation et de transformation qui sont plus ou moins efficaces selon la taille et les caractéristiques de l'ADN d'intérêt (présence/absence de site de clonage). Cette technique a néanmoins permis de montrer que la majorité des microorganismes constitutifs de la diversité microbienne n'est pas identifiée par les méthodes classique de culture bactérienne [253]. L'avènement des techniques de séquençage limite très fortement l'utilisation de cette technique.

Les techniques de séquençage à haut débit

Il existe plusieurs méthodes de séquençage pour étudier la diversité microbienne d'un échantillon (Tableau 6). En effet, les techniques traditionnelles de séquençage de type Sanger sont toujours très utilisées pour un faible nombre de séquences mais le coût de cette méthode limite son utilisation pour analyser les milliers de séquences d'un échantillon. Les technologies de séquençage à haut débit sont très rapides et moins coûteuses que le séquençage par méthode Sanger. En effet elles permettent le séquençage d'un génome en quelques jours alors que cela prenait de nombreux mois auparavant [382]. Il est donc possible de séquencer le génome des bactéries isolées des aliments puis de les comparer entre eux, ou bien de séquencer le métagénome des aliments fermentés. De plus, ces techniques ne nécessitent pas une étape de clonage éliminant ainsi les problèmes qui y sont associés. L'une des applications récente de cette technologie dans le domaine des aliments réside dans la caractérisation microbienne globale à partir du métagénome par amplification d'une région de l'ADN codant pour l'ARNr 16S suivie d'un séquençage individuel des produits PCR [544; 256]. Néanmoins, même si de nouveaux logiciels sont créés régulièrement, une connaissance suffisante en bioinformatique est nécessaire pour traiter l'énorme quantité de donnée générées par ces technologies ce qui limite encore son usage fréquent dans les laboratoires. Le prochain enjeu de ces nouvelles technologies sera donc de développer des algorithmes permettant de traiter rapidement les données générées par ces technologies afin de permettre une utilisation plus courante au sein des laboratoires.

Tableau 6 : Quelques techniques de séquençages de nouvelles générations

Paramètres	Instrument/technique		
	454	Solexa	SOLiD
Longueur des lectures	200-300 nt	25-35 nt	25-35 nt
Nombre de lectures	400, 000	30 millions	90 millions
Données	100 Mb	1 Gb	3 Gb
Coûts/run	5000 $		3000$
Coûts de l'appareil	~0,5 millions $	~0,5 millions $	~0,5 millions $
Possibilité d'augmentation du nombre de lecture	+	+++	+++
Possibilité d'augmentation de la longueur de lecture	+++	+	+
Accès à l'appareil	+++	++	+
Inconvénients	Haut taux d'erreur pour les homopolymères	Le taux d'erreur augmente avec la longueur de la lecture	Le taux d'erreur augmente avec la longueur de la lecture
Avantage	Grande longueur des lectures	Nombre de lectures important	Nombre de lectures important

nt, nucléotide ; Mb, mégaoctet, Gb, gigaoctet. Ljungh et Torkel, (2009)

Les approches combinant les méthodes moléculaires et les méthodes de culture (méthodes polyphasiques) permettent d'améliorer nos connaissances sur l'écologie microbienne des aliments. En effet, ces derniers sont relativement peu nombreux dans les pays développé alors que les pays du Sud en possèdent une très large gamme. Cette diversité d'aliments se traduit également par une mixité importante des microorganismes impliqués dans la fermentation de ces produits. D'une facon générale cette diversité est assez bien connue mais les fonctions de ce microbiote l'est beaucoup moins. Au-delà des allégations générales sur les bienfaits des fermentations lactiques sur la qualité sanitaire et nutrionnelle des aliments, leur impact réel sur la santé des consommateurs de produits fermentés tropicaux et le rôle fonctionnel des bactéries lactiques dans ce domaine est relativement peu étudié.

III Bactéries lactiques et santé

En plus de leur intérêt dans les filières agroalimentaires, une partie des bactéries lactiques peuvent être ingérées vivantes et peuvent offrir un certain nombre de caractéristiques probiotiques. La définition officielle des probiotiques est la suivante: « microorganisme vivant qui ingéré en quantité suffisante procure un effet bénéfique sur la santé de l'hôte » [178]. Des centaines de produits commercialisés sous forme d'aliments fermentés ou de compléments alimentaires contiennent des bactéries probiotiques. La plupart de ces bactéries appartiennent au genre *Lactobacillus* et *Bifidobacterium* mais certaines levures présentent également des fonctions probiotiques. Les principaux effets prouvés des probiotiques sont la stimulation du système immunitaire, la prévention et la réduction des intensités des épisodes diarrhéiques, ainsi que la réduction de l'intolérance au lactose. Les lactobacilles ont également d'autres effets bénéfiques moins bien étudiés comme la synthèse de vitamines B, l'amélioration de l'absorption de nutriments, la dégradation de facteurs antinutritionnels, la modulation de la physiologie du système digestif, et récemment la diminution de la perception de la douleur [586]. Ces capacités peuvent donc être bénéfiques pour la santé et peuvent participer à la protection contre de nombreuses pathologies.

De part sa définition, pour qu'un microorganisme soit reconnu comme probiotique, il faut que son effet bénéfique chez l'Homme, et sa capacité à survivre au transit intestinal soient démontrés [630; 601; 7; 164]. Ainsi, pour garantir leur survie pendant le passage du tractus digestif, les probiotiques sont premièrement criblés pour leur tolérance au pH acide et à la bile. L'adhésion des bactéries probiotiques aux tractus digestif leur permet de produire durablement des molécules bénéfiques pour l'hôte, mais permet également l'exclusion des pathogènes et une immunostimulation [533]. C'est pourquoi cette capacité est très recherchée chez les probiotiques [304]. Les propriétés fonctionnelles (probiotiques) des bactéries lactiques s'expriment dans le tractus digestif. Ainsi nous commencerons ce paragraphe par une description du tractus gastro-intestinal (TGI), ensuite nous décrirons l'organisation de la barrière intestinale, puis l'importance et les caractéristiques du mucus, les types cellulaires du tube digestif, la prolifération et différenciation des cellules intestinales, le cycle cellulaire eucaryote pour finir par les apports de la génomique pour étudier le potentiel probiotique des BL.

1) Structure du tractus gastro-intestinal

Le tractus gastro-intestinal (TGI) ou tractus digestif se présente comme un tube de 6,5 à 9 mètres de long et dont la muqueuse représente une surface de 150 à 200m^2 soit celle d'un court de tennis. Il comprend successivement la bouche, le pharynx, l'œsophage, l'estomac, l'intestin grêle qui comprend le duodénum, le jéjunum et l'iléon, ensuite le cæcum, puis le côlon qui se décompose en côlon ascendant, côlon transverse, côlon descendant et côlon sigmoïde, et enfin le rectum et l'anus. En plus de son rôle dans la digestion des aliments et l'absorption des nutriments et de l'eau, le TGI présente des fonctions de motilité et de sécrétion et permet d'éliminer les résidus non absorbés.

Le TGI humain héberge une communauté bactérienne dense et complexe avec plus de 1000 espèces différentes par individu [480]. On estime à 10^{14} le nombre de bactéries présentes tout au long du TGI, soit 10 fois plus que les cellules composant les tissus du corps humain [368]. Les substrats qui permettent à ces bactéries d'assurer leur croissance dans le tube digestif sont issus des aliments ingérés par l'hôte ainsi que des sécrétions digestives et des cellules épithéliales desquamées qui sont libérées en continu dans la lumière du TGI [51]. La densité et la composition en microorganismes ne sont pas uniformes le long du TGI et les différentes conditions physiologiques rencontrées dans les organes successifs du TGI sont à l'origine de cette hétérogénéité. Dans l'estomac, la flore endogène est composée essentiellement de bactéries anaérobies facultatives. Le pH gastrique proche de 2 explique que les bactéries présentes y sont relativement peu nombreuses, de l'ordre de 10^2 à 10^3 unité formant une colonie (UFC)/g de contenu, et elles appartiennent essentiellement au genre *Streptococcus*. La densité des microorganismes augmente ensuite graduellement tout le long du TGI. Le temps de transit court retrouvé dans l'intestin grêle ainsi que la sécrétion de sels biliaires ne permettent pas aux organismes de se multiplier suffisamment rapidement pour compenser leur vitesse d'élimination. Ainsi, au niveau du duodénum, les *Streptococcus* stomacaux en transit sont encore dominants, et leur densité peut atteindre 10^5 à 10^6 UFC/g de contenu. Dans le jéjunum et l'iléon, les concentrations bactériennes sont de l'ordre de 10^7 à 10^8 UFC/g de contenu et la diversité augmente avec des représentants appartenant aux genres *Streptococcus*, *Lactobacillus*, *Bacteroïdes*, ainsi qu'au groupe des entérobactéries. Les espèces anaérobies strictes et les espèces anaérobies facultatives sont représentées à des densités équivalentes. Une fois la valvule iléo-caecale franchie, le péristaltisme diminue et apparaît une stase relative dans le cæcum et le côlon. Des concentrations de l'ordre de 10^9 à 10^{11} UFC/g de contenus sont alors observées et le temps de transit relativement long (de l'ordre de 50 heures), laisse aux microorganismes le temps de se multiplier. A ce niveau, les bactéries anaérobies strictes, codominantes avec les bactéries facultatives dans la lumière cæcale, deviennent largement dominantes dans les parties distales du côlon où elles sont 100 à 1000 fois plus abondantes que les bactéries anaérobies facultatives. Les genres bactériens rencontrés à ce niveau sont très divers.

2) Organisation de la barrière intestinale

Chaque organe du système digestif possède une fonction spécialisée, comme la digestion et l'absorption de nutriments par le petit intestin ou la digestion de molécules complexes, l'absorption d'eau et de sels par le côlon. En conséquence les morphologies des cellules du TGI varient entre ces différentes régions. Cependant, certaines caractéristiques sont conservées notamment pour la barrière intestinale. Celle-ci comprend une couche de cellules épithéliales (CE) qui tapissent la muqueuse, des jonctions serrées (*Tight junctions*, TJ) entre les CEs qui renforcent la barrière, une couche de mucus recouvrant la barrière intestinale, et de cellules immunitaires. Les cellules composant la barrière intestinale sont donc les entérocytes (plus de 80%), les cellules à mucus (4 à 16%), les cellules à fonction immunitaires appelées cellules de Paneth, et les cellules neuroendocrines appelées cellules entérochromaffines (1%) [487].

Ces CEs sont étroitement reliées ensemble par des complexes permettant la jonction intercellulaire responsable de la perméabilité et de l'intégrité de la barrière intestinale. Ces complexes se composent des TJ, de jonctions communicantes, de jonctions adhérentes et de desmosomes [181]. Les desmosomes et les jonctions communicantes sont respectivement impliqués dans les mécanismes d'adhésion cellules/cellules et de la communication intracellulaire. Les TJ et les jonctions adhérentes sont impliquées dans l'adhésion cellules/cellules, la signalisation intracellulaire et sont associés aux cytosquelettes d'actine. Les TJ comprennent près d'une cinquantaine de protéines. Parmi les familles les plus connues on peux citer, les claudines, les occludines, et les protéines JAM [591].

Les follicules lymphoïdes isolés ou regroupés en plaques de Peyer (PP) sont présents dans la lamina propria de la muqueuse de l'iléon terminal où ils prédominent. Une PP est constituée d'un nombre variable de follicules B séparés par des zones T et coiffés par des dômes qui forment des zones riches en lymphocytes B, T et macrophages [550]. Au niveau des dômes, les villosités de l'intestin grêle s'effacent et l'épithélium contient à cet endroit des cellules M intercalées entre les entérocytes. Les cellules M sont dépourvues de barrières en brosse et forment des replis membranaires qui délimitent une poche intra épithéliale dans laquelle viennent se loger les lymphocytes T (LT), les lymphocytes B (LB) et les macrophages. La fonction des PP réside principalement dans la production de peptides antimicrobiens comme les défensines, les lysozymes et les cathélicidines [317].

3) Importance et caractéristiques du mucus

La couche de mucus est le premier contact entre les bactéries ingérées et la membrane de la muqueuse intestinale. Ce mucus est principalement composé de mucines sécrétées par les cellules épithéliales (*Goblet cells*) spécialisées dans les fonctions de stockage et de sécrétion [147]. Les mucines recouvrent les cellules en contact avec le milieu extérieur et protègent l'épithélium contre toutes sortes d'agressions d'origines endogènes ou exogènes telles que les sucs digestifs, les microorganismes, les polluants, les toxines etc. [604; 74]. Chez l'Homme on compte 21 symboles MUC désignant les gènes codant pour les glycoprotéines (Tableau 7) [147]. Les protéines MUC possèdent le plus souvent des domaines peptidiques de type mucin-like, et sont riches en proline, thréonine et sérine. L'analyse des chaînes glycanniques et du squelette peptidique des mucines montre des constantes structurales : une masse moléculaire élevée, une richesse en chaînes O-glycanniques, en proline, thréonine, et sérine, ainsi que de vastes domaines glycosylés résistant à la protéolyse (Figure 2). Cependant on distingue différents types de mucines :

Les mucines sécrétées ou responsables de la formation d'un gel sont codées par quatre gènes, MUC2, MUC5C, MUC5B, et MUC6 [467]. Les mucines épithéliales membranaires sont codées par les gènes MUC1, MUC4, MUC3A, MUC3B, MUC11, MUC12 et MUC17. Contrairement aux mucines sécrétées, ces macromolécules sont parfois désignées par mucin-like. Elles peuvent être retrouvées en grande quantité dans le mucus et elles contribuent à ses propriétés physicochimiques et biologiques, même si elles sont dépourvues des domaines peptidiques responsables de l'assemblage tridimensionnel du gel de mucus. A la différence des mucines sécrétées, les mucines membranaires sont exprimées dans de nombreux types de cellules épithéliales.

Tableau 7 : Distribution et caractéristiques des gènes et protéines MUC

gènes MUC	Espèce	Nature de la mucin	TR/cystéine	Expression tissulaire
MUC1	H, R, S	Membranaire	RT	Poumon, cornée, glande salivaire, œsophage, estomac, pancréas, gros intestin, seins, prostate, ovaire, rein, utérus, col de l'utérus
MUC2	H, R, S	Sécrété	Riche en Cystéine	Poumon, œil, oreille, estomac, petit intestin, côlon, nasopharynx, prostate
MUC3A	H, R, S	Membranaire	RT	Thymus, petit intestin, côlon, rein
MUC3B	H, R, S	Membranaire	RT	Petit intestin, côlon
MUC4	H, R, S	Membranaire	RT	Poumon, cornée, glande salivaire, œsophage, petit intestin, rein
MUC5A C	H, R, S	Sécrété	Riche en Cystéine	Poumon, œil, oreille, estomac, vésicule biliaire, nasopharynx
MUC5B	H, R, S	Sécrété	Riche en Cystéine	Poumon, oreille, glande sublinguale, larynx, glandes submucosales, glandes œsophagaires, estomac, duodénum, vésicule biliaire, nasopharynx
MUC6	H, R, S	Sécrété	Riche en Cystéine	Estomac, duodénum, vésicule biliaire, pancréas, rein
MUC7	H, R, S	Sécrété	Pauvre en Cystéine	Poumon, glandes lacrymale, glande salivaire, nez
MUC8	H, R, S	Sécrété	Pauvre en Cystéine	oviducte
MUC9	H, R, S	Sécrété	Pauvre en Cystéine	glandes submandibulaires
MUC10	R, S	Membranaire	RT	glandes submandibulaires, testicule
MUC11	H, R, S	Membranaire	RT	Poumon, oreille moyenne, thymus, petit intestin, pancréas, côlon, foie, rein, utérus, prostate
MUC12	H, R, S	Membranaire	RT	oreille, pancréas, côlon, utérus, prostate
MUC13	H, R, S	Membranaire	RT	Poumon, œil, estomac, petit intestin, côlon, rein
MUC14	H, R, S	Membranaire	RT	ovaire
MUC15	H, R, S	Membranaire	RT	Œil, amygdales, thymus, ganglion lymphatique, sein, petit intestin, côlon, foie, rate, prostate, ovaires, leucocytes, moelle osseuse
MUC16	H, R, S	Membranaire	RT	Œil, ovaire
MUC17	H, R, S	Membranaire	RT	Cellules Intestinales, épithélium oculaire
MUC18	H, R, S	Membranaire	Aucun	Prostate
MUC19	H, R, S	Sécrété	Riche en Cystéine	Poumon, glandes salivaire, rein, foie, côlon, placenta, prostate
MUC20	H, R, S	Membranaire	RT	Poumon, foie, rein, côlon, placenta, prostate
MUC21	H, S	Membranaire	RT	Poumon, gros intestin, thymus, testicules

D'après Dharmani et al. (2009)

H= Homme ; R=rat ; S = souris ; RT =répétitions en tandem

Figure 2 : Représentation schématique des structures oligosaccharidiques des mucines

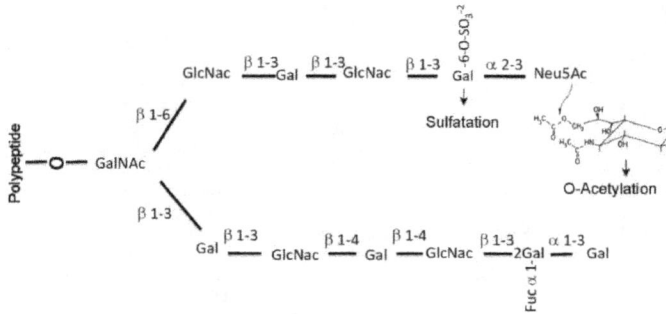

La chaîne de sucre est reliée à l'apomucine par O-glycosylation via le N-acétylgalactosamine (GalNAc). Les résidus galactoses (gal), N-acétylglucosamine (GlcNAc), l'acide sialique (Neu5Ac), le sulfate (SO_3^{2-}) et le fucose (Fuc) sont indiqués. La structure 9-O acétylée de l'acide sialique est montrée sous sa forme structurelle selon Wiggins et al. 2001. D'après Terra, 2010 [632; 569].

4) Les types cellulaires du tube digestif

En plus des cellules à mucus responsable de la sécrétion de mucus, on trouve les cellules de Paneth, les entérocytes et les cellules entéroendocrines. Les cellules de Paneth sont présentes dans la partie profonde de la muqueuse et la crypte de Lieberkühn. Leur durée de vie est nettement supérieure aux autres types de cellules intestinales différenciées puisqu'elle est estimée à trois semaines. Du côté apical, ces cellules possèdent des granules sécrétoires qui contiennent des protéines spécifiques comme le lysozyme, composés antimicrobiens, et des défensines dépendant de l'abondance de la population bactérienne. Leur fonction est donc principalement immunitaire.

Les entérocytes, appelés colonocytes dans le côlon sont des cellules hautement polarisées portant une bordure en brosse et sont responsables de l'absorption de nutriments à travers l'épithélium. Ils représentent près de 80% de toutes les cellules intestinales.

Les cellules entéroendocrines ou neuroendocrines sont des cellules qui coordonnent les fonctions intestinales par la sécrétion d'hormones. Il existe près de 15 sous-types de cellules entéroendocrines définis selon leur morphologie, l'expression d'hormones intestinales ou l'expression de gènes marqueurs. Ces cellules sont répandues en tant que cellules individualisées dans la muqueuse et représentent 1% des lignées cellulaires de la lumière intestinale [528].

5) Prolifération et différenciation des cellules intestinales

Les cellules épithéliales de la muqueuse intestinale sont en constant renouvellement pendant toute la vie de l'organisme. Cette croissance constitutive est une des caractéristiques essentielles de la muqueuse intestinale. La régénération continue de la surface de la muqueuse permet une réparation rapide de l'intégrité morphologique et fonctionnelle suite à différentes formes d'agression de nature inflammatoire, toxique, infectieuse etc. Les cellules prolifératives se localisent dans les cryptes de Lieberkühn qui se multiplient en cellules transitoires. Ces cellules restent alors environ deux jours dans la crypte et se divisent quatre à cinq fois avant de se différencier totalement en cellules spécialisées. La voie Wnt est la principale voie impliquée dans la prolifération des cellules épithéliales des cryptes de l'intestin. Des analyses fonctionnelles ont permis de confirmer que cette voie constitue la principale raison du changement entre cellules épithéliales en prolifération ou en différenciation [602]. La voie Notch est quant à elle impliquée dans la prolifération/différenciation des entérocytes [603]. Ces deux voies impliquent de nombreux facteurs et il existe de nombreux marqueurs moléculaires qui permettent de déterminer le type et la localisation d'une sous-population cellulaire retrouvée au sein d'un tissu.

6) Le cycle cellulaire

Le cycle cellulaire est régulé par différents facteurs décrits ci-après. Le cycle cellulaire progresse par l'intermédiaire de différentes phases de cycle via l'interaction de différentes cyclines grâce à leurs domaines CDK (*cycline dependant kinase*). Il existe différentes classes et types de cyclines, actives aux cours des différentes étapes du cycle cellulaire (Figure 2).

PCNA:
PCNA fait référence à *Proliferating Cell Nuclear Antigen*. C'est un complexe trimérique intranucléaire de 36kD et son expression et sa synthèse font de ce facteur un bon marqueur de la prolifération cellulaire [307]. Il est prédominant pendant la phase S de la division cellulaire mais il est également retrouvé en phase G1 tardive et G2 précoce. C'est un cofacteur de l'ADN polymérase dont la présence est nécessaire pendant les phases de réplication et de réparation de l'ADN eucaryote [405]. Il est principalement détecté dans les cryptes coliques et il peut être inhibé par p21 [477].

Figure 2 : Schéma simplifié du cycle cellulaire eucaryote

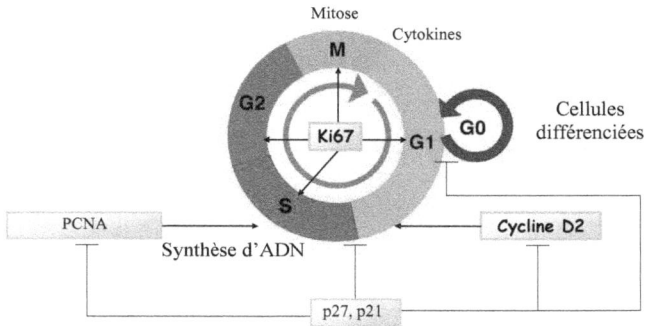

GO : stade quiescent, G1 : croissance cellulaire et préparation de la réplication, S : réplication de l'ADN, G2 : croissance et préparation de la mitose, M : mitose.

p21

p21 appelé aussi $p21^{cip1}$, $p21^{CIP1/WAF1}$ ou CDKN1A est, quand sa localisation est nucléaire, un inhibiteur universel de CDK et de la prolifération cellulaire [4]. Il est capable d'inhiber la prolifération en inhibant la formation des complexes CDK-cycline au cours de la phase G0/G1. Il peut être régulé par p53 mais également par des modifications post-traductionnelles comme la phosphorylation qui rend sa localisation cytoplasmique.

p27

p27 (CDKN1A ou $p27^{Kip1}$) agit de façon similaire à p21 en inhibant la formation des complexes cyclines/CDK en phase G0/G1. Il est également impliqué dans la différenciation des cellules intestinales [481]. Son expression est constitutive, c'est pourquoi il est régulé par sa localisation cellulaire et sa protéolyse.

Cycline D2

La Cycline D2 est nécessaire à la transition entre la phase G1/S. C'est une cycline capable d'activer les CDK4 et CDK6 ce qui en fait un marqueur de la prolifération cellulaire [442].

Ki67

Ki67 ou MKI67 est une protéine nucléaire utilisée comme marqueur de la prolifération cellulaire [246]. C'est une protéine présente pendant toutes les phases du cycle cellulaire (G1/S/G2 et mitose) mais absente quand les cellules sont en phase quiescente (G0) [527]. Sa fonction reste à ce jour encore inconnue.

Bcl2

Bcl2 fait référence à B-cell lymphoma 2. C'est une protéine capable de réguler la mort cellulaire et fait partie de la famille des protéines anti-apoptotique et son absence est souvent associée à la prolifération cellulaire [437].

7) Apports de la génomique à l'étude du potentiel probiotique des bactéries lactiques

En 2007, près de 20 génomes de BL avaient été séquencés ; à ce jour on en dénombre plus de 210 complets, en cours de séquençage ou d'annotation. Le séquençage de génomes a permis de révéler les capacités génétiques et métaboliques des BL, mais aussi d'entreprendre des analyses génomiques fonctionnelles et comparatives.

a) Structure d'un génome

Le génome des BL (tableau 8) possède un pourcentage en guanine et cytosine (GC%) faible (32 à 54%), il mesure autour de 2Mpb et peut varier de 1,3 pour *Lactobacillus iners* à 3,8 Mpb pour *Lb. pentosus* [355; 3; 374].

Tableau 8 : Quelques caractéristiques de génome de BL complets.

Organisme	Taille (en Mega pb)	GC%	Plasmides	Numéro d'accession	Séquence disponible depuis le
Lactobacillus acidophilus 30SC	* 2,1		2	CP002559.1	03/07/2011
Lactobacillus acidophilus NCFM	2,0	34.7		CP000033.3	01/31/2005
Lactobacillus amylovorus GRL 1112	* 2,2		2	CP002338.1	11/19/2010
Lactobacillus amylovorus GRL1118	* 2,0			CP002609	03/29/2011
Lactobacillus brevis ATCC 367	2,4	46.1	2	CP000416.1	10/13/2006
Lactobacillus buchneri NRRL B-30929	2,6		3	CP002652.1	04/18/2011
Lactobacillus casei ATCC 334	3,0	46.6	1	CP000423.1	10/13/2006
Lactobacillus casei BD-II	* 3,2			CP002618	04/01/2011
Lactobacillus casei BL23	3,0	46.3		FM177140.1	06/19/2008
Lactobacillus casei LC2W	* 3,0			CP002616	04/01/2011
Lactobacillus casei str. Zhang	* 3,0	40.1	1	CP001084.1	07/12/2010
Lactobacillus crispatus ST1	* 2,0			FN692037.1	04/22/2010
Lactobacillus delbrueckii subsp. *bulgaricus* 2038	* 1,9			CP000156	03/03/2011
Lactobacillus delbrueckii subsp. *bulgaricus* ATCC 11842	1,9	49.7		CR954253.1	05/26/2006
Lactobacillus delbrueckii subsp. *bulgaricus* ATCC BAA-365	1,9	49.7		CP000412.1	10/13/2006
Lactobacillus delbrueckii subsp. *bulgaricus* ND02	* 2,1		1	CP002341.1	11/19/2010
Lactobacillus fermentum CECT 5716	* 2,1			CP002033	06/29/2010
Lactobacillus fermentum IFO 3956	2,1	51.5		AP008937.1	04/15/2008
Lactobacillus gasseri ATCC 33323	1,9	35.3		CP000413.1	10/13/2006
Lactobacillus helveticus DPC 4571	2,1	37.1		CP000517.1	11/15/2007
Lactobacillus helveticus H10	* 2,1			CP002429	02/16/2011
Lactobacillus johnsonii DPC 6026	* 2,0			CP002464	04/20/2011
Lactobacillus johnsonii FI9785	* 1,8	34.4	2	FN298497.1	11/04/2009
Lactobacillus johnsonii NCC 533	2,0	34.6		AE017198.1	02/18/2004
Lactobacillus kefiranofaciens ZW3	2,3		2	CP002764.1	05/25/2011
Lactobacillus plantarum JDM1	3,2	44.7		CP001617.1	07/17/2009
Lactobacillus plantarum WCFS1	3,3	44.4	3	AL935263.1	02/05/2003
Lactobacillus plantarum subsp. *plantarum* ST-III	* 3,3		1	CP002222.1	10/01/2010
Lactobacillus reuteri DSM 20016	2,0	38.9		CP000705.1	06/01/2007
Lactobacillus reuteri JCM 1112	2,0	38.9		AP007281.1	04/15/2008
Lactobacillus reuteri SD2112	* 2,3	38.8	4	CP002844.1	02/19/2009
Lactobacillus rhamnosus GG	3,0	46.7		FM179322.1	09/02/2009
Lactobacillus rhamnosus GG	* 3,0	46.7		AP011548	09/25/2009
Lactobacillus rhamnosus Lc 705	3,0	46.7	1	FM179323.1	09/02/2009
Lactobacillus sakei subsp. *sakei* 23K	1,9	41.3		CR936503.1	11/02/2005
Lactobacillus salivarius CECT 5713	* 2,1			CP002034	07/07/2010
Lactobacillus salivarius UCC118	2,1	33.0	3	CP000233.1	03/30/2006
Lactococcus lactis subsp. *cremoris* MG1363	2,5	35.7		AM406671.1	02/06/2007
Lactococcus lactis subsp. *cremoris* NZ9000	* 2,5	35.8		CP002094	07/02/2010
Lactococcus lactis subsp. *cremoris* SK11	2,6	35.8	5	CP000425.1	10/13/2006
Lactococcus lactis subsp. *lactis* CV56	* 2,5			CP002365	03/18/2011
Lactococcus lactis subsp. *lactis* Il1403	2,4	35.3		AE005176.1	05/05/2001
Lactococcus lactis subsp. *lactis* KF147	2,6	34.9	1	CP001834.1	12/18/2009
Leuconostoc citreum KM20	1,9	38.9	4	DQ489736.1	03/12/2008
Leuconostoc gasicomitatum LMG 18811	* 2,0			FN822744.1	06/30/2010
Leuconostoc kimchii IMSNU 11154	2,0	37	5	CP001758.1	05/06/2010
Leuconostoc mesenteroides subsp. *mesenteroides* ATCC 8293	2,0	37.7	1	CP000414.1	10/13/2006
Leuconostoc sp. C2	* 1,9			CP002898.1	06/30/2011
Pediococcus pentosaceus ATCC 25745	1,8	37.4	1	CP000422.1	10/13/2006

D'après NCBI, Juillet 2011 (http://www.ncbi.nlm.nih.gov/genomes/lproks.cgi)

*taille estimée, basée sur le nombre de séquences publiques

Ces différences de taille résultent essentiellement de duplications de gènes, ainsi que de l'acquisition ou de la perte de matériel génétique par transfert horizontal [400]. La taille des gènes varie relativement peu et se situe aux alentours de 1kb, la taille d'un génome est donc proportionnelle au nombre de gènes le composant [50]. Un génome bactérien est très plastique ce qui permet l'évolution des bactéries, soit par des réarrangements chromosomiques, soit par l'intégration d'ADN issu du milieu extérieur, sa compétence naturelle étant alors un élément extrêmement important. Le séquençage d'un génome permet de mettre facilement en évidence les éléments responsables de ces phénomènes comme par exemple les éléments mobiles comme les transposons, les prophages, les séquences d'insertion, les séquences répétées et les éléments conjugatifs [254; 152]. Par exemple la capacité de *Lb. reuteri* à produire de la cobalamine viendrait de l'insertion d'un îlot génétique comprenant 58 gènes intervenant pour la plupart dans les voies de biosynthèse de la cobalamine [411]. Cependant, l'accès aux séquences et l'identification des cadres ouverts de lecture ne permet pas toujours d'avoir accès à la fonction de ceux-ci. En 2002, on estimait ainsi que 20 à 40 % de ces cadres ouverts de lecture codaient pour des fonctions inconnues [648]. Ainsi l'annotation des génomes est tributaire des avancées dans les autres disciplines comme la physiologie ou la génétique classique. Lorsqu'une séquence codante est identifiée, la première étape est d'attribuer une fonction au produit du gène. Pour ce faire, la séquence est comparée à celles d'autres protéines ou bien restituée dans un contexte génétique. Cependant cette annotation comprend plusieurs limites, comme le fait que seules les fonctions déjà connues peuvent être identifiées de cette manière et que en fonction du degré d'homologie la fonction attribuée n'est que putative.

b) Voies métaboliques

A partir de l'annotation des gènes, il est possible de reconstruire *in silico* les capacités métaboliques d'une souche d'intérêt. Pour ce faire, il existe des bases de données comme KEGG (Kyoto Encyclopedia of Genes and Genomes, http://www.genome.jp/kegg), ERGO (https://ergo.integratedgenomics.com/ERGO/), MetaCyc (http://metacyc.org/), Brenda (http://www.brenda-enzymes.info/), Metatool etc. Par exemple, chez *Lb. plantarum* les EC numbers (*Enzyme Classification number*) issus de l'annotation des produits de gènes ont permis de construire des voies métaboliques putatives [282; 571]. Ces dernières ont alors été vérifiées et comparées manuellement par rapport aux exigences nutritionnelles de la souche. De cette manière, 32 prédictions sur 37 se sont révélées exactes contre 24 pour les prédictions automatiques ne tenant pas compte des voies métaboliques. D'autres études de ce type ont permis d'identifier une voie alternative de la synthèse de folate de chez *Lb. fermentum* IFO3956 alors que la première annotation de son génome suggère que cette voie est incomplète chez cette souche [313]. Malgré la puissance que représente la prédiction des voies métaboliques, elle nécessite un travail de nettoyage manuel important et elle est limitée aux voies métaboliques bien caractérisées.

c) Comparaison de génomes

Plusieurs études de génomique comparative ont déjà été entreprises et l'une des premières portant sur la diversité de 20 souches de *Lb. plantarum* a été réalisée sur puces à ADN comportant 80% du génome de *Lb. plantarum* WCFS1 [406]. Cette approche permet d'identifier les régions manquantes mais pas les régions supplémentaires. Parmi les régions manquantes, on retrouve le plus souvent des clusters de gènes codant pour des protéines impliqués dans l'utilisation de sucres, ainsi que dans la synthèse d'exopolysaccharide (EPS), de bactériocine et des séquences de prophages [379]. La comparaison de génome peut également être utilisée pour identifier les gènes responsables d'un phénotype donné. Ainsi *Lb. rhamnosus* GG et LC705 persistent à des durées diverses dans le TGI et diffèrent par leur contenu génétique notamment pour les gènes impliqués dans la synthèse de pili [278]. Avec le nombre grandissant de génomes disponibles ce type d'analyse est de plus en plus utilisé. Elles permettent ainsi de déterminer le *core* (noyau) génome d'espèce (gènes communs entre plusieurs souches d'une même espèce) ainsi que le pan-génome (gènes potentiellement retrouvés chez une espèce donnée). Ces comparaisons permettront de mieux comprendre les effets souches et espèces spécifiques souvent décrits dans la littérature.

Le séquençage d'un génome permet également de d'analyser le comportement global d'une souche dans un environnement d'intérêt (résistance au pH, bile, TGI, aliment) par protéomique et/ou par transcriptomique [143; 303; 522]. C'est aussi un moyen efficace et sûr qui permet d'étudier l'importance d'un gène seul et les conséquences de sa délétion, surexpression ou expression hétérologue sur le comportement d'un microorganisme entier puisque les caractéristiques (nombre de copies, pseudogènes) sont parfaitement connues. Le séquençage de génome permet d'améliorer notre compréhension des mécanismes moléculaires impliqués dans les caractéristiques d'une souche bactérienne.

IV Origines moléculaires de la capacité des bactéries probiotiques à survivre et à adhérer au tractus digestif humain

Du fait de la définition des probiotiques cf. paragraphe III, le critère essentiel de sélection des souches probiotiques est leur capacités à survivre dans le tractus digestifs, et notamment aux pH acide et aux sels biliaires. L'autre critère important est leur capacité à adhérer à la muqueuse intestinale, ce qui permet de prolonger l'exposition des cellules épithéliales à ces bactéries, et donc de favoriser les effets bénéfiques même à des doses plus faibles [335; 447]. Les bactéries probiotiques possèdent des niveaux de tolérance très variables qui sont liés à la souche. Les paragraphes suivants présentent les tests utilisés pour étudier ces caractéristiques et les origines moléculaires de ces propriétés.

1) Survie à pH acide

De nombreuses techniques existent pour étudier la résistance aux pH acide. Elles sont basées sur la survie des bactéries mesurée principalement par dénombrement sur des milieux de culture gélosé après exposition à des conditions mimant l'estomac. Néanmoins les niveaux de pH (1à 5) et les durées d'expositions (30 minutes à plusieurs heures) varient énormément et l'absence de standardisation de ces méthodes rend les comparaisons difficiles. De plus, il est connu que les bactéries possèdent des mécanismes inductibles connus sous le nom de tolérance au stress acide [188]. Chez les BL, la tolérance au stress acide est augmentée en phase de croissance exponentielle ou bien si la bactérie subit une phase d'adaptation à pH acide préalablement au choc acide. La croissance des BL est caractérisée par la formation de composés acides comme l'acide lactique, qui s'accumulent dans leur environnement au cours de la fermentation. C'est d'ailleurs cette production de composés organiques qui rend le milieu acide défavorable à la croissance des autres microorganismes. Après ingestion, les BL rencontrent un autre environnement acide, l'estomac. La plupart des BL comme les streptocoques et lactobacilles sont naturellement bien adaptés à un pH acide, i.e. sont capables de produire des acides, et de fonctionner à bas pH [601]. Les études de génétique, trancscriptomique et protéomique indiquent que la réponse des BL au stress acide est complexe et implique différents mécanismes [95]. Lors d'un stress, les acides peuvent diffuser passivement à travers la paroi bactérienne pour se dissocier dans le cytoplasme en protons et dérivés chargés auxquels la membrane bactérienne est imperméable [473]. L'accumulation intracellulaire de protons entraîne une acidification qui réduit l'activité des enzymes sensibles aux acides, et endommage les protéines et l'ADN. La bactérie peut réagir au stress acides soit en limitant l'entrée des acides dans son cytoplasme soit en protégeant les macromolécules contre les dérivés chargés ou en alcalinisant le milieu intracellulaire.

a) Limitation de l'entrée des acides dans le cytoplasme

La paroi est constituée essentiellement d'une couche de surface cristalline appelée couche S (*S-layer*) et d'un peptidoglycane contenant des acides téichoïques et lipotéichoïques (LTA). Elle est la première cible des stress physicochimiques. Pendant la maturation de la paroi, les acides lipotéichoïques sont substitués par l'ester D-alanyl impliquant 4 protéines codées par l'opéron *dlt* composé des gènes *dltA, dltB, dltC,* et *dltD*. La mutation du gène *dltD* de cet opéron a pour conséquence de modifier les propriétés de la paroi chez *Lb. rhamnosus* GG et de réduire fortement les capacités de survie de cette souche *in vitro* dans du jus gastrique [461].

La composition membranaire en acides gras de type cyclopropane est également importante puisque la mutation du gène LBA1272 (*cfa*) de *Lb. acidophilus* NCFM codant pour la *cyclopropan FA synthase* entraîne une sensibilité accrue à l'acide [296]. D'ailleurs l'incubation de *Lb. casei* ATCC 334 à pH acide se traduit par une augmentation de cyclopropane dans la membrane [69]. Certains auteurs expliquent cet effet par la diminution de la fluidité des membranes qui contribue à la meilleure résistance au stress acide [189]. Cependant une autre analyse fonctionnelle récente chez *Lactococcus lactis* MG1363 a montré que ce gène n'était pas impliqué dans la survie au stress acide [574].

b) Protection des macromolécules

Les protéines chaperonnes sont des protéines dont la fonction est d'assister d'autres protéines en assurant un repliement spatial adéquat. Une grande majorité de ces protéines chaperonnes sont des protéines de chocs thermiques et sont exprimées lors d'un stress. Leur rôle est de prévenir ainsi les dommages potentiellement causés par une perte de fonction protéique due à un mauvais repliement tridimensionnel. La plupart de ces protéines sont codées par des gènes de ménages ce qui rend difficile les analyses fonctionnelles. Néanmoins de nombreuse études ont montré que des protéines chaperonnes telles que Lo18 d'*Oenococcus oeni*, GroEL, GroES, DnaK de *Lb. delbrueckii* subsp. *bulgaricus*, ainsi que DnaJ et GrpE de *Lb. acidophilus* CRL 639 sont exprimées lors d'un choc acide [230; 347; 359].

Une autre conséquence de l'acidification cytoplasmique est la perte de purines et pyrimidines de l'ADN qui se réalise à des taux supérieurs qu'en milieu alcalin [349]. Le plus important système de réparation de l'ADN est l'excision-réparation de nucléotide. Cette fonction est codée par le gène *uvrA,* et est exprimée suite à un choc acide chez *Lb. helveticus* CNBL1156 [86]. L'implication de ce gène dans la survie à bas pH a été démontrée chez *Streptococcus mutans* puisque la délétion de ce gène rend la souche plus sensible aux pH acides que la souche sauvage [236].

c) Alcalinisation du milieu intracellulaire

Les mécanismes actifs de résistance à pH acide peuvent se diviser en trois groupes : Les ATPases, les enzymes impliqués dans la libération d'ammonium, les enzymes impliquées dans la consommation de protons.

Parmi les ATPase, on retrouve la F0F1-ATPase capable de synthétiser de l'ATP en utilisant des protons ou expulser les protons dans un milieu extracellulaire avec l'énergie fournie par l'hydrolyse de l'ATP. La F0F1-ATPase est codée par le locus *atp* qui comprend les cinq gènes codant pour les sous-unités ($\alpha, \beta, \delta, \gamma, \varepsilon$) de la partie cytoplasmique F1, ainsi que trois sous-unités (a, b, c) formant le canal à protons. Ces gènes étant nécessaires aux métabolismes bactériens, il est difficile de réaliser des analyses fonctionnelles pour chacun de ces gènes [206]. Cependant on sait que des mutations affectant l'activité F0F1-ATPase inhibent la croissance bactérienne de *Lb. helveticus* CPN4 à pH acide [641].

La fermentation malolactique (MLF) est aussi un mécanisme d'adaptation à un environnement acide. Dans les MLF, le L-malate est décarboxylé dans le cytoplasme par les enzymes malolactiques pour produire du L-lactate et du CO_2 [486]. Cette décarboxylation permet l'alcalinisation du cytoplasme et la production d'ATP [471]. Chez les BL, survie en condition acide et MLF sont fréquemment associés [486; 471; 198; 537].

La voie de l'arginine deiminase intervient également dans l'homéostasie du pH interne [126]. Les trois enzymes impliquées dans cette voie ont été caractérisées chez *Lb. hilgardii* X(1)B [29]. Il s'agit de l'arginine deiminase (codé par *ArcA*), l'ornithine cabamoyltransferase (codé par *ArcB*), et la carbamate kinase (codé par *ArcC*). Ces trois activités enzymatiques semblent très répandues chez les BL [356; 652]. Ces enzymes catalysent la conversion d'arginine en ornithine, ammonium et CO_2 en produisant une molécule d'ATP par molécule d'arginine consommée. Bien que l'ammonium ainsi formé puisse interagir avec les protons et alcaliniser le milieu intracellulaire, aucune analyse fonctionnelle n'a permis de démontrer clairement son rôle direct dans la résistance à bas pH [96].

La voie de l'agmatine deiminase permet de convertir l'arginine en ornithine. De cette manière la déimination de ce substrat permet la production d'ammonium qui permettrait de contrôler le pH cytoplasmique [365]. Contrairement à l'arginine deiminase, il existe peu de souches de BL pour lesquelles cette activité a été détectée. Néanmoins, chez *Streptococcus mutans*, l'opéron impliqué dans cette voie métabolique est composé de 4 gènes, *aguA* une agmatine deiminase, *aguB* une putrescine transcarbamylase, *aguC* une carbamate kinase et *aguD* un transporteur d'acides aminés [222]. Ces gènes ont été retrouvés chez d'autres souches dont le génome est séquencé comme *Pediococcus pentosaceus* ATCC 25745, *Lb. sakei* 23K, *Lactococcus lactis* IL1403 et des études fonctionnelles supplémentaires permettraient de mieux comprendre le rôle de ces gènes dans la résistance à pH acide [63; 93; 378].

De nombreux systèmes de décarboxylation peuvent contribuer à l'homéostasie du pH cellulaire notamment par la consommation de protons au cours de la réaction ce qui a pour conséquence d'alcaliniser le cytoplasme bactérien. Dans ces réactions de décarboxylation-antiport, un acide aminé est transporté dans la bactérie puis décarboxylé. Un proton est alors consommé dans la réaction, et le produit final est exporté hors du cytoplasme via un anti-port. De cette manière, une perméase aux acides aminés et un anti-port codés respectivement par La995 et La57 ont montré leurs rôles dans la survie à pH acide de *Lb. acidophilus* NCFM [34].

Ces capacités de décarboxylation des acides aminés sont très variables selon l'espèce, la souche et les conditions environnementales. La mutation du gène La996 de *Lb. acidophilus* NCFM codant pour l'ornithine decarboxylase (*odc*) est responsable de la conversion de l'ornithine en putrescine rendant cette souche plus sensible que la souche sauvage [34]. L'histidine decarboxylase codée par le gène *hdc* convertit l'histidine en histamine. Bien qu'il n'y ait pas d'analyse fonctionnelle de ce gène, on sait que la quantité d'histamine est augmentée à pH acide chez *Lb. bulgaricus* 52 [97]. De plus, la décarboxylation de l'histidine semble moins efficace que la déamination de l'arginine pour contrôler l'homéostasie du pH interne de par son p*Ka* de 5.1 contre un p*Ka* de 9, respectivement [321]. Le rôle de la tyrosine decarboxylase (*tdcA*) dans la résistance à l'acidité est retrouvée dans de nombreuses espèces bactériennes [199; 462]. Ce rôle semble néanmoins être espèce spécifique comme le souligne l'absence de transcription de ce gène chez *Streptococcus thermophilus* 1TT45 après une chute de pH [315]. Un autre système de protection contre le choc acide est la décarboxylation du glutamate en composé neutre l'acide Gamma-aminobutyric (GABA) qui s'effectue par l'incorporation de protons. Le GABA peut alors être exporté dans le milieu extracellulaire ce qui contribue à son alcalinisation [121]. Sa voie de synthèse sera décrite ultérieurement cf. paragraphe VII(2).

2) Survie à la bile

La bile est une sécrétion digestive qui joue un rôle majeur dans l'émulsification et la solubilisation des lipides [610]. Elle est synthétisée par le foie mais elle est stockée et concentrée dans la vésicule biliaire. Ce sont des détergents biologiques qui sont synthétisés à partir du cholestérol où le noyau stéroïde est conjugué avec la glycine ou la taurine. Ce sont des composés antibactériens capables de désassembler les membranes biologiques. Les tests de résistance à la bile reposent sur la cultivabilité des bactéries après exposition à de la bile. Pour des raisons éthiques et techniques, l'utilisation de bile humaine est très rare pour mesurer la survie bactérienne aux sels biliaires. L'oxgall, un dérivé de la bile bovine est donc très fréquemment employé pour ces tests mais les concentrations utilisées varient de 0,01% à 7,5% alors que les concentrations physiologiques sont estimées à 0,3%. De plus, les durées d'exposition sont également très variables avec pour conséquence une difficulté à comparer les résultats obtenues dans différents laboratoires.

De nombreux microorganismes du microbiote intestinal dont les lactobacilles sont capables de métaboliser les acides biliaires ce qui peut contribuer à leur protection contre la bile. La déconjugaison de ces acides est l'un de ces mécanismes. Elle est catalysée par les *biles salts hydrolase* (BSH) qui libèrent les glycines/taurines du noyau stéroïde ce qui a pour effet de diminuer la solubilité de la bile à bas pH et de réduire ses activités détergentes [5]. Bien que l'activité BSH soit très répandue chez les lactobacilles, il n'existe pas toujours de relation directe avec leur capacité à résister à la bile [414; 45]. Ceci est illustré par les nombreuses études fonctionnelles réalisées sur des souches de lactobacilles dont le génome est séquencé mais pour qui la délétion d'un gène codant pour la BSH n'a pas obligatoirement de conséquence sur la survie de la souche en présence de sels biliaires [393; 144; 319; 175].

Un autre mécanisme responsable de la résistance aux sels biliaires est l'extrusion de la bile. Ce mécanismes est réalisé grâce par les systèmes d'efflux dont la famille des *multidrug resistance* (MDR). Les MDR sont ainsi responsables de la résistance à de nombreux composés toxiques comme les antibiotiques, les solvants organiques, les détergents et les sels biliaires. Ces systèmes sont très répandus chez les Gram-négatifs et Gram-positifs [479]. La première caractérisation d'un système à efflux de type MDR chez les lactobacilles a été réalisée chez *Lb. brevis*, démontrant ainsi son rôle dans la résistance à des composés toxiques [517]. Près de 10 ans après, l'inactivation de LBA0552, LBA1429, LBA1446, et LBA1679 de *Lb. acidophilus* NCFM, quatre gènes codant pour des MDR a démontré l'importance de ce système dans la résistance aux sels biliaires [465; 466]. Néanmoins, il est intéressant de noter que le gène LBA0552 est légèrement réprimé en présence de sels biliaires ce qui laisse à suggérer que le pool de protéines codées par LBA0552 est suffisant pour assurer la survie de la souche dans les conditions utilisées. Des analyses similaires ont montré que le gène lr1584 codant pour une MDR chez *Lb. reuteri* ATCC 55730 est également impliqué dans la survie aux sels biliaires [628].

Des analyses de transcriptomique ont permis d'identifier des gènes susceptibles d'être impliqués dans la résistance aux sels biliaires alors que leur annotation génomique seule ne le permettait pas. C'est de cette manière que le gène *apf* (LBA0493) codant pour un facteur d'agrégation chez *Lb. acidophilus* NCFM a été identifié comme susceptible d'intervenir dans les mécanismes de résistance au stress. La délétion de ce gène a ensuite permis de démontrer son rôle dans la survie aux sels biliaires [213]. La même stratégie a permis de montrer l'impact du gène LBA1432 dans la survie à ce stress. Il s'agit d'un gène partageant des similarités avec le groupe des clusters orthologues (COG) RelA/SpoT COG de fonction inconnue mais conservé chez les bactéries [465]. Enfin, un autre gène lr0085 de fonction inconnue (et dont la protéine codante n'a pas d'homologie de séquence existante chez d'autres bactéries) a lui aussi montré son implication dans la résistance à ce stress [628]. Contrairement à LBA1432, ce gène semble être très spécifique de l'espèce *Lb. reuteri* et des espèces phylogénétiques très proches comme *Lb. animalis*, *Lb. antri*, *Lb.oris* et *Lb. vaginalis*.

La plupart des gènes impliqués dans les mécanismes de résistance sont souvent capable d'intervenir face à différents types de stress, à bas pH ou en présence de sels biliaires. C'est notamment le cas du gène *apf* de *Lb. acidophilus* NCFM décrit précédemment [213]. Il en est de même pour le gène lr1516 codant pour une estérase de *Lb. reuteri* ATCC 55730 [621]. Son équivalent chez *Lb. plantarum* WCFS1 est d'ailleurs exprimé pendant le passage dans le tractus digestif de souris [70]. Tout comme pour la survie à pH acide, on retrouve également des protéines chaperonnes impliquées dans la survie aux sels biliaires. C'est le cas du gène lr1864 (*ClpL*) de *Lb. reuteri* ATCC 55730 qui est induit en présence de bile. L'analyse fonctionnelle a confirmé son double rôle dans la résistance aux stress acides et biliaires [628]. Le gène *gtf* de *Pediococcus parvulus* 2.6 codant pour la glucane synthase est impliqué dans la production de beta-glucane et son expression hétérologue chez *Lb. paracasei* NFBC 338 permet à cette souche de résister 20 fois plus à un stress acide et 5,5 fois plus à un stress aux sels biliaires [553].

Les mécanismes de résistance des BL face aux stress rencontrés dans le tractus digestifs i.e. sels biliaires et pH acides sont de mieux en mieux connus [234; 303]. Néanmoins, des études supplémentaires de type transcriptomique ou protéomique et des analyses fonctionnelles doivent être poursuivies étant donné la complexité des mécanismes impliqués.

3) Adhésion aux TGI

a) Méthodes d'analyse de l'adhésion bactérienne

Il existe différentes méthodes et modèles pour étudier l'adhésion bactérienne comme l'adhésion aux cellules épithéliales ou à ses composants ou bien des mesures physiques plus simple comme l'hydrophobicité [609; 226].

Les lignées HT29 et Caco-2 sont des cellules qui se différencient en entérocyte en formant un tapis cellulaire homogène, polarisé, possédant une barrière en brosse. Comme l'adhésion des bactéries aux cellules de la muqueuse implique des interactions entre ligands bactériens et des récepteurs spécifiques eucaryotes, les HT29 et les Caco-2 sont considérés les meilleurs modèles pour étudier l'adhésion bactérienne (tableau 9) [114].

Tableau 9 : Quelques exemples de lignées cellulaires utilisées pour mesurer l'adhésion bactérienne

Lignée cellulaire	Origine	Temps de différenciation Totale (j)	Type cellulaire	Propriétés
Caco-2	Adénocarcinome de côlon humain	14	Entérocytes polarisés	Petit intestin, pas de couche de mucus
HT29	Adénocarcinome de côlon humain	14	Entérocytes polarisés	Petit intestin, pas de couche de mucus
HT29-FU	HT29 traité au fluorouracil	14	Cellules à mucus et entérocytes	Petit intestin, production modérée de mucus, immunoréactivité colique
HT29-MTX	HT29 traité au méthotrexate	14	Cellules à mucus	Petit intestin, Forte production de mucus, immunoréactivité gastrique
Caco-2/HT29-MTX ratio 90 :10	Adénocarcinome de côlon humain		Entérocytes polarisés, présence d'une couche de mucus	Petit intestin et synthèse de mucus

Elle est principalement mesurée après co-incubation courte dans le temps entre bactéries et cellules suivie d'une lyse cellulaire et d'un dénombrement bactérien sur milieu gélosé, en microscopie optique ou parfois par cytométrie en flux [223]. Bien qu'il n'y ait pas de démonstration du lien direct entre potentiel d'adhésion *in vitro* et colonisation *in vivo*, certaines études montrent des corrélations entre ces deux modèles [91; 88]. Dans la majorité des cas, l'adhésion est étudiée via des lignés cellulaires cancéreuses et il existe très peu d'études réalisées sur des cellules saines. En effet les quelques études utilisant les cellules primaires de porcs aboutissent à des résultats souvent très hétérogènes et l'obtention de ces cellules est généralement laborieuse [316]. Bien que particulièrement intéressantes du fait de la production de mucus, des lignées dérivées des HT29, les HT29 traitées au méthotrexate (HT29-MTX) et les HT29 traité au 5-fluorouracil (HT29-FU) sont rarement utilisées pour mesurer l'adhésion bactérienne à cause du temps de culture cellulaire long et de la reproductibilité de la qualité du mucus. En effet celui-ci se forme après différenciation des cellules eucaryotes, et sa production commence 7 jours après confluence cellulaire pour atteindre un pic de production 14 jours après confluence [342; 343]. Cependant, ces modèles cellulaires sont particulièrement intéressants pour étudier les interactions entre mucus et bactérie. L'utilisation d'un mélange de différentes lignées à des proportions de l'ordre de 10% de cellules à mucus et 90% d'entérocytes permet d'être plus représentatif des populations présentes dans l'intestin [322]. Dans cette étude les phénotypes d'adhésion sur HT29-MTX, et sur le mélange HT29-MTX/Caco2 montrent que les souches étudiées conservent un phénotype d'adhésion proche des HT29-MTX démontrant une fois de plus l'importance du mucus dans les mécanismes d'adhésion.

Il existe quelques études *in vivo* réalisées chez l'Homme pour lesquelles l'adhésion de souche probiotique a pu être étudiée par l'intermédiaire de matériel issu de biopsies après ingestion du probiotique. A partir de coloscopies de routine, plusieurs échantillons peuvent être obtenus comme la partie sigmoïdale du rectum, le côlon ascendant, transverse et descendant. C'est ainsi que le site d'adhésion préférentiel de la souche *Lb. rhamnosus* GG à été identifié comme étant la partie descendante du côlon [15]. Une autre étude de ce type a démontré l'adhésion de souches de *Lactobacillus* à la muqueuse rectale issue de biopsies auprès de volontaires [270]. Plus tard, des glycoprotéines obtenues d'iléoscopies humaines ont été utilisées comme modèle de mucus du petit intestin pour mesurer l'adhésion bactérienne [293]. Les analyses réalisées sur des biopsies sont certainement les plus précises au regard de la capacité d'adhésion de bactérie probiotique. Cependant plusieurs paramètres limitent grandement l'utilisation de cette méthode, considérations éthiques, lourdeur de la technique, nombre limité d'individus, ce qui conduit à une utilisation rare et sur un nombre restreint de souches.

Un des moyens simple de mesurer l'adhésion bactérienne est d'utiliser des composants cellulaires immobilisés. En effet, ce type d'analyse ne nécessite pas de matériel particulier et n'est pas limité par la quantité de substrats d'adhésion. De plus, il permet d'affiner la compréhension du mécanisme d'adhésion en identifiant les composants spécifiques importants pour l'adhésion d'une souche. Certains isolats ont montré qu'ils pouvaient adhérer spécifiquement à ces composés de la matrice extracellulaire (*extracellular matrix*, ECM) [17]. L'ECM est un mélange de protéines sécrétées comme le collagène, la fibronectine, la laminine et le protéoglycane [240]. L'adhésion aux mucines peut également être étudiée de cette manière même s'il n'existe qu'une seule mucine commerciale (Sigma), d'origine porcine qui contient essentiellement des mucines (glycoprotéine) et 1% d'acide sialique (composant du mucus).

Le potentiel d'adhésion et de colonisation de souches dans l'intestin peut aussi être mesuré par une méthode simple : la mesure de leur hydrophobicité [501; 140; 116]. Cette méthode est basée sur la détermination de l'hydrophobicité microbienne par partitionnement différentiel à une interface aqueuse-hydrocarbure et les résultats de rendement de l'affinité d'interaction d'hydrocarbures des microorganismes. Il existe néanmoins d'autres méthodes dérivées qui sont pour la plupart anciennes [150]. Bien que certaines études montrent une corrélation entre profil d'hydrophobicité et adhésion, d'autres au contraire montrent qu'il n'y a pas obligatoirement de lien entre ces deux phénotypes [525; 389; 418]. Au vu des données contradictoires retrouvées dans la littérature concernant hydrophobicité et adhésion, ces

79

tests ne devraient pas être utilisés seuls pour estimer le potentiel d'adhésion de souches probiotiques.

Des méthodes de biophysiques existent également pour mesurer les interactions entre certains composants bactériens et les ECM mais l'utilisation de ces méthodes est anecdotique face à la popularité des modèles cellulaires. Par exemple, c'est en utilisant le système BIACORE (permettant de mesurer des interactions protéines/ligands par résonnance plasmonique de surface) que des équipes ont montré que les lactobacilles sont capables d'adhérer à des antigènes du mucus intestinal [590; 291; 624].

Les levures possèdent une paroi contenant essentiellement des polysaccharides riches en mannose [551]. Des corrélations entre phénotypes d'agglutination de souches avec des levures et la capacité d'adhésion sur modèles cellulaires ont été trouvées [6; 474; 562]. C'est pourquoi certains auteurs testent le potentiel d'adhésion de souches d'intérêt par cette méthode bien qu'elle ne prenne pas en compte la complexité d'un modèle cellulaire.

b) Origine moléculaire de l'adhésion bactérienne

De nombreuses protéines sont impliquées dans l'adhésion des lactobacilles. Elles peuvent être classées en cinq groupes dont les protéines de la couche S (S-layer), les protéines ancrées à la paroi, les gènes de ménages, les protéines de transport et les autres protéines impliquées dans l'adhésion.

La couche S bactérienne est composé de protéines ou de sous unité de glycoprotéines qui s'assemblent pour recouvrir près de 70% de la surface bactérienne. De nombreuses protéines de la couche S on été identifiées comme étant des adhésines. Chez *Lb. acidophilus* NCFM la délétion du gène *slpA* conduit à une baisse de ses capacités d'ahdésion aux cellules Caco-2 [73]. Une autre étude montre que la protéine CbsA (Collagen binding S-layer protein A) de *Lb. crispatus* JCM 5810 est également importante pour l'adhésion de cette souche notament envers la laminine et le collagène [575]. L'expression hétérologue du gène *slpA* de *Lb. brevis* ATCC 8287 chez *Lactococcus lactis* NZ9000 a confirmé le rôle de la protéine codante dans l'adhésion bactérienne [33].

Chez les bactéries à Gram positif, il existe un mécanisme permettant l'ancrage de protéines contenant un motif LPXTG à l'enveloppe cellulaire. C'est un mécanisme dépendant d'une sortase, codée par le gène *srtA*, qui clive les ponts peptidiques entre les résidus de thréonine et de glycine en liant de façon covalente la protéine au peptidoglycane [459; 383]. Chez les pathogènes comme les *Listeria*, les streptocoques et staphylocoques, ces protéines à domaine LPXTG sont souvent impliquées dans l'adhésion et sont importantes dans la virulence de ces bactéries [459]. Les lactobacilles possèdent également des protéines contenant des motifs LPXTG et la délétion du gène *srtA* entraine une diminution des capacités d'adhésion chez *Lb. plantarum* WCFS1 et *Lb. salivarius* UCC118 [474; 605]. Les fonctions d'adhésion médiées par les protéines contenant un motif LPXTG sont très variées. Par exemple le gène *msa* (*mannose-specific adhesin*) est impliqué dans l'adhésion au mannose chez *Lb. plantarum* WCFS1 [474]. Cette capacité semble néanmoins très souche spécifique puisque parmi 14 souches de *Lb. plantarum* seules 9 sont capables d'interagir avec le mannose. En plus de leur motif LPXTG, de nombreux gènes impliqués dans l'adhésion, comme le gène *msa*, contiennent dans leur structure des domaines MucBP. Ces motifs peuvent être retrouvés en quantité variable dans un gène et possèdent une très grande variabilité de séquences nuclétiques [60]. Ils sont fréquemment présents dans les gènes *mub* (*mucus binding protein*) impliqués dans l'adhésion aux cellules HT29 et Caco-2 ainsi qu'aux mucines et mucus chez *Lb. salivarius* UCC118, *Lb. acidphilus* NCFM, et *Lb. reuteri* 1063 [498; 73; 605]. Un autre gène très proches des *mub*, le gène *mbf* (*mucus-binding factor*) est également important dans les mécanismes d'adhésion aux mucus chez *Lb. rhamnosus* GG [616]. Cependant la protéine codée par ce gène semble participer moins efficacement à l'adhésion que les pili chez cette souche. En effet les sous unité SpaB et SpaC du pili SpaCBA (codé par le cluster *spCBA*) sont impliqués dans l'adhésion aux mucus [615]. Chez cette souche, la délétion du gène *mabA* (*modulator of adhesion and biofilm*) réduit les capacités d'adhésion de la souche aux Caco-2 et aux mucines [608]. Enfin d'autres protéines impliqués dans l'adhésion ne possèdent pas de motifs LPXTG mais sont toutefois ancrées à la membrane bactérienne grâce à un motif d'ancrage en N-terminal qui reste à identifier. C'est le cas du gène *mcrA* (*myosin cross-reactive antigen*) chez *Lb. acidophilus* NCFM impliqué dans différentes fonctions bactériennes dont l'adhésion aux Caco-2 [432]. Enfin, la protéine p40 (contenant un domaine *cysteine, histidine-dependent aminohydrolase/peptidase*) de *Lb. casei* BL23 est impliquée dans l'adhésion au collagène, à la mucine et aux cellules Caco-2 [44].

Plusieurs protéines à fonctions essentiellement intracellulaires (protéines de ménage) ont été detectées à la surface bactérienne. Ces protéines sont considérées comme non-ancrées à la menbrane car elles ne possèdent pas de motifs spécialisés dans cette fonction. Par exemple la glyceraldehyde-3-phosphate deshydrogénase (GAPDH) est fréquement détectée dans le protéome extracellulaire des BL. Il a été démontré que la GAPDH de *Lb. plantarum* La318 adhère aux mucines coliques humaine [291;

[292]. De façon similaire l'énolase (impliqué dans la glycolyse) de *Lb. plantarum* LM3 serait plus spécifique de l'adhésion à la fibronectine humaine [89]. Comme la plupart des pathogènes Gram positif expriment également l'énolase et la GAPDH (aux propriétés fonctionnelles similaires), la principale différence avec les lactobacilles serait que ces protéines agissent en tant qu'adhésine à bas pH [26]. Les protéines GroEl (également appelé hsp60) et EF-Tu (facteur d'élongation Tu) ont été décrites chez *Lb. johnsonii* NCC 533 dans le milieu de culture alors que leur localisation habituelle est intracellulaire [218; 52]. Ces deux protéines sont en effet capables d'adhérer aux mucines des cellules HT29-MTX, ainsi qu'aux cellules HT29 ou Caco-2. La fonction adhésive de GroEl et d'EF-Tu serait aussi pH dépendant et plus efficace à pH 5 qu'a pH 7,2 [218; 52].

Certaines protéines impliquées dans l'adhésion possèdent des homologies de séquences avec des systèmes de transport bactérien de type transporteur ABC. C'est le cas de la protéine CnBP (*collagen binding protein*) de *Lb. reuteri* Pg4. En effet, l'expression hétérologue du gène *cnbp* chez *Lb. casei* ATCC 393 augmente les capacités d'adhésion aux Caco-2 de cette souche [249]. D'autre protéines homologues comme MapA de *Lb. reuteri* 104R permettent l'adhésion aux mucus mais également aux cellules Caco-2 [402]. Enfin, c'est en utilisant le système BIACORE que Lam29 de *Lb. mucosae* ME-340 a été identifiée pour son rôle dans l'adhésion aux antigènes sanguins A et B.

Enfin, il existe également des protéines n'appartenant à aucune des classes décritent ci-dessus dont FbpA (*fibronectin binding protein* A), Apf (*aggregation-promotting-like factor*), et CBP (*chitin-binding protein*). Le gène *fpbA* à été caractérisé chez *Lb. acidophilus* NCFM et sa délétion diminue l'adhésion de la souche de 76% par rapport à la souche sauvage, ce qui démontre son importance dans l'adhésion aux cellules Caco-2 [73].

Quand aux gènes codant pour l'Apf, sa déletion diminue de 30% l'adhésion de la souche aux cellules Caco-2, de 40% l'adhésion à la fibronectine et de 63,5% l'adhésion à la mucine commerciale [213]. La CBP est également impliqué dans l'adhésion à l'un des composants du mucus, le N-acetyl-glucosamine et serait spécifique des espèces et genres *Bacillus, Enterococcus, Lb. plantarum, Lb. sakei* et *Listeria* et les auteurs suggèrent que ce gène serait aquis par transfert horizontal [518]. La synthèse d'EPS peu également intervenir dans l'adhésion. Par exemple, la mutation du gène *gtf* de *Pediococcus parvulus* 2.6 codant pour une glucane synthase entraîne une baisse du pouvoir adhérent sur Caco-2 qui passe de 6,1% à 0,25% [134].

Hormis le tube digestif, il faut noter que plusieurs espèces de lactobacilles comme *Lb. fermentum, Lb. gasseri, Lb. reuteri, Lb. salivarius* et *Lb. vaginalis* ont été retrouvées dans la muqueuse gastrique humaine [599; 511]. Toutefois, aucun mécanisme d'adhésion à cette matrice n'a été étudié chez ces souches.

Les probiotiques peuvent également protéger la cavité orale [396]. Plusieurs lactobacilles comme *Lb. acidophilus, Lb. crispatus, Lb. delbrueckii, Lb. fermentum, Lb. gasseri, Lb. oris, Lb. paracasei, Lb. plantarum, Lb. rhamnosus* et *Lb. salivarius* ont été isolés de la cavité orale et possèdent de nombreuses activités antimicrobiennes *in vitro* [300]. Ils peuvent inhiber *Streptococcus mutans,* reponsable du dévelopment de carries, par sa capacité à produire des acides et à séquester le calcium, le phosphate et le fluor [196]. Un coktail de bactéries contenant les souches *Lb. rhamnosus* GG et *Lb. casei* Shirota est capable de réduire l'adhésion de *Streptococcus mutans* MT 8148 et Ingbritt quand ce cocktail est incubé préalablement avec ces deux souches de Streptocoque. Ces résultats suggèrent que pour être efficaces les bactéries probiotiques doivent être présentes, c'est à dire ingérées avant les bactéries pathogènes, mais les mécanismes impliqués ne sont pas encore connus. Cependant la souche *Lb. rhamnosus* GG permet à elle seule de réduire l'adhésion de *S. gordonii* DL1 quand ces deux souches sont incubées en même temps [239].

L'adhésion et la survie bactérienne sont les principaux caractères de sélection de souches probiotiques. Néanmoins ces capacités ne suffissent pas à elles seules puisque les bactéries probiotiques doivent aussi exercer des effets bénéfiques sur la santé. Les effets bénéfiques pouvant être apportés par les probiotiques sont très variés allant de la nutrition à la prévention des maladies en passant par la protection contre les pathogènes. Lorsqu'il existe des données génétiques sur les fonctions bénéfiques des probiotiques sur la santé de l'hôte celle-ci sont décrites dans la partie suivante qui a fait l'objet d'une publication sous forme de revue [586]. Il est néanmoins nécessaire de rappeler que les effets observés sont souvent souche spécifique et qu'il est impossible d'extrapoler les résultats obtenus à d'autres souches de la même espèce.

V Lactobacilles et nutrition

Bien que les mécanismes ne soient pas toujours connus, certaines hypothèses peuvent expliquer comment les lactobacilles peuvent influencer la nutrition de l'hôte. Par exemple, les bactéries peuvent améliorer la biodisponibilité des macronutriments et micronutriments. Leur vaste diversité d'activités enzymatiques leur permet de dégrader de nombreux constituant nutrionnels qui ne peuvent être métabolisés par l'hôte comme les α-galactooligosaccharides, l'inuline, certains facteurs antinutrionnels comme les tannins ou les phytates responsable de la chélation de minéraux comme le fer, le zinc, le magnésium et le calcium. Ils peuvent également modifier la physiologie intestinale en augmentant la production de facteurs de croissance. Enfin, certaines souches sont capables de synthétiser des vitamines du groupe B comme la riboflavine, le folate et la cobalamine (Figure 3).

Figure 3 : Influence des lactobacilles sur la croissance de l'hôte

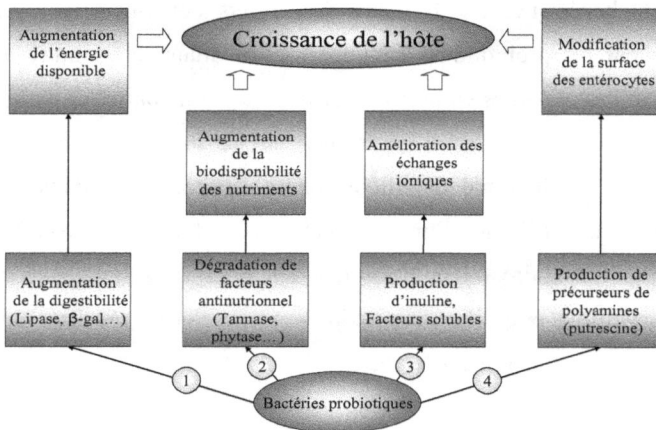

Les probiotiques peuvent améliorer la croissance de l'hôte en augmentant la biodisponibilité des macronutriments (1), en dégradant des facteurs antinutrionnels (2), en augmentant l'absorption des minéreaux (3), et en produisant des facteurs de croissance (4). Les rectangles indiquent les mécanismes impliqués.

1) Métabolisme des sucres

L'un des effets le plus connu et prouvé des bactéries probiotiques est leur capacité à dégrader le lactose, ce qui réduit les problèmes intestinaux associés comme l'intolérance au lactose ou sa mauvaise digestion [135]. La production insuffisante de β-galactosidase conduit à une fermentation colique du lactose avec une production excessive de gaz responsables des douleurs abdominales. La plupart des BL possèdent les gènes impliqués dans la dégradation du lactose. Ces gènes sont organisés en opéron comprenant le régulateur *lacR*, une perméase à lactose codée par *lacS*, et d'une β-galactosidase codée par le gène *lacA* (aussi appelé *lacLM/lacZ*) selon l'espèce de BL [42; 83; 529]. Des études récentes ont montré que le gène *lacA* de *Lb. johnsonii* NCC 533 est exprimé *in vitro* et *in vivo* chez le rongeur [143].

De la même manière, les α-galactosides : raffinose, stachyose et verbascose, provoquent aussi des fermentations dans le tractus digestif, ce qui provoque la production de gaz et de douleurs abdominales [124]. Plusieurs souches de BL appartenant aux espèces *Lb. acidophilus, Lb. casei, Lb. fermentum* et *Lb. plantarum* possèdent ces activités α-galactosidases [154; 545] (Figure 4). Chez *Lactococcus lactis* KF147, le gène *aga* codant pour une α-galactosidase est retrouvé sur un transposon qui peut s'intégrer chez *Lactococcus lactis* NZ4501, conférant ainsi à cette souche la capacité de se développer dans du lait de soja, riche en α-galactosides démontrant ainsi que ce caractère est transmissible au sein des BL. Enfin, cette propriété semble être efficace *in vivo* puisque l'ingestion de lait fermenté par *Lb. fermentum* CRL722 réduit l'émission de dihydrogène de 70% chez le rat [331].

La capacité des bactéries à dégrader l'inuline est bien connue, néanmoins, certaines souches de *Lactobacillus* comme *Lb. johnsonii* NCC 533 ou *Lb. reuteri* 121 ont la capacité inhabituelle de synthétiser de l'inuline *in situ* et d'exercer ainsi des effets bénéfiques [449; 27]. Cette capacité est attribuée au gène *inuJ* codant pour une inulosucrase [27]. L'inuline est un polymère de fructose qui ne peut pas être digéré par l'Homme. Elle permet la croissance des bifidobactéries chez l'Homme quand celle-ci est ingérée à hauteur de 15g/j [204]. Les bifidobactéries sont reconnues pour leurs propriétés bénéfiques sur la santé de l'hôte comme leur capacité à empêcher le développement de bactéries pathogènes par inhibition compétitive. L'inuline est également capable d'améliorer l'absorption du calcium et du magnésium chez le rat [122]. Une autre étude chez le porcelet a montré que c'est en augmentant l'expression des gènes codant pour l'absorption du Fer que l'inuline agit [561]. Enfin l'inuline permet aussi d'augmenter la quantité d'acide gras à courte chaîne (AGCC) impliqués dans de nombreux effets bénéfiques dans les contenus caecaux [607].

Figure 4 : Structure des α-galactosides raffinose et stachyose et mode d'action des enzymes catalysant leur hydrolyse

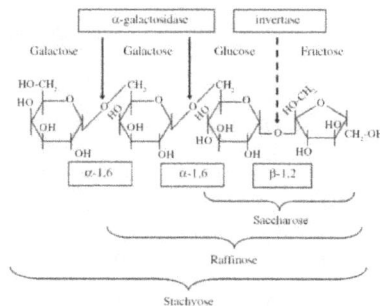

D'après Leblanc et al., 2004 [332]

Certaines bactéries lactiques sont capables de produire de l'acide lactique à partir de l'amidon [538]. Elles représenteraient environ 10% de la population bactérienne totale dans les fermentations traditionnelles [271]. L'amidon est composé de deux macromolécules, l'amylose et l'amylopectine et la valeur du ratio amylose/amylopectine détermine les propriétés physicochimiques de celui-ci. L'amylose est constitué d'une chaîne linéaire dans laquelle les unités de glucose liées par une liason α-1,4 alors que l'amylopectine est un polymère ramifié qui contient des résidus de glucose branchés par des liaisons α-1,4 avec des ramifications de résidus glucose, branchées par des liaisons α-1,6. Il existe plus d'une quinzaine d'enzymes bactériennes impliquées dans l'hydrolyse et le métabolisme de l'amidon et seulement six chez les *Lactobacillaceace* (Figure 5). L'α - glucosidase (*EC* 3.2.1.10) et l'amylopectine phosphorylase (*EC* 2.4.1.1) sont capables d'hydrolyser les liaisons α-1,4 situées aux extrémités des chaînes d'amidon. L'α-amylase (*EC* 3.2.1.1) codée par le gène *a-amy* en revanche est capable d'hydrolyser les liaisons α-1,4 situées à l'intérieur des chaînes de glucose composant l'amidon [169]. C'est une enzyme dite liquéfiante car capable de réduire rapidement la viscosité dans les solutions d'amidon. La maltose phosphorylase (*EC* 2.4.1.8) est également impliquée dans le métabolisme de l'amidon puisqu'elle est capable de dégrader le maltose issu de l'activité de l'"α-amylase, en glucose. Enfin la néopullulanase (*EC* 3.2.1.135) possède la capacité d'hydrolyser les liaisons α-1,6. Les gènes codant pour des enzymes impliquées dans l'hydrolyse et le métabolisme de l'amidon sont assez difficile à identifier. En effet certaines enzymes peuvent avoir des activités mixtes agissant sur les liaisons α-1,4 et α-1,6 à l'intérieur ou à l'extrémité des chaînes composant l'amidon. C'est le cas de l' α-amylase maltogénique de *Lb. gasseri*

ATCC33323 [105] capable d'hydrolyser différent substrat comme l'amidon, le pullulane, le maltotriose et la β-cyclodextrine. Un autre exemple est celui de l'amylopullulanase de *Lb. plantarum* L137 possédant deux domaines catalytiques, l'un correspondant à un domaine amylase et l'autre à un domaine pullulanase [286; 287]

Figure 5 : Principales enzymes impliquées dans le métabolisme de l'amidon

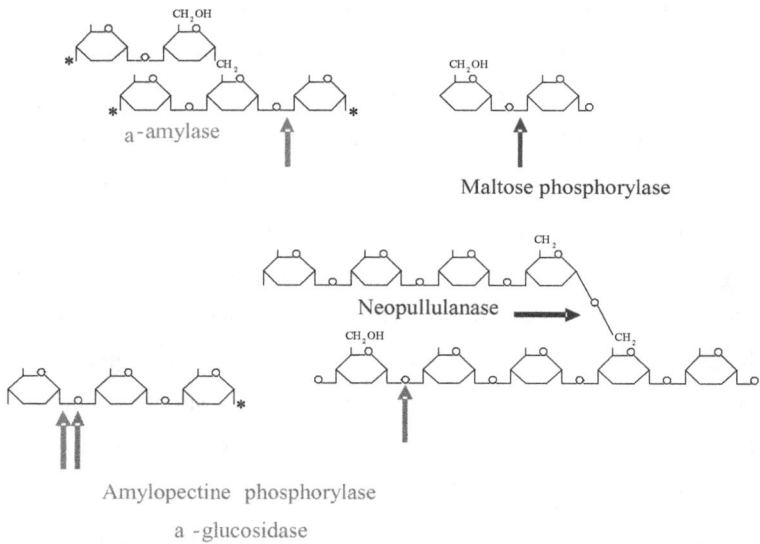

Les flèches indiquent la/les liaison(s) hydrolysée(s) par l'enzyme. Le bleu correspond à l'activité maltose phosphorylase, le vert aux activités α-glucosidase et amylopectine phosphorylase, le rouge à l'activité α-amylase, et le violet à l'activité néopullulanase. Les * indiquent une chaîne de glucose ramifié.

2) Dégradation de facteurs antinutritionnels

Certains lactobacilles sont capables de dégrader les tanins ce qui peut augmenter la biodisponibilité des minéraux dans l'aliment. Les tanins sont principalement retrouvés dans les produits végétaux comme le thé, le vin, les fruits et les céréales [68]. Ils sont considérés comme des facteurs antinutritionnels car ils sont capables de chélater les ions ce qui réduit la biodisponibilité des minéraux. En nutrition animale, les régimes riches en tanins réduisent le gain de poids. Des expériences ont montré que les populations microbiennes du rumen résistantes aux tanins prévenaient de ces effets et pouvaient même protéger des animaux non adaptés à un régime contenant des tanins [399; 435]. Ces microorganismes améliorent la digestion, et augmentent le gain de poids [395]. Les espèces *Lb. plantarum, Lb. pentosus* ou *Lb. paraplantarum* sont capables de dégrader les tanins grâce leur activité tanin acylhydrolase (*E.C.* 3.1.1.20). Cette capacité est fréquemment associée à la fermentation de produits végétaux et conférerait un avantage écologique [443]. En effet, les tanins exercent des effets antibactériens sur les BL notamment en provoquant un stress oxydant et la disruption de l'enveloppe bactérienne [65; 90; 127]. *Lb. plantarum* VP08 est une souche capable d'utiliser l'acide tannique comme seule source de carbone [90]. Le gène *tanLpl* responsable de l'activité tannase a été identifié chez *Lb. plantarum* ATCC 14917[T] [263]. La tannase n'est pourtant pas induite en milieu contenant de l'acide tannique chez *Lb. plantarum* WCFS1 et *Lb. hilgardii* DSM 20176[T] ce qui peut être dû à son expression constitutive [65; 127]. De plus, d'autres gènes sont probablement impliqués puisque la souche *Lb. pentosus* ATCC 8041[T] exerce une activité tannase mais ne possède pas de gène similaire à *tanLpl* [9].

Les phytates sont aussi reconnus comme facteurs antinutritionnels responsables de la chélation des minéraux. Des expériences réalisées chez l'animal ont montré qu'un régime riche en phytase permet d'améliorer significativement l'absorption des métaux [417]. De nombreuses BL sont capables de dégrader les phytates, et il a été montré que des bactéries possédant cette activité pouvaient augmenter la solubilisation des minéraux pendant la fermentation de pâtes [606; 545; 22]. Bien qu'une phytase ait été identifiée chez *Lb sanfranciscensis* CB1, le gène correspondant reste à ce jour inconnu [130]. De plus l'activité phytase peut aussi être due à des phosphatases non spécifiques comme cela a été démontré chez *Lb. plantarum* NRRL B-4496 et chez la levure [635; 646]. A ce jour, malgré le nombre important de génomes de BL disponibles, aucun gène codant pour une phytase n'a été identifié [606; 250].

3) Production de facteurs de croissance

Certaines bactéries sont capables de produire des polyamines telles que la putrescine, la cadavérine, la spermidine et la spermine qui peuvent être impliqués dans la carcinogénèse [78; 390]. Néanmoins la spermidine et la spermine sont également reconnues comme étant des facteurs de croissance chez les eucaryotes et leur utilité dans la maturation du tissu intestinal de rat a été démontrée [158; 464]. Ils pourraient même être impliqués dans la longévité [391]. Bien que les souches de BL séquencées ne possèdent pas la capacité de produire ni la spermine ni la spermidine, certains lactobacilles comme *Lb. hilgardii* ou *Lb. buchneri* sont capables de produire de la putrescine, le précurseur de ces deux facteurs de croissance. Les gènes codant pour la synthèse de putrescine sont l'*odc* codant pour l'ornithine decarboxylase ainsi que *agdi* codant pour l'agmatine deiminase décrits au paragraphe IV (1c) [16].

4) Absorption de minéraux

Bien que les déficiences en chlore soient rares, elles peuvent être induites par des diarrhées, ou des vomissements, et peuvent engendrer des baisses de tension sanguine ainsi que des sensations de faiblesse [224]. Les souches *Lb. acidophilus* 4357 et *Lb. rhamnosus* 53103 ont montré qu'elles sont capables d'augmenter l'activité de l'achangeur d'anion Cl⁻/OH⁻ dans les cellules Caco-2 ce qui permet d'augmenter l'absorption de chlore [64]. *Lb. salivarius* UCC118 et *Lb. helveticus* sont également capables d'améliorer l'absorption de calcium sur ce modèle cellulaire ce qui peut aider à prévenir des maladies associées avec la déficience de ce minéral comme l'ostéoporose [421; 208]. D'ailleurs, la consommation de lait fermenté par *Lb. helveticus* permet d'augmenter la densité minérale osseuse chez le rat [421]. Des analyses ultérieures ont montré que l'incubation de *Lb. acidophilus* SLC26A pendant trois heures augmente l'expression des échangeurs d'anions de 50% via la voie phosphatidyl-inositol 3-kinase. L'origine de ces modulations reste néanmoins inconnue, mais certaines pistes montrent que des facteurs solubles à la chaleur, et d'origine non protéique pourraient être impliqués.

La fermentation d'un jus de carotte par des bactéries lactiques a également montré qu'elle pouvait améliorer la solubilité des minéraux dont le fer (1,5 à 1,7), le zinc (1,2 fois), le cuivre (1 fois) et le manganèse (2 fois). Les auteurs ont également constaté que l'efficacité d'absorption du fer était multipliée par un facteur un à quatre après fermentation sur Caco-2 mais que cet effet est souche dépendant [53]. Cette augmentation serait essentiellement liée à l'augmentation de la solubilité du fer mais des expériences supplémentaires sont nécessaires pour expliquer ce phénomène (inhibition de l'oxydation de la forme Fe^{2+}, ou/et effet antioxydant des souches, ou/et augmentation de la biodisponibilité du fer).

5) Synthèse de vitamines par les bactéries lactiques

Les BL représentent une proportion importante des groupes bactériens capables de produire les vitamines du groupes B [77]. Ces vitamines sont des micronutriments essentiels étant donné leur importance dans le métabolisme cellulaire humain. La consommation de bactéries probiotiques ou d'aliments fermentés par des bactéries pouvant produire ces vitamines pourrait être intéressante dans les cas de déficiences chez l'Homme.

a) Les folates

Les folates sont un terme générique pour désigner toutes les formes dérivées de l'acide folique comme les polyglutamates, et l'acide folique (précurseur du tetrahydrofolate utilisé en fortification et en supplémentation). Le tétrahydrofolate (THF) est synthétisé à partir de trois précurseurs, la ptéridine (issue du guanosine triphosphate, GTP), le p-aminobenzoate (p-ABA) et la fraction glutamate. Ils sont produits séparément et conjugués en 7 étapes enzymatiques [47]. Les quantités requises pour un adulte sont de 400 µg/j de folate alimentaire équivalent et de 600 µg/j pour les femmes enceintes [178]. Etant donnée sa fonction dans la division et le maintien cellulaire, les folates sont très importants pendant les périodes de croissance accélérée, comme l'enfance ou la grossesse [531]. Une carence en folate pendant la grossesse est particulièrement alarmante car elle peut amener à des malformations de naissance, un accouchement prématuré ou un avortement.

De plus, le folate agit comme un transporteur de carbone pour la formation de l'hème, et une déficience peut donc aussi engendrer des anémies. Les carences en folate peuvent également entraîner une augmentation du taux d'homocystéine sanguine, qui a pour conséquence d'augmenter le risque de maladies cardio-vasculaires et l'Alzheimer [534]. Il a été montré que la supplémentassion en acide folique pourrait diminuer de 18 % le risque d'accident vasculaire cérébral [622]. Il est donc intéressant de promouvoir la consommation d'aliments fortifiés en acide folique, en utilisant par exemple des aliments qui possèdent des teneurs adéquates en acide folique ou fermentés par des bactéries capables de produire cette vitamine. En effet, certains aliments fermentés contiennent plus de folates que leur équivalent non fermenté même si les quantités produites restent faibles en vue des recommandations nutritionnelles [524; 99; 630]. L'utilisation judicieuse d'espèces et de souches productrices de folate est donc une stratégie intéressante pour le développement d'aliments fonctionnels à valeur nutritionnelle supérieure sans pour autant augmenter les coûts de production comme cela a déjà été fait dans le cas du lait fermenté [542]. En effet, les bactéries lactiques d'origine laitière ont montré des capacités de production de l'ordre de 40 à 50 ng/g dans une matrice laitière [125]. La plupart des souches de BL productrices appartiennent aux espèces *Streptococcus thermophilus*, et *Lactococcus lactis* [125; 560].

Pour des raisons économiques et de santé, certaines bactéries comme *Lactococcus lactis* ont fait l'objet d'ingénierie métabolique pour améliorer leurs capacités de production [559; 560; 558]. Cette équipe a montré que la souche *Lb gasseri* ATCC 33323 transformée avec un plasmide contenant les cinq gènes essentiels à la production de folate *folA, folB, folKE, folP*, et *folC* de *Lactococcus lactis* MG1363 est devenue capable de produire près de 75ng/mL de folate extracellulaire [626]. Il est intéressant de noter que seuls les deux gènes signatures, *folKE* et *folP* sont retrouvés chez tous les microorganismes capables de synthétiser *de novo* le folate [131].

Les lactobacilles sont connus pour leur auxotrophie envers les vitamines [67]. La plupart des souches appartenant au genre *Lactobacillus* dont le génome est séquencé sont dépourvues des gènes *pabA* et *pabB* impliqués dans la synthèse du p-ABA ce qui rend impossible une production *de novo* de folate en absence de ce précurseur [504]. Néanmoins une autre voie de synthèse du p-ABA semble exister chez *Lb. fermentum* IFO 3956 et *Lb. reuteri* JCM 1112, deux souches ne nécessitant pas de folates pour leur croissance [313]. D'autre espèces de lactobacille sont capables de produire naturellement des folates notamment les *Lb. plantarum* dont les souches WCFS1 (6 ng/mL) ou TSB 304 (16 ng/L) probablement grâce à leur équipement génétique complet [559; 281; 504]. Il est important de rappeler que cette capacité reste souche dépendante comme le montrent les souches *Lb. delbrueckii* subsp. *bulgaricus* CSCC 5168 et CSCC 2505 pouvant consommer 8 ng/g ou produire 15ng/g de folates respectivement dans du lait écrémé [125]. L'utilisation de bactéries productrices de folates ont montré leur efficacité *in vivo* puisque l'ingestion de *Lb. acidophilus* La1 permet une augmentation du folate plasmatique de $55,9 \pm 19,6\%$ chez des enfants [403].

b) La riboflavine

La riboflavine, aussi connue sous le nom de vitamine B2, est principalement retrouvée dans les produits laitiers ou produits céréaliers et les quantités requises chez l'adulte sont de 1,2 mg/j [630]. Dans le corps la riboflavine est principalement trouvée comme composant intégral de coenzymes, la flavine adenine dinucleotide (FAD) et flavine mononucleotide (FMN). Ces coenzymes dérivés de la riboflavine sont appelés flavocoenzymes, et les enzymes utilisant les flavocoenzymes sont appelés flavoprotéines. Comme les flavoprotéines sont impliquées dans le métabolisme de plusieurs vitamines (niacine, acide folique et vitamine B6), une sévère déficience en riboflavine (ariboflavinose) peut affecter de nombreux systèmes enzymatiques. C'est une déficience rare qui concerne essentiellement les pays en voie de développement [39]. Les effets néfastes d'une déficience en riboflavine peuvent être une inflammation de la peau, une baisse de la quantité de globules rouges, d'anticorps, et de l'absorption du fer [39; 58].

Les bactéries lactiques sont capables de produire la riboflavine, notamment grâce à l'opéron *rib*, composé de cinq gènes (*ribG, ribB, ribA, ribH* and *ribC*) caractérisés chez la souche dont le génome est séquencé, *Lactococcus lactis* subsp *lactis* IL 143 [63]. En revanche, l'analyse du génome de *Lb plantarum* WCFS1 montre que cette opéron est incomplet ce qui expliquerait son auxotrophie envers cette vitamine [298; 571].

Une méthode de détection des bactéries capables de produire la riboflavine est d'utiliser un analogue toxique (la roséoflavine) qui n'autorise que la croissance de souches variantes productrices de cette vitamine [76]. Dans cette étude la souche *Lb. plantarum* NCDO1752 a montré qu'elle était capable de produire près de 500ng/mL de riboflavine ce qui pourrait permettre son utilisation dans l'alimentation. Il a d'ailleurs été montré que des variantes des souches de *Lb. plantarum* UNIFG1 et UNIFG2 permettait de multiplier par 2 à 3 les teneurs en riboflavine dans des pâtes et du pain [85]. Des études similaires réalisées chez des rats déficients en riboflavine ont d'ailleurs montré que la souche *Lactococcus lactis* NZ9000 transformée par insertion de plasmide contenant les gènes *ribG, ribB, ribA, ribH* (pNZGBAH) pouvait améliorer la croissance et le statut en riboflavine de ces animaux [330].

c) La cobalamine

Les besoins en cobalamine (vitamine B12) sont assez faibles puisqu'ils sont estimés à 2,4 µg/j [630]. De plus, les déficiences en vitamines B12 restent rares et touchent 10 à 15% des personnes de plus de 60 ans [38]. Beaucoup de symptômes sont similaires à une déficience en folate comme l'anémie. Sa nature chimique complexe, fait qu'une trentaine de gènes sont requis pour sa synthèse *de novo* [505]. L'incapacité des eucaryotes à produire cette vitamine montre l'importance des bactéries et des archaea capables de la synthétiser [385]. Cette capacité est représentée chez près de vingt genres bactériens y compris les BL [463]. Ainsi, l'utilisation de souches productrices de cobalamine dans l'alimentation ou en nutrition humaine est un des moyens potentiels de lutter contre les déficiences en vitamine B12. La souche de *Lb. reuteri* CRL 1098 est l'une des premières espèces de BL identifiées pour sa capacité à produire 0,5µg/mL de cobalamine *in vitro* [564]. Les gènes impliqués dans la voie de synthèse de la vitamine B12 ont été retrouvés chez la souche *Lb. reuteri* JCM 1112^{T}. Elle est capable de produire la cobalamine grâce à 17 gènes *cbi*, 6 gènes *cob*, 4 gène *hem* et du régulateur transcriptionnel *pocR* [411]. Il semblerait que cet îlot génétique chez cette espèce ait été acquis par transfert horizontal comme le suggère la présence de transposase putative, de quatre séquences d'insertion (IS) et le GC% du troisième codon du cadre ouvert de lecture (ORF) dans ce cluster de gènes [411]. La souche de *Lb. reuteri* ATCC 55730 exprime les gènes impliqués dans la synthèse de cobalamine au cours de la fermentation du levain, et il serait intéressant de doser cette vitamine en fin de fermentation dans cette aliment [251]. Une autre souche, *Lb. reuteri* CRL1098 a montré qu'elle était capable de prévenir les pathologies liées à la déficience de cobalamine chez des souris gnotobiotiques en gestation et sur leur progéniture [408]. Cette capacité de production la cobalamine chez l'Homme est aussi retrouvée chez d'autres espèces de lactobacilles comme *Lb. acidophilus* [411] et *Lb. plantarum* [375].

d) La thiamine

Les besoins en thiamine ou vitamine B1 sont de 1,2 mg/j chez l'adulte. Le Béribéri est la maladie qui résulte d'une sévère déficience en thiamine et affecte les systèmes cardiovasculaire, nerveux, musculaire et digestif [489]. Contrairement au folate, à la cobalamine et à la riboflavine, la littérature est ancienne et beaucoup moins abondante. Néanmoins, la totalité des gènes impliqués dans la voie de synthèse de la thiamine a récemment été retrouvée chez un lactobacille, *Lb. reuteri* 55730 et des études complémentaires doivent être réalisées pour vérifier la synthèse effective de cette vitamine [522]. Contrairement à la cobalamine cette capacité ne semble pourtant pas acquise par transfert horizontal, puisque les 12 gènes impliqués [46] ne sont pas organisés en opéron mais répartis sur l'ensemble du génome de *Lb. reuteri* 55730.

e) La biotine

Les données vis-à-vis de la production de biotine par les bactéries lactiques sont aussi pauvres. Néanmoins, les plasmides pCD01 et pCD02 de la souche *Lb. paracasei* NFBC338 contiennent certains gènes impliqués dans la synthèse de biotine dont le régulateur transcriptionnel *BirA*, et un gène partageant des similarités de séquence avec *BioY*, impliqué dans la conversion de pimelate en dethiobiotine, une étape de la biosynthèse de la biotine [146]. Le séquençage du chromosome de cette souche ainsi que des études supplémentaires sont nécessaires afin de déterminer le réel potentiel de synthèse de biotine chez les BL.

f) Les vitamines B3, B5 et B6

Il existe très peu de données concernant la synthèse de ces vitamines chez les bactéries lactiques et la plupart des souches de lactobacilles sont auxotrophes pour la niacine (vitamine B3) et l'acide pantothenique (vitamine B5) [570]. Il en est de même en ce qui concerne la pyridoxine (vitamine B6), pour laquelle il n'existe pas d'études génétiques. Néanmoins, il semble que la fermentation de margose et de fenugrec par *Pe. pentosaceus* permette d'augmenter les quantités de pyridoxine ce qui sous entend que cette espèce possède l'équipement génétique nécessaire à sa synthèse [228]. Cependant la souche de référence de cette espèce, *Pe. pentosaceus* ATCC 25745 dont le génome est séquencé, ne possède que le gène PEPE_0499, impliqué dans la synthèse de vitamine B6.

6) Lactobacilles et obésité

Des concentrations importantes d'espèces appartenant au genre *Lactobacillus* ont été retrouvées chez des patients obèses comparés à des personnes saines ou anorexiques [30]. Paradoxalement, il a également été montré que les espèces de lactobacilles peuvent influencer le métabolisme énergétique humain et de rats grâce à leurs acides linoléiques conjugués (CLA) [513; 490]. Ces derniers ont montré des activités anti-obésité en augmentant la lipolyse et en diminuant les activités lipoprotéines lipases [455]. Une autre étude *in vitro* a montré que *Lb. plantarum* PL62 était capable de produire des CLA de type trans-10 et cis-12 qui exercent des effets anti-obésité chez la souris. Cet effet n'était pas dose dépendant puisque l'ingestion de 10^7 ou 10^9 UFC/j de cette souche entraîne une réduction de poids similaire à ingéré énergétique comparable [334]. Par ailleurs l'extrait cellulaire de *Lb. plantarum* KY1032 peut réduire la masse graisseuse en diminuant l'accumulation de lipide et en diminuant l'expression des ARNm et protéines impliqués dans l'adipogénèse dans la lignée cellulaire 3T3-L1 [454]. D'autres études ont montré que *Lb. paracasei* ssp. *paracasei* F19 pouvait diminuer le stockage des lipides *in vivo* en augmentant l'expression du gène codant pour l'angiopoietin-like 4 impliqué dans le contrôle du stockage des triglycérides d'adipocytes [31]. Des études chez l'Homme ont montré que la souche *Lb. gasseri* SBT2055 diminue l'adiposité abdominale, et le poids corporel chez l'Homme [274]. Au vue des apparentes contradictions avec certaines études qui suggèrent que les lactobacilles sont impliqués dans l'obésité alors que d'autres, au contraire ont démontrées leur capacité anti-obésité, des études supplémentaires sont nécessaires pour clarifier le rôle des lactobacilles dans l'alimentation humaine [30; 142; 165].

VI) Lactobacilles et prévention des maladies

1) Utilisation potentielle des lactobacilles contre le cancer ?

La carcinogénèse est un processus multifactoriel influencé par l'hérédité génétique, les facteurs environnementaux et les mutations spontanées. Il est défini par les procédés qui transforment une cellule saine en cellule dégénérée, qui peuvent être parfois liés à l'action de xénobiotiques [627]. Les données *in vitro* suggèrent que les lactobacilles peuvent inhiber ces processus, mais ils peuvent aussi les promouvoir. Par exemple, certains lactobacilles peuvent moduler les enzymes impliquées dans le métabolisme des xénobiotiques. *Lb. fermentum* I5007 est capable d'augmenter la quantité de glutathione S transferase (GST) sur les cellules Caco-2 [642] (Figure 6).

D'autres études ont montré que la consommation de *Lb. acidophilus* N-2 conduit à l'inhibition des activités β-glucuronidases, nitroréductases, et azoréductases des bactéries du tube digestif de l'Homme, ayant une connotation négative en cancérogénèse [214]. Ces auteurs ont émis l'hypothèse qu'un remplacement partiel de la flore fécale avec cette souche pourrait être responsable de la baisse de l'activité β-glucuronidase. La consommation de *Lb. rhamnosus* GG a également montré une diminution de 80% de cette activité et de 50% pour *Lb. casei* DN 114001 [215; 151]. Ces auteurs attribuent cet effet à une modification du pH intestinal et/ou de la composition du microbiote intestinal. Une autre étude a montré que l'ingestion de lait fermenté par *Lb. acidophilus* A1 et *B. bifidum* B1 permettait de réduire l'activité nitroréductase fécale, pouvant être attribuée à la présence de *Lb. acidophilus* A1 viable [384]. Enfin il a été montré que l'administration de *Lb. rhamnosus* LC705 et *Propionibacterium freudenreichii* ssp *shermanii* JS chez l'Homme augmentait la population de lactobacilles et était corrélé à une diminution des activités β-glucosidases [238].

Figure 6 : Carcinogénèse et modes d'actions des probiotiques

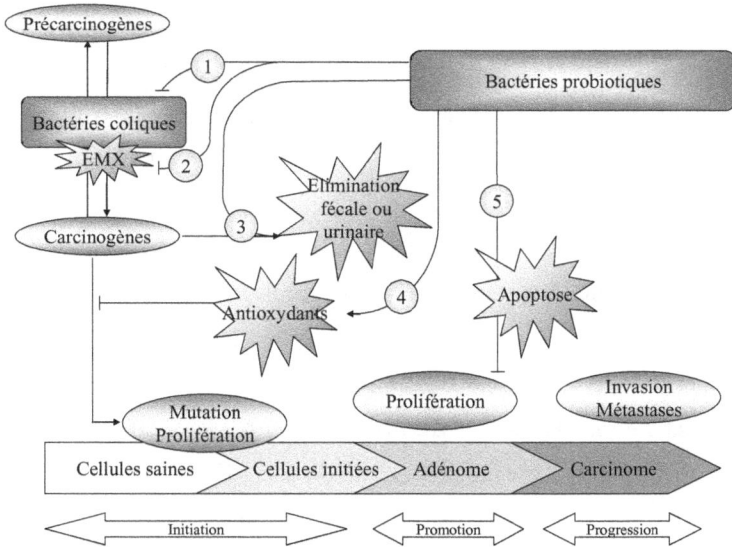

Les probiotiques peuvent inhiber les acitivété enzymatiques des bactéries coliques (1), moduler le métabolisme des EMX (2), favoriser l'élimination des carcinogènes (3), prévenir les mutations grâce à la produit d'antioxydant (4), et augmenter le taux d'apoptose des cellules anormales (5).

Les probiotiques peuvent aussi inhiber la prolifération des cellules endommagées en augmentant l'apoptose ou en diminuant la quantité de facteurs de croissance. Ainsi le cocktail probiotiques VSL#3® et *Lb. brevis*

CD2 est capable de diminuer l'activité ornithine décarboxylase de l'hôte, une enzyme impliquée dans la synthèse de facteurs de croissance chez l'Homme [351; 352]. De façon indirecte, l'activité arginine deiminase de *Lb. brevis* CD2 peut entraîner une déficience en arginine, empêchant la génération de polyamines par les cellules gastriques.

Les carcinogènes peuvent induire des mutations en présence de forme réactive de l'oxygène (FRO). Les probiotiques peuvent réduire la réactivité des FRO ce qui réduit le risque de mutations [410]. Les isoflavones sont une classe de flavonoïdes qui requièrent une déglycosylation pour exercer leurs propriétés antioxydantes [623]. Une augmentation significative d'isoflavones aglycones a été mesurée dans du lait de soja fermenté par *Lb. acidophilus* L10, *B. lactis* B94, et *Lb. casei* L26 [155]. Certaines souches de lactobacilles et notamment les souches *Lb. fermentum* ME-3 et *Lb. acidophilus* ATCC 4356, sont capables d'exercer leur activité antioxydante dans des aliments fermentés comme le fromage [348; 25; 266]. Les auteurs supposent que ces souches pourraient prévenir les mutations *in vivo* en réduisant les FRO, mais des études supplémentaires sont nécessaires. Il a également été montré que les BL peuvent absorber les carcinogènes en les fixant à leur paroi. Par exemple, *Lb. acidophilus* IFO 1395 est capable de fixer les amines hétérocycliques *in vitro* [647]. D'autres études suggèrent que la prévention des dommages de l'ADN induits par les cancérogènes alimentaires dans le côlon et le foie de rats observés après l'ingestion de différents BL pouvait être dû à cet effet d'adsorption [651]. D'autres auteurs ont montré que *Lb. casei* DN 114001 peut métaboliser ou adsorber les amines hétérocycliques aromatiques et réduire ainsi leur génotoxicité in *vitro* [431].

2) Les lactobacilles et leur utilisation potentielle contre les maladies cardiovasculaires

Les maladies cardiovasculaires sont responsables d'environ un tiers des décès dans le monde. Les bactéries probiotiques peuvent prévenir l'hypertension grâce à leur capacité à inhiber l'*angiotensin converting enzyme* (ACE) et peuvent prévenir de l'hypercholestérolémie de par leur capacité à métaboliser les acides biliaires.

L'angiotensine fait partie du système rénine-angiotensine qui stimule la libération d'aldostérone, ce qui a pour effet d'augmenter la réabsorption de sodium et d'eau qui conduit ainsi à une vasoconstriction des vaisseaux et à une augmentation de la pression sanguine. Le précurseur inactif angiotensinogène est converti par la rénine en angiotensine I toujours inactive puis en angiotensine II par l'ACE. L'activité protéolytique des probiotiques produit des peptides bioactifs pouvant avoir une activité inhibitrice d'ACE (ACEi). La β-caséine dérivée des extraits solubles de lait fermenté par *delbrueckii* subsp. *bulgaricus*, *Streptococcus thermophilus* et/ou de *Lb. paracasei* subsp. *paracasei* ont montré des activités ACEi [451]. Une autre étude a montré que 26 souches de lactobacilles produisaient des composés à activité ACEi *in vitro*. L'administration de lait fermenté par *Lb. helveticus* CHCC637 et CHCC641 chez le rat montre que ces bactéries peuvent avoir une activité ACEi *in vivo* [194]. Selon la structure des peptides, l'activité ACEi peut être très variable [153]. On sait notamment que les peptides ACEi de type Valine-Proline-Proline (VPP) sont généralement plus actifs que ceux de type Isoleucine-Proline-Proline (IPP). Ceci a été démontré *in vitro* pour les peptides produits par la souche *Lb. helveticus*

JCM1004 [450]. Cependant les ACEi de type VPP et IPP sont tous les deux capables de diminuer la pression systolique sanguine [194]. Les gènes impliqués dans la production de ces peptides à activité ACEi sont pour le moment non identifiés chez les BL malgré le séquençage de génomes de souches capables de produire ce type de peptides [541]. Malgré les preuves apportées par les études *in vitro* et *in vivo*, les effets ACEi n'ont pas été retrouvés chez l'Homme ayant consommé du lait fermenté par *Lb. helveticus* (Cardi04™) [597].

Les peptides à activité ACEi ne sont pas les seuls à exercer des activités antihypertenseurs. En effet le GABA possède également ces propriétés [637]. De nombreux BL sont capables de produire du GABA [638; 301]. L'administration de *Lb. paracasei* subsp. *paracasei* NTU 101 ou de *Lb. plantarum* NTU 102 possédant des activités ACEi et du GABA a montré qu'elles exerçaient des effets antihypertenseurs chez un modèle de rats hypertensifs [354]. Contrairement à la synthèse des peptides à activité ACEi, on sait que le GABA est synthétisé grâce à une glutamate décarboxylase codée par le gène *gadB* qui catalyse la décarboxylation du L-glutamate en GABA, à un anti porteur glutamate/GABA codé par *gadC* et du régulateur transcriptionnel *gadR* [520; 540].

Certains probiotiques peuvent prévenir de l'hypercholestérolémie en favorisant l'utilisation du cholestérol par le foie, notamment par leur activité BSH [297]. Il existe de nombreuses études reliant la réduction du cholestérol et la capacité des probiotiques à déconjuguer les sels biliaires [297] et leur capacité à précipiter le cholestérol *in vitro* pourrait avoir la même conséquence physiologique [389]. Il existe plusieurs méthodes de mesure de cette activité comme la méthode sur boîte de Pétri, la méthode colorimétrique ou encore la chromatographie en phase liquide à haute performance (HPLC) [598]. De part sa facilité d'utilisation, la méthode sur

106

milieu gélosé est cependant la plus utilisée et permet de détecter visuellement l'hydrolyse de plusieurs sels biliaires comme le sodium deoxycholate, le glycocholate, le sodium taurodeoxycholate et le taurocholate. Chez des rats hypercholestérolémiques, l'ingestion de *Lb. acidophilus* ATCC 43121 permet de réduire le cholestérol du sérum [456]. D'autres auteurs ont montré que l'ingestion de *Lb. plantarum* KCTC3928 chez la souris a des effets hypocholestérolémiants en modulant les gènes et enzymes clés impliqués dans le métabolisme hépatique du cholestérol [267]. Le cholestérol restant peut être oxydé par les espèces réactives de l'oxygène et promouvoir ainsi la formation de thrombus. La consommation de lait fermenté par *Lb. fermentum* ME-3 possédant des propriétés anti oxydantes est capable d'améliorer les marqueurs anti-artérogènes chez l'Homme sain [310].

3) Utilisation des bactéries lactiques pour dégrader l'oxalate

La lithiase uro-oxalique résulte généralement des capacités de l'oxalate à chélater de nombreux ions métalliques, ce qui forme des calculs urinaires. La diminution de la consommation de sels et des protéines animales est fréquemment recommandée pour diminuer les quantités de calcium urinaire et prévenir ainsi des symptômes associés à la lithiase oxalique [220]. L'espèce bactérienne la plus connue pour dégrader l'oxalate est *Oxalobacter formigenes*, capable de métaboliser l'oxalate en formiate et CO_2 chez l'Homme et l'animal [555]. Cette capacité a d'ailleurs été démontrée chez la souche HC1 de cette espèce dans le simulateur de côlon humain mais également chez les BL comme *Lb. animalis* chez le rat [159; 419].

Des études chez l'Homme ont montré que la consommation de *Lb. casei* et de *Bifidobacterium breve* chez des patients atteints de calcus urinaires peut réduire les excrétions urinaires d'oxalate [185]. Néanmoins cette capacité reste très souche dépendante puisque parmi 60 souches de BL, seulement 21 sont capables de dégrader 5 mmol/l d'oxalate *in vitro* à des taux compris entre 50 et 100% [589]. Les gènes impliqués dans le métabolisme de l'oxalate forment un opéron présent chez la plupart des souches actives. Cet opéron est composé des gènes *oxc* et *frc* codant respectivement pour une oxalyl-CoA decarboxylase et une formyl-CoA transférase deux enzymes clés responsables de la détoxification de l'oxalate [35]. L'utilisation de BL pouvant métaboliser l'oxalate est donc une piste intéressante pour prévenir des pathologies associées [1].

4) Lactobacilles et réduction de la perception de la douleur

Il a récemment été montré que les probiotiques permettent de moduler la perception de la douleur. Par exemple, le surnageant de culture de *Lb. paracasei* NCC2461 possède des propriétés anti nociceptives et permet de restaurer la perméabilité de l'intestin après un stress néonatal de privation maternelle chez le rat [171]. Les auteurs expliquent ce phénotype par l'activation de cellules submucosales immunitaires, ou/et par la régulation des jonctions serrés de l'intestin. D'autres études très récentes ont montré que l'ingestion de 10^9 UFC/j de *Lb. reuteri* permet d'agir au niveau des canaux à ions des nerfs sensitifs entériques ce qui conduit à une modification de la motilité et de la perception de la douleur intestinale chez le rat [312]. Cette action antidouleur peut être également due à la modulation de gènes impliqués dans la transmission de la douleur. Le seuil de douleur par distension colorectale chez le rat et la souris ayant ingéré 10^9 UFC/j de *Lb. acidophilus* NCFM est augmenté de 20% de manière dose-dépendante comparée à des animaux non traités [507]. Dans cette étude les auteurs ont montré que cette souche augmentait l'expression du gène codant pour un récepteur opioïde MOR1 impliqué dans les fonctions analgésiques et celle du gène CB2 codant pour un récepteur cannabinoïde CB2 impliqué dans la transmission de la douleur sur le modèle cellulaire HT29. Ces modulations se dérouleraient via la voie NF-κB.

La composition de la paroi bactérienne est aussi importante dans la réduction de la perception de la douleur puisque d'autres études ont montré un lien avec la composition en D-alanine des acides lipotéichoïques *in vivo*. Ainsi l'administration de 2.10^7 UFC/j de *Lb. plantarum* EP007 délété pour le gène *dlt* codant pour la synthèse de D-alanine contenant seulement 1,1% de D-alanine est capable de réduire la perception de la douleur viscérale chez le rat contrairement à la souche sauvage contenant 41% de D-alanine [160].

Cette capacité des lactobacilles est intéressante pour améliorer le quotidien de patient souffrant de maladie inflamattoire chronique intestinale (MICI) et mériterait des analyses supplémentaires chez l'Homme adulte [190].

5) Les lactobacilles en tant qu'immunomodulateurs

Les activités immunostimulantes ou immunomodulantes sont très recherchées chez les probiotiques. Celles-ci peuvent être étudiées par l'analyse de paramètres très variés liés à la réponse immunitaire innée ou adaptative de l'hôte. D'une façon générale, les probiotiques améliorent la réponse immunitaire innée mais leurs effets sur la réponse adaptative est souche dépendante [217] (Figure 7). Dans la plupart des cas ces mesures sont effectuées sur des modèles cellulaires *in vitro* qui ne prennent pas en compte la complexité générale du système immunitaire. C'est pourquoi il est nécessaire de rechercher des marqueurs immunologiques comme ceux proposées par O'Flaherty et al. (tableau 10) et de poursuivre ce type d'analyse sur des modèles animaux [433].

Figure 7 : Stimulation des réponses de types Th1 et TH2 par les probiotiques

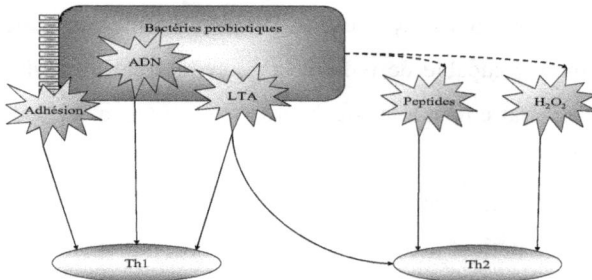

Tableau 10 : Sélection de marqueurs immunologiques à étudier pour mesurer l'immunité systémique et mucosale *in vivo* en réponse à des probiotiques.

Marqueurs	Avantages	Inconvénients	Références
Cytokines (TNF, IL6, IL10, IL12) FoxP3	Facile à mesurer	Le niveau sanguin ne reflète pas toujours les niveaux dans les autres tissus	[314]
Protéine C (CRP)	Facile à mesurer, différent changement conformationnel	Mesure d'autres facteurs	[167]
Anticorps (IgA)	Facile à mesurer	Peu utile sans tests immunitaires	[404]
Expression des profils génétiques dans les tissus, et sang périphérique	Analyse approfondie des gènes activés	Obtention de tissu d'Homme sain difficile	[584; 600]
Protéomique et métabolomique dans les urines, le sang, et l'eau des fèces	Analyse approfondie des métabolites produits	Difficile à analyser, manque de références	[346; 386; 634]
Calprotectine	Facile à mesurer dans les fèces	Standardisation nécessaire	[302; 506]

D'après O'Flaherty et al., 2010 [433]

a) Lactobacilles et maladies inflammatoires chroniques intestinales

L'inflammation est un procédé physiologique en réponse à différents stimuli comme les infections ou les lésions tissulaires. Dans certaines maladies, une activation continue et l'intolérance du système immunitaire peuvent entraîner une inflammation chronique avec des conséquences pathologiques comme les MICI [157]. Les MICI les plus connues sont la maladie de Crohn et la colite ulcéreuse. Les patients souffrant de MICI présentent des douleurs abdominales, des diarrhées, des obstructions intestinales, des crampes abdominales, et des excréments ensanglantés, ou des pertes de poids. Les MICI touchent 3 à 15% de la population et l'origine de ces maladies est multifactorielle, incluant les sensibilités, les désordres immunitaires et des prédispositions génétiques [123]. Malheureusement, il n'existe pas de traitement efficace connu pour soigner les MICI. Les thérapies utilisant les drogues anti-inflammatoires comme les stéroïdes ou les anti-facteurs de nécrose tumorale peuvent diminuer les signes et les symptômes associés avec les MICI, augmentant ainsi les temps de rémissions [235; 371]. Les effets immunomodulateurs des probiotiques sont une piste thérapeutique pour le traitement des MICI mais les mécanismes impliqués ne sont pas encore bien connus [482]. Par exemple, la souche de *Lb. rhamnosus* GG améliore la qualité de la barrière intestinale d'enfants souffrant de la maladie de Crohn [227] et son association avec une drogue anti-inflammatoire, la mésalazine permet de prolonger la rémission dans le cas de colite ulcéreuse [650]. Afin d'améliorer les conditions de vie des patients souffrant de MICI, des recherches menées sur les probiotiques sont orientées sur les propriétés anti-inflammatoires et leurs propriétés inhibitrices de la production de cytokines inflammatoires. Par exemple, *Lb. casei* Shirota est capable de diminuer la quantité de cytokine pro-inflammatoire IL-6 ou la translocation nucléaire de NF-κB dans un modèle de MICI murin [392]. Plusieurs lactobacilles et bifidobactéries ont également montré qu'ils sont capables de diminuer la transcription d'IL-1β, TNF-α, NF-κB ainsi que la traduction d'IL-1β et IL-6 dans un modèle expérimental de colite chez la souris [333].

Les BL peuvent moduler la réponse immunitaire par différentes voies, avec parfois des effets opposés dépendant des modèles cellulaires, c'est pourquoi c'est un mécanisme difficile à étudier. Par exemple des souches de *Lb. plantarum*, *Lb. rhamnosus*, et *Lb. paracasei* ssp. *paracasei* sont capables d'induire la production de cytokines IL-10 et IL-12 sur cellules monocytaires, alors que ce sont des cytokines ayant des effets inflammatoires opposés [243]. Etant donné la complexité de ces modulations, il est essentiel de mener des études *in vivo* vis-à-vis des MICI.

b) Allergies

Les allergies sont désormais l'une des maladies chroniques les plus répandues dans les pays développés [629]. De nos jours, quelques études se concentrent sur les capacités des probiotiques à améliorer les symptômes des personnes souffrant d'allergies grâce à leur capacité à améliorer la maturation du tissu lymphoïde associé à l'intestin (*Gut Associated Lymphoid Tissue*, GALT). Il a été démontré que les probiotiques sont plus efficaces chez l'enfant que chez l'adulte. En fait, les bactéries aident à la maturation du système immunitaire et particulièrement dans le tissu lymphoïde intestinal. En condition normale, le GALT est immature pendant la grossesse, et l'environnement maternel permet d'initier une réponse immunitaire de type Th2 chez le nourrisson qui bascule vers une réponse non-allergique de type Th1 après la naissance afin de permettre l'établissement d'un microbiote [174; 80]. L'intérêt de consommer des bactéries non-pathogènes est l'une des stratégies pour aider à la maturation du GALT en réduisant le risque d'infection.

La supplémentation deux fois par jours par 10^{10} UFC des souches *Lb. rhamnosus* 19070-2 et *Lb. reuteri* DSM 12246 chez l'enfant âgé de 1 à 13 ans a montré des effets bénéfiques sur la gestion de la dermatite atopique, mais aucun changement significatif dans la production de cytokines et interleukines Th2 IL-2, IL-4, IL-10 n'a été observé [502]. L'ingestion de 10^{10} UFC/j *Lb. rhamnosus* GG a également permis de réduire la fréquence de l'eczéma chez des enfants de deux ans [275]. Inversement l'administration de 10^9 UFC/j *Lb. acidophilus* LAVRI-A1 à des nouveau-nés de mères allergiques pendant 6 mois n'a pas d'effet sur la dermatite atopique [565]. Les probiotiques peuvent aussi être efficaces pendant la grossesse. Ainsi, l'administration de 5.10^9 UFC/j *Lb. rhamnosus* GG, $5\ 10^9$ UFC/j *Lb rhamnosus* LC705, $2\ 10^8$ UFC/j *Bifidobacterium breve* Bb99 et $2\ 10^9$ UFC/j *Propionibacterium freudenreichii* ssp. *shermanii* JS à des femmes enceintes permet de réduire l'eczéma et tend à diminuer les maladies associées aux IgE chez les enfants de deux ans [309]. Il a également été démontré chez la souris présentant un phénotype asthmatique que l'administration de *Lb. rhamnosus* GG supprime tous les aspects de l'asthme [183]. Encore une fois les résultats sont souches dépendants mais dans ce cas leurs effets dépendent aussi de l'âge auquel le probiotique est administré.

L'effet de l'administration de 2.10^{10} UFC/j *Lb. rhamnosus* GG à des femmes enceintes est corrélé à une augmentation dans le lait maternel de TGF-β2 impliqué dans la régulation des cellules régulatrices T [485]. Une autre étude a montré que le cocktail de bactéries *Lb. rhamnosus* GG, *Lb. gasseri* PA16/8, *B. bifidum* MP20/5, et *B. longum* SP07/3 ou de leur ADN, préincubés avec les cellules mononucléaires sanguines de patients allergiques aux entérotoxine A et à *Dermatophagoides pteronyssinus*, permet d'inhiber la production d'IL-4 et IL-5 (réponse de type Th2) et d'augmenter celle de l' IFN-γ (réponse de type Th1) en présence de l'allergène correspondant [202]. Les auteurs attribuent cet effet à l'ADN bactérien qui contient des motifs oligonuclétotidiques cytosines, guanine (CpG ODNs), qui possèdent des propriétés immunomodulatoires [294]. Une autre étude a montré que *Lb. kefiranofaciens* M1 possède un fort potentiel d'induction de la réponse Th1 *in vitro* en produisant des TNFα, IL-1β, IL-6 et IL-12 dans les modèles cellulaires RAW264.7 et macrophages péritonéaux murins [248]. Les auteurs ont partiellement caractérisé l'immunomoduline comme étant un facteur soluble possédant une masse moléculaire supérieure à 30 kDa. Une fraction de lait fermenté par *Lb. helveticus* R389 est également capable d'augmenter la réponse immunitaire systémique en réponse à *E. coli* O157:H7 dans un modèle murin. Dans ce cas la stimulation immunitaire serait due à un peptide bioactif qui reste à identifier [329].

c) Adhésion et immunomodulation

D'autres études ont montré que la réponse immunomodulatrice peut être due aux capacités des bactéries à adhérer aux TGI. Quelques probiotiques sont capables d'augmenter la sécrétion d'IgG ce qui peut être lié à l'agglutination et l'immobilisation de pathogènes [260]. Bien que les souches de *Lb. johnsonii* NCC 533 et *Lb. paracasei* NCC 2461 possèdent les mêmes phénotypes d'adhésion sur Caco-2, leur colonisation du TGI de souris ne suit pas la même cinétique. En effet *Lb. johnsonii* NCC 533 possède une meilleure capacité de colonisation et induit des plus hauts niveaux d'IgG2a et IgG1 dans le sérum de souris. Les probiotiques comme *Lb. plantarum* 299v sont aussi capables d'induire les cytokines proinflamatoire IL-8 quand ils adhèrent aux cellules HT29 et cette production diminue quand l'adhésion est inhibée [394].

d) Motif ADN bactérien

L'un des mécanismes fréquemment décrits comme responsables de la stimulation du système immunitaire sont les motifs CpG non méthylés de l'ADN bactérien décrits la première fois par Krieg et al. [305]. Ces motifs particuliers sont très répandus chez les bactéries et sont reconnus par les récepteurs TLR9 (Toll-like Receptor, TLR) [128; 43], qui sont exprimés uniquement dans les macrophages et les cellules B humaines [306; 55]. Les TLR9 peuvent être divisés en trois groupes, dépendant essentiellement de la réponse immunitaire associée. La classe A induit la sécrétion d'IFN-α tandis que la classe B induit les cellules B et la classe C possèdent ces deux caractéristiques [43]. D'autres études ont montré les propriétés immunomodulatrices d'autres motifs ADN bactériens comme les oligonucléotides Adenine Thyrosin (AT-ODN). C'est le cas de *Lb. gasseri* JCM1131T capable d'induire l'activation des cellules B chez la souris [295]. La souche OLL2716 de la même espèce contient environ 280 motifs AT-ODN et induit une réponse Th1 dans les cellules CHO K-1 [539]. Grâce à leurs motifs CpG non méthylés, les bactéries vivantes ou mortes peuvent stimuler le système immunitaire, néanmoins la WHO/FAO considère que seuls les microorganismes vivants peuvent être considérés comme probiotiques.

e) Motifs moléculaires conservés

Les motifs moléculaires conservés plus connus sont le nom de *Pathogen-Associated Molecular Patterns* (PAMPs) sont impliqués dans les mécanismes d'immunostimulation. Ils sont reconnus par les TLR et sont composés essentiellement des lipopolysacharides (LPS), des flagellines, de l'acide lipotéichoïque, du peptidoglycane, et de l'acide nucléique comme les motifs CpG non méthylés. Malheureusement, à l'exception des motifs CpG, il n'existe que peu d'études démontrant l'effet de ces composants sur les mécanismes immunitaires. Néanmoins, la réponse pro/anti-inflammatoire dépend de la composition des LTA en D-Alanine [219]. La souche de *Lb. plantarum* NCIMB8826 mutée dans l'opéron *dlt*, qui permet la D-alanylation des LTA est capable d'induire une meilleure production d'IL-10 dans les cellules monocluéaires périphériques sanguines que la souche sauvage. De plus la souche mutante *dlt-* diminue les productions d'IL-12 TNF-α et IFN-γ et induit une très faible production d'IL-1β et d'IL-1β comparée à la souche sauvage *in vitro*. Cependant une autre étude a montré que le gène *dlt-D*, un gène de l'opéron *dlt* chez *Lb. rhamnosus* GG, n'est pas impliqué dans l'immunomodulation car sa délétion ne modifie pas la réponse obtenue sur le modèle cellulaire HT29 par comparaison avec la souche sauvage [461].

f) Production d'H₂O₂

Le peroxyde d'hydrogène est capable d'activer la réponse immunitaire de l'hôte en induisant la translocation du *peroxysome proliferators-activated receptor* γ (PPAR-γ) vers le noyau. PPAR-γ est un facteur de transcription impliqué dans la régulation de l'inflammation et de façon plus générale dans l'homéostasie de la muqueuse. Son activation est liée à la prévention de l'inflammation et une inflammation chronique est associée avec des niveaux bas de PPAR-γ. PPAR-γ semble aider à maintenir l'homéostasie intestinale plutôt que d'avoir des propriétés anti-inflammatoires. La souche *Lb. crispatus* M247 est capable d'augmenter l'expression des ARNm codant pour PPAR-γ dans les cellules CMT-93 [613]. La translocation nucléaire du PPAR-γ est abolie quand l'adhésion de *Lb. crispatus* est inhibée. Les souches productrices d'H₂O₂ sont capables d'induire un stress oxydant *in vitro* ce qui provoque une activité transcriptionnelle de PPAR-γ *in vitro* [613]. Les auteurs concluent que l'H₂O₂ agit comme un signal de transduction qui active l'expression de PPAR-γ ce qui permet d'inhiber la transduction de la voie NF-κB.

VII Lactobacilles et protection contre les pathogènes

1) Lactobacilles et renforcement de la barrière intestinale

Une barrière intestinale déficiente est très souvent associée à des pathologies liées à l'inflammation (colite ulcéreuse, maladie de Crohn) et à des maladies infectieuses [272]. Bien que les mécanismes ne soient pas encore clairement élucidés, certains probiotiques sont capables de renforcer la barrière intestinale et de limiter ainsi les infections par des pathogènes (Figure 8). Par exemple la souche *Lb. plantarum* WCFS1 est capable d'induire les gènes impliqués dans la prolifération de la muqueuse intestinale de patients sains [584].

Figure 8 : Mécanismes d'actions des probiotiques pour renforcer la barrière intestinale

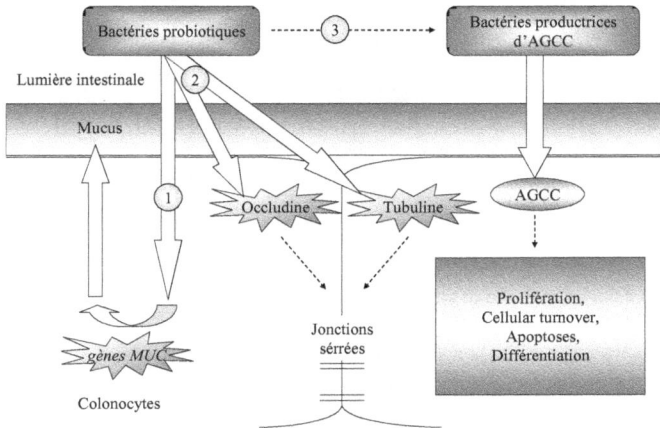

Les probiotiques peuvent protéger la barrière intestinale en induisant les gènes *Muc* (1), en renforcant les jonctions serrées (2), et en stimulant la croissance des bactéries productrices d'acide gras à courte chaîne (AGCC) (3). Les flèches pointillées indiquent des hypothèses alors que les flèches pleines indiquent les données démontrées.

Les jonctions serrées empêchent l'entrée de facteurs potentiellement dangereux provenant de la lumière gastro-intestinale dans le tissu épithélial. Ces jonctions sont organisées grâce à différentes protéines comme l'occludine, la E-cadhérine, et la β-caténine. *Lb. rhamnosus* GG est capable de sécréter deux protéines qui peuvent réduire les ruptures fonctionnelles des cellules Caco-2 induites par l'H_2O_2 [535]. Ces protéines p40 et p75 sont capables de modifier la distribution de l'occludine, de la E-cadhérine, et de la β-caténine dans les compartiments extra et intracellulaires. Ces auteurs ont démontré que p75 et p40 requièrent la kinase *mitogen-activated protein* (MAP) ainsi que la protéine kinase C (PKC). Les gènes codant pour ces protéines ont été déterminés et annotés comme protéine de fonction inconnue et hydrolase putative de paroi [642]. Ces gènes sont également retrouvés chez *Lb. casei* BL23 et la protéine codante stimule la phosphorylation du récepteur du facteur de croissance de l'épiderme [44]. *Lb. sobrius* DSM 16698T est aussi capable de prévenir les dommages de la barrière membranaire des cellules IPEC-1 en empêchant la déphosphorylation de l'occludine causée par *Escherichia coli* K88 [500]. La quantité de protéines Zonula occludens-1, impliquées dans l'assemblage des jonctions serrées est augmentée quand *Lb. rhamnosus* OLL2838 est co-incubée avec des cellules intestinales isolées de souris [401]. D'autres études ont montré que *Lb. plantarum* MB452 augmentait l'expression de gènes impliqués dans la fonction de la barrière intestinale ainsi que l'expression de quatre protéines impliquées dans la formation des jonctions serrées sur cellules Caco-2 [23].

MUC2 et MUC3 sont les mucines iléo coliques prédominantes chez l'Homme dont les gènes sont principalement exprimés dans le côlon et le petit intestin cf. paragraphe V(1). Il a été démontré *in vitro* que *Lb. plantarum* 299v est capable d'augmenter l'expression des gènes MUC2 et MUC3 sur modèles HT29, et que l'adhésion de *E. coli* E2348/69 sur ces cellules est par conséquent inhibée [373]. D'autres souches de lactobacilles sont également capables d'induire l'expression des gènes codant pour la mucine MUC3, et d'augmenter sa sécrétion par les cellules HT29 par l'intermédiaire d'une protéine de 3360 acides aminés codée par le gène *sdr* [372; 136]. L'expression du gène et des protéines MUC3 est également observée après ingestion des souches *Lb. plantarum* 299v, *Lb. rhamnosus* R0011 et *Bifidobacterium bifidum* R0071 dans le jéjunum et l'iléon de rat alors que la souche dérivée de *Lb. plantarum* 299v non adhérente n'induit pas ce phénotype [162]. Ceci laisse supposer que l'adhésion bactérienne est un critère important pour l'induction de MUC3.

2) Inhibition de la croissance des champignons

Les propriétés antifongiques et/ou fongistatiques des probiotiques ne doivent pas être ignorées puisque des champignons ont été détectés dans des maladies comme les ulcères coliques et gastriques. *Lb. plantarum* MiLAB 393 est une souche capable d'inhiber la croissance de moisissure *in vitro* en produisant un composant antifongique identifié comme 3-*phenyllactic acid cyclo* (L-Phe–L-Pro) et *cyclo* (L-Phe–*trans*-4-OH-L-Pro) [557]. De façon surprenante, *Lb. pentosus* TV35b est une souche capable de produire une pentocine inhibant *Candida albicans in vitro* [436]. Les souches *Lb. plantarum* VTT E-78076 (E76) et VTT E-79098 (E98) possèdent également des activités antifongiques *in vitro* contre les espèces de *Fusarium* [427; 318]. De nombreuses activités anti-moisissures ont également été montrées *in vitro* chez la souche *Lb. sanfrancisco* CB1 et cette inhibition est principalement due à la production d'acide acétique bien que d'autres composants puissent être impliqués [118]. Une autre étude a montré que plusieurs souches de *Lactobacillus plantarum* sont capables d'inhiber *in vitro* des champignons grâce aux acides phényllactiques et *p*-hydroxyphényllactiques comme c'est le cas de *Lb. plantarum* 21B [324]. La souche de *Lb. casei* subsp *rhamnosus* GG diminue également la colonisation entérique d'espèces de *Candida* chez l'Homme mais les mécanismes impliqués n'ont pas été étudiés [380].

3) Propriétés antivirales

Les infections à rotavirus sont responsables de déshydratations sévères et de diarrhées causant près de 611 000 morts dans le monde par an [453]. Le rotavirus est l'agent pathogène le plus fréquemment retrouvé dans le cas de diarrhées chez l'enfant [360]. De nombreuses études ont été menées dans l'objectif de diminuer la mortalité infantile liée à ces infections. Ainsi une méta-analyse a montré que la consommation de probiotiques permettait de réduire l'intensité et la durée des épisodes infectieux chez des patients souffrant de diarrhées [19]. Les probiotiques peuvent également agir sur d'autres types de virus comme l'herpès et différents mécanismes d'actions ont été reportés dans la littérature : production d'acide sialique, production de bactériocine, inhibition de l'adhésion virale, stimulation du système immunitaire (Figure 9). Néanmoins il existe peu de démonstrations des mécanismes moléculaires, la plupart étant des hypothèses. Il a été démontré que le surnageant de culture de *Lb. casei* DN-114 001 est capable de diminuer de 80% l'infection des cellules HT29 par le rotavirus [192]. Les auteurs suggèrent qu'un facteur bactérien soluble est capable de modifier la glycosylation ou la galactosylation des récepteurs à rotavirus sur ces cellules HT29, ce qui provoquerait une conformation différentes des récepteurs à rotavirus sur la surface intestinale et entraînerait une diminution du pouvoir infectieux du virus [191].

Figure 9 : Mécanismes d'action des probiotiques sur la prévention des infections virales

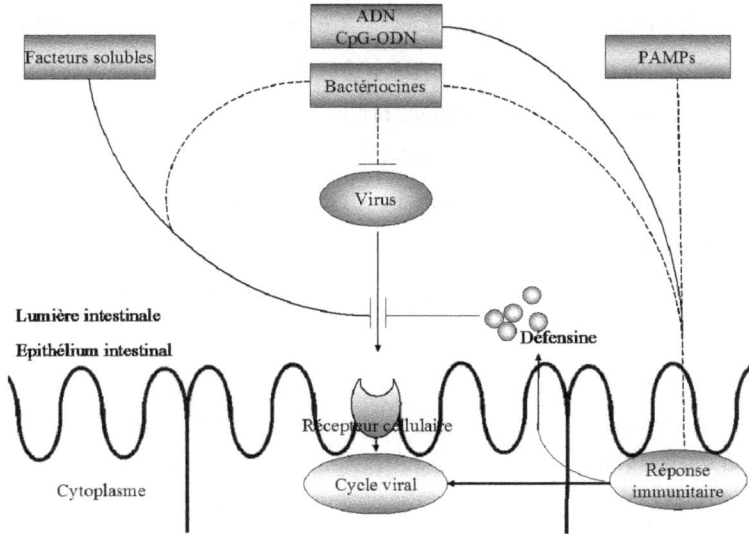

Les bactéries probiotiques peuvent prévenir des infections virales en inhibant l'adhésion ou le cylce viral. Les flèches en pointillé correspondent à des mécanismes putatifs par lesquels les bactéries peuvent prévenir d'une infection virale.

Une analyse surprenante a montré que la bactériocine bacST284BZ produite par *Lb. paracasei* ST284BZ possède des propriétés antivirales contre le virus de l'herpès de type I [577]. Cependant les mécanismes impliqués restent inconnus, bien que certains auteurs pensent que les bactériocines pourraient favoriser l'agrégation des particules virales et bloquer les sites récepteurs des cellules de l'hôte, ou inhiber des réactions clés impliquées dans le cycle de multiplication virale [619].

Comme indiqué précédemment, les BL peuvent stimuler la réponse Th1 en augmentant la production d'IFN-γ par les macrophages, ce qui permet d'inhiber la réplication virale [262]. Cette capacité est surtout attribuée aux motifs CpG-ODN de l'ADN bactérien. Des granulocytes de macrophage de cellules dendritiques produiraient de l'IFN-γ en présence de motifs CpG-ODN et de virus HSV-1 [245]. D'autres études ont montré que *Lb. acidophilus* La205 augmente l'activité cytotoxique des cellules NK impliquées dans la destruction de cellules cancéreuses et de cellules infectées par un virus probablement en augmentant l'exocytose de granules [101].

Les défensines α and β sont des protéines sécrétées par les cellules de Paneth, les kératinocytes et la barrière intestinale, et bien qu'elles soient largement reconnues pour leur activité antimicrobienne [441], elles peuvent aussi exercer des activités antivirales *in vitro* contre les adénovirus [241; 543]. Le mélange VSL#3® a montré qu'il peut augmenter la libération de défensine β sur les cellules Caco-2, probablement grâce aux PAMPS mais des études supplémentaires sont nécessaires pour valider et identifier le(s) composant(s) impliqué(s) [526]. Des études plus récentes ont montré que les souches *Lb. fermentum* K2-Lb4 et K11-Lb3 diffèrent dans leur capacité à induire une sécrétion de défensine β de façon dose dépendante. Ces deux souches diffèrent par les gènes codant pour la glycosylation des protéines de paroi : la glycosyltransferase, l'UDP-N-acétylglucosamine 2-épimerase, la *rod shape-determining protein* MreC, le précurseur de lipoprotéines, l'ABC transporteur de sucre, ABC transporteur de glutamine, ce qui suggère que ces gènes sont impliqués dans ce mécanisme [203]. D'autres études ont également attribué un rôle de la paroi dans le pouvoir antiviral des lactobacilles [388].

4) Propriétés antibactériennes

Les capacités d'inhibition de la croissance de souches pathogènes sont l'un des critères fréquemment utilisés pour sélectionner des souches probiotiques. La méthode la plus utilisée est la co-incubation sur un milieu gélosé ou liquide permettant la croissance du probiotique et de la gamme de souches pathogènes indicatrices appartenant le plus souvent aux genres *Bacillus, Clostridium, Enterococcus, Escherischia coli, Listeria, Pseudomonas, Salmonella, Staphylococcus* et *Yersinia* [161]. Après culture sur milieu gélosé ou liquide une mesure du halo d'inhibition ou un dénombrement sur milieu sélectif permet d'identifier le pouvoir antibactérien spécifique de la souche considérée. Dans la plupart de ces études il n'y a aucune démonstration utilisant des modèles animaux, et les conditions environnementales stressantes peuvent très bien influencer ces capacités antibactériennes. Ces tests sont à ce titre uniquement indicatif. Ces capactités antibactérienne sont essentiellement liées à la capacité des BL à synthétiser différents métabolites comme l' H_2O_2, des bactériocines, l'acide acétique, l'acide lactique ou l'oxyde nitrique qui sont capables de réduire la croissance bactérienne (Figure 10). Cette capacité bien connue a fait l'objet de nombreuses revues c'est pourquoi je ne présenterai ici que quelques exemples [233].

125

Figure 2 : Inhibition des bactéries pathogènes par les probiotiques

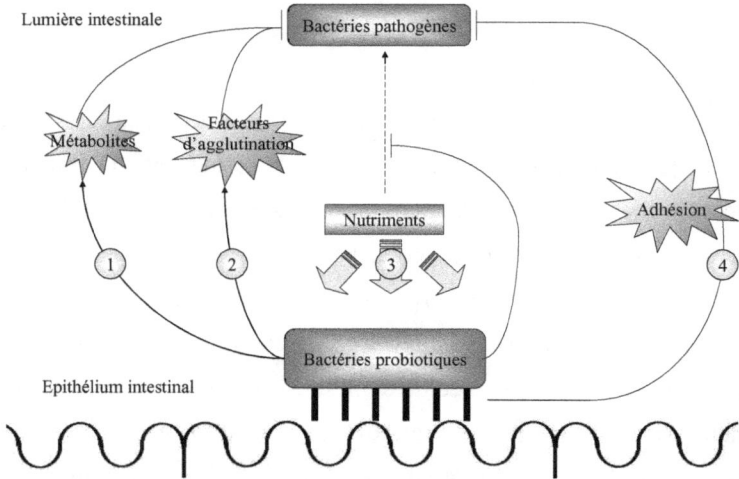

Les probiotiques peuvent inhiber le dévelopement des bactéries en produisant des facteurs antibactériens (1), en les agglutinant (2), par compétion envers les nutriments (3), par adhésion à l'épithélium intestinal (4).

Lb. salivarius CECT 5713 est une souche capable de produire de l'acide L-lactique, de l'acide acétique et du péroxyde d'hydrogène ce qui la rend capable d'inhiber le développement de *Listeria monocytogenes* Ohio et *Klebsiella oxytoca* CECT 860T *in vitro* [387]. Le peroxyde d'hydrogène est également capable d'inhiber de nombreux pathogènes [552; 533]. Cette capacité a été démontrée avec le surnageant de culture de *Lb. johnsonii* NCC533 ou *Lb. gasseri* CRL1421 deux souches capables d'inhiber la croissance de pathogènes alors que les surnageants traités à la catalase ne le permettaient pas [444; 476]. L'H_2O_2 peut aussi inhiber la formation de biofilm de *Staphylococcus epidermidis* CSF41498 *in vitro* en diminuant la transcription de l'opéron *icaADBC* impliqué dans l'adhésion intercellulaire chez cette espèce [212]. L'analyse du génome de *Lb. johnsonii* NCC533 a permis d'identifier quatre gènes impliqués dans la synthèse d' H_2O_2 incluant les gènes *LJ1853* codant pour une oxidase putative, *LJ1826* codant pour une lactate oxidase, ainsi que *LJ1254* et *LJ1255* codant pour une NADH oxidase [475; 476]. Des souches mutantes portant uniquement le gène NADH oxidase, ou l'opéron cytochrome-d ubiquinol oxidase produisent des quantités d'H_2O_2 similaires à la souche sauvage, tandis qu'une mutation de tous les gènes entraîne une absence de production de peroxyde d'hydrogène. Malheureusement ce mutant est instable et n'a pas permis d'étude *in vivo*.

L'acide lactique est un métabolite important capable de perméabiliser *in vitro* les bactéries à Gram négatif ce qui est responsable d'une diminution du pH intracellulaire [13]. La souche *Lb. acidophilus* No 4356 produit des quantités importantes d'acide lactique ce qui inhibe complètement la croissance de *Helicobacter pylori* en culture mixte [10]. L'activité uréase des pathogènes comme *Yersinia enterocolitica* ou *Helicobacter pylori* leur permet de se développer à bas pH, et les lactobacilles peuvent inhiber cette activité par l'intermédiaire de l'acide lactique [10; 536; 325].

L'oxyde nitrique est également un inhibiteur de la croissance bactérienne. Les lactobacilles sont capables d'augmenter la production de NO par les macrophages ou de le produire directement *in vitro* comme *Lb. fermentum* LF1 [412; 639; 280; 262]. Cette capacité est principalement liée à l'oxydation de la L-arginine en L-citrulline et en NO. Comme cette activité peut être liée à la production d'amines biogènes, le bénéfice de cette activité dépend de la balance entre l'inhibition du pathogène et la production de ces composés.

De nombreuses espèces de BL produisent des bactériocines avec des spectres d'action qui leur sont spécifiques [422; 138]. Il est généralement reconnu que les bactériocines sont efficaces contre les espèces proches phylogénétiquement. Elles ont été largement étudiées et il existe deux bases de données dédiées, BACTIBASE [232] et BAGEL [132]. Les BL capables de produire des bactériocines possèdent en plus des gènes impliqués dans la synthèse de la bactériocine un ou plusieurs gènes impliqués dans le transport de ce peptide, et un gène responsable de son immunité. Par exemple, la mutation du gène codant pour la bactériocine Abp118 de *Lb. salivarius* UCC118 rend la souche incapable d'inhiber les souches de *Listeria monocytogenes* EGDe et LO28 *in vivo*. De la même manière la souche sauvage *Lb. salivarius* UCC118 est aussi incapable d'inhiber la souche de *Listeria monocytogenes* exprimant la protéine responsable de l'immunité envers cette bactériocine AbpIM *in vivo*. La bactériocine Abp118 est donc responsable de l'inhibition de *Listeria monocytogenes* [117]. Un cluster de gènes correspondant à plusieurs plantaricines a également été retrouvé chez *Lb. plantarum* TMW1.25 mais aucun gène d'immunité n'a été retrouvé, ce qui montre une organisation génétique inhabituelle chez cette souche. Les gènes codant pour des plantaricines et des pediocines ont également été retrouvés dans de nombreux lactobacilles [438; 48; 495; 452; 576].

Une étude récente a également démontré que le produit du gène *mapA* de *Lb. reuteri* LA92 impliqué dans l'adhésion peut se dégrader en facteur antimicrobien. Il s'agit du premier exemple dans lequel une protéine de haut poids moléculaire de BL montre ce type d'activité [62].

5) Propriétés antitoxines des bactéries lactiques

Les BL des aliments fermentés sont généralement considérés comme non-toxiques et non pathogènes. Cependant certaines BL peuvent produire des amines biogènes. Ces amines biogènes sont des composés organiques, basiques, comprenant des composés nitrogénés, et sont principalement formés par la décarboxylation d'acides aminés cf. paragraphe V(2a). Ces amines biogènes sont retrouvées dans de nombreux aliments, et peuvent parfois s'accumuler à de fortes concentrations. La consommation d'aliments contenant de trop grande quantité d'amines peut avoir des conséquences toxicologiques [548]. Paradoxalement certaines souches de BL appartenant aux genres *Lactobacillus* et *Pediococcus* sont capables de dégrader l'histamine, la putrescine et la tyramine [612; 172; 197]. Cette capacité serait due à des amines oxidases mais cette hypothèse reste à confirmer [344].

Les nausées, les diarrhées et les vomissements peuvent être la conséquence de l'ingestion de la toxine bactérienne [137]. Certaines souches probiotiques sont capables de diminuer cette toxicité en dégradant la toxine, en la fixant à leur paroi, ou en inhibant son expression.

La souche *Lb. breve* Yakult est capable d'inhiber totalement la production de sigha toxine chez la souris [32]. Les auteurs ont montré que cet effet est attribué à l'acide acétique qui inhibe l'expression du gène *stx2A*, codant pour la toxine produit par la souche pathogène *Escherischia coli* O157 H7 [87]. Une autre étude a également montré que 8 gènes sur 12 appartenant à un îlot de pathogénicité d'*Helicobacter pylori* étaient réprimés après exposition avec *Lb. salivarius* [512]. De la même manière des études *in vitro* ont montré que la production de toxine beta2 de *Clostridium perfringens* Cp15 est nulle quand cette souche est cultivée avec *Lb. fermentum* 104R. Les auteurs expliquent cette inhibition par l'environnement acide créé par *Lb. fermentum* qui a pour conséquence d'inhiber la transcription du gène *cpb2* impliqué dans la production de cette toxine [18]. Parallèlement *Lb. reuteri* RC-14 inhibe la production d'exotoxine

TSST-1 produit par *Staphylococcus aureus* probablement grâce des dipeptides cycliques cyclo(L-Phe-L-Pro) et cyclo(L-Tyr-L-Pro) [345].

Les BL peuvent aussi détoxiquer efficacement les mycotoxines contenues dans des aliments d'origine végétale, généralement synthétisées par les moisissures comme *Aspergillus, Byssochamys* ou *Penicillium*. Les mycotoxines sont reconnues comme mutagènes, carcinogènes, et immunosuppresseurs [549]. La patuline (PAT) et l'ochratoxine (OTA) sont dégradées dans le milieu de culture en présence de différents BL mais les mécanismes impliqués ne sont pas connus [193]. La souche la plus efficace est *Lb acidophilus* VM 20 capable de supprimer près de 97% de 500 ng/mL d'OTA *in vitro*, tandis que les souches *Lb. plantarum* VM37 et *Lb. curvatus* LA 42 diminuent les quantités d'OTA et PAT mais dans des proportions moindre. *Lb. rhamnosus* GG a montré qu'elle pouvait moduler l'absorption intestinale et la toxicité de l'aflatoxine B1 chez le rat, en favorisant son élimination fécale [221]. Cette même souche et *Lb rhamnosus* LC705 sont capables de dégrader les mycotoxines de *Fusarium in vitro* d'environ 45% de 2μg/mL de toxine [168]. Ces auteurs ont montré que cette propriété est due à la capacité d'adhésion de la souche à cette toxine qui est d'ailleurs retrouvée chez d'autre BL [425]. Les mêmes capacités d'adhésion aux toxines ont été retrouvées envers l'aflatoxine B1 [460; 182]. Un autre mécanisme a récemment été montré chez *Lb. rhamnosus* GG. En effet les EPS produits par cette souche sont capables d'annuler l'effet de toxines de *Bacillus cereus* sur modèles cellulaires [509]. Les cyanobactéries sont des microorganismes photosynthétiques qui peuvent produire des toxines [568; 258]. L'Homme peut être exposé à ces cyanotoxines via l'ingestion d'eau ou d'aliments contaminés [195]. Certains probiotiques sont capables de réduire de 50% la quantité de cyanotoxines de type microcystin-LR [547]. Certains auteurs attribuent cette capacité de dégradation à des microcystinases [66].

VIII Innocuité et effets indésirables
a) Innocuité

Les études d'innocuité sont une phase essentielle de la sélection de souches probiotiques. Peu de souches ont fait l'objet de ce type d'étude, alors que certain lactobacilles et bifidobactéries ont été associés à de très rares cas de bactériémie chez des patients immunodéprimés. Cependant l'historique de l'utilisation et de consommation de ces deux genres est aujourd'hui considéré comme la meilleure preuve de leur innocuité [225]. Dans la plupart des cas, afin de connaître l'innocuité de souche d'intérêt, une identification précise de l'espèce est nécessaire. En pratique, une espèce est définie par deux critères génomiques : des souches possédant un ADN similaire à 70% (par hybridation ADN/ADN) et une différence de température de fusion (ΔTm) égale ou inférieur à 5°C seront considérées comme appartenant à la même et seule espèce; de plus, la séquence de l'ADN codant pour l'ARNr 16S ne doit pas différer de plus de 3%. Les mesures de similarité ADN-ADN restent néanmoins la méthode de référence pour l'identification d'espèces bactériennes. Cependant cette technique laborieuse n'est pas fréquemment utilisée pour identifier les isolats bactériens. En conséquence, les espèces sont souvent identifiées par le séquençage de l'ADN codant pour l'ARNr 16S après comparaison auprès des banques de données génomiques. Toutefois la classification génotypique ne reflète pas nécessairement une diversité métabolique. De cette manière quand les variations phénotypiques sont importantes au sein d'une même espèce, celle-ci peux être divisée en sous-espèces basées sur ces variations phénotypiques et non par des déterminants génétiques [503].

Bien que les lactobacilles soient reconnus pour leur innocuité, certains aspects comme l'absence de résistance aux antibiotiques sont aussi un critère de sélection. En effet, la présence de souches résistantes se traduit par la présence d'un pool de gènes de résistances aux antibiotiques qui représente ainsi un risque de transmission de ce caractère vers la microflore endogène [54]. Les bactéries probiotiques doivent donc également être dépourvues de propriétés de résistance aux antibiotiques. Les lactobacilles ont une résistance naturelle envers de nombreux antibiotiques comme la vancomycine mais dans la plupart des cas ce caractère n'est pas transmissible [98]. Néanmoins, certaines souches peuvent posséder des plasmides, ou des éléments génétiques mobiles contenant des gènes impliqués dans la résistance aux antibiotiques et les implications de cette caractéristique sur l'innocuité doit être prise en compte [488; 187]. Généralement, la sensibilité des souches envers les antibiotiques est réalisée par mesure d'inhibition de la croissance de bactéries sur milieu gélosé en présence de différents antibiotiques comme l'ampicilline, la céphalotine (inhibiteurs de la synthèse de la paroi), le chloramphénicol, la gentamycine, l'érythromycine, la tétracycline, la streptomycine (inhibiteurs de la synthèse protéique), et la polymyxine B (inhibiteur des fonctions cytoplasmiques). Ces mesures ne sont qu'indicatives de la résistance des souches, et ne renseignent pas sur la transmissibilité de ce caractère. Comme la plupart des BL sont reconnues pour leur innocuité et que les cas d'infections sont rares, ces tests ne sont pas toujours nécessaires selon l'origine des souches.

b) Effets indésirables

Bien que l'innocuité des lactobacilles soit bien reconnue, certaines souches possèdent quelques aspects non désirés comme la production d'amines biogènes, la résistance aux antibiotiques, la production de toxines, la dégradation de mucus la translocation bactérienne à travers la barrière de la muqueuse intestinale. La capacité de certaines souches à produire des amines biogènes comme la putrescine, l'histamine, la tyramine et rarement la cadavérine [120] ainsi que les possibilités de transfert de gènes codant pour la résistance aux antibiotiques ayant déjà été abordées dans les parties précédentes, je n'aborderai ici que les autres aspects négatifs des lactobacilles.

Bien que rares, certains lactobacilles sont capables de produire des toxines. C'est le cas de *Lb. iners* DSM 13335, une souche récemment séquencée, qui peut produire de l'intermedilysine et de la vaginolysine, des cytolysines capables d'induire la formation de pores dans les cellules de l'hôte et d'induire une réponse inflammatoire [484]. Bien qu'appartenant au genre *Lactobacillus*, c'est une espèce étudiée récemment du fait qu'elle ne pousse pas sur le milieu de culture classique de ce genre, le milieu de Man Rogosa et Sharpe (MRS). En condition non pathologique les lactobacilles dominent la flore vaginale mais en cas de vaginose cette espèce prédomine avec *Gardnerella vaginalis*. La détection du gène codant pour l'intermedilysine est également retrouvée chez d'autres souches de cette espèce alors qu'elle n'a jamais été reportée pour les autres souches de lactobacilles dont le génome est séquencé [484]. Bien que cette espèce ne soit pas utilisée comme probiotique c'est un exemple qui montre que le séquençage de génomes de nouvelles espèces de lactobacilles permet d'estimer l'innocuité/virulence des souches de lactobacilles avant leur utilisation potentielle comme probiotique.

La capacité à dégrader les mucines est une caractéristique controversée. En effet la couche de mucus permet d'empêcher l'adhésion des bactéries pathogènes, des toxines, et autres antigènes sur les cellules intestinales [409] cf. paragraphe V(1). C'est pourquoi certains auteurs associent cette capacité à la pathogénicité [478; 409; 145]. Il existe de nombreuses enzymes impliquées dans la dégradation du mucus divisé en quatre familles, les glycosyles hydrolases, les protéases/peptidases, les sulfatases et les sialidases/neuraminidases [145]. Néanmoins aucune étude sur ce sujet n'existe chez les lactobacilles (tableau 11). Certaines souches de lactobacilles et notamment l'espèce *Lb. mucosae* sont capables de dégrader les mucines *in vitro* [173]. Cette capacité chez ces souches serait donc délétère, mais des expériences supplémentaires chez les lactobacilles sont nécessaires pour déterminer les conséquences de cette capacité de dégradation du mucus.

Tableau 11 : Espèces bactériennes capables d'hydrolyser le mucus du tractus intestinal et enzyme impliquées

Espèces	Enzymes
Akkermansia muciniphila	α- et β-D-galactosidase, α-L fucosidase, α- et β-N-acétylgalactosaminidase, β-N-acétylglucosaminidase, neuraminidase, sulfatase
Bacteroides fragilis	Protéase, α-N-acétylgalactosaminidase, β-galactosidase, β-N-acétyl-D-glucosaminidase, α-L-fucosidase, neuraminidase, sulfatase
Bacteroides thetaiotaomicron	α-fucosidase, β-galactosidase, α-N-acétylgalactosaminidase, β-N-acétylglucosaminidase, neuraminidase, sulfatase
Bacteroides vulgatus	α- et β-galactosidase, α-fucosidase, β-N-acétyl-D-glucosaminidase, α- et β-N-acétylgalactosaminidase, neuraminidase
Bifidobacterium sp., Bifidobacterium bifidum	α-L-fucosidase, α-N-acétylgalactosaminidase, galactosyl-N-acétylhexosamine phosphorylase
Clostridium cocleatum	β-galactosidase, β-N-acétylglucosaminidase, α-N-acétylgalactosaminidase, neuraminidase

Clostridium septicum	β-Galactosidase, β-N-acétyl-D-glucosaminidase, glycosulfatase, neuraminidase
Helicobacter pylori	Glycosulfatase
Prevotella sp. RS2	Sulfoglycosidase, glycosulfatase
Ruminococcus torques	α-N-acétylgalactosaminidase
Streptomyces sp.	α-L-fucosidase
Vibrio cholerae	Neuraminidase, β-N-acétylhexosaminidase, protéinase

Source : Derien et al., 2010

Les translocations bactériennes sont définies comme le passage de bactéries viables d'origine digestive à travers la barrière de la muqueuse intestinale vers les ganglions mésentériques et vers les organes à distance [470]. Trois mécanismes ont été avancés pour expliquer ce phénomène : l'altération fonctionnelle de la muqueuse, la multiplication microbienne intestinale et certaines modifications immunitaires. Comme vu précédemment, certains lactobacilles sont capables d'altérer la muqueuse intestinale en dégradant ou en modifiant la composition du mucus [79; 173], mais aussi en induisant des modifications immunitaires [217]. Cependant, d'une façon générale la translocation de lactobacille à travers une barrière de la muqueuse intestinale saine est relativement rare [129; 353; 640]. Cependant il existe certaines souches de bactéries lactiques capables de transloquer comme Lb. paracasei subsp. paracasei YS8866441 [237]. De plus, si l'on considère que l'utilisation de lactobacilles pour la lutte contre la maladie de Crohn possédant une muqueuse fragilisé, est prometteur cf. paragraphe VI(5), et que la translocation bactérienne est souche dépendante, il est nécessaire dans ce contexte particulier de réaliser des études spécifiques [129; 353].

IX Conclusion

Les aliments fermentés traditionnels des pays du Sud sont une source de bactéries lactiques potentiellement intéressantes d'un point de vue techno alimentaires, mais aussi dans le domaine de la santé. Il existe cependant très peu d'études en ce sens. Dans les pays du Nord le développement de produits probiotiques passe par l'ajout des bactéries pour lesquelles des effets probiotiques ont été démontrés ou allégués, alors que les aliments fermentés traditionnels possèdent naturellement dans leur microbiote des bactéries qui pourraient présenter un caractère probiotique ou d'inétrêt en nutrition par modification de la matrice alimentaire [572; 337; 577]. C'est en prenant en compte ces considérations que nous avons déterminé les objectifs de la thèse, annoncés dans l'introduction générale et que nous reformulons ici. Cette thèse a ainsi une double vocation : développer une approche moléculaire permettant de détecter des gènes impliqués dans des fonctions d'intétrêt en santé (probiotique, nutrition) pouvant aboutir à la sélection de souches intéressantes, mais aussi d'initier une approche en écologie microbienne des aliments pour mettre en évidence « les potentialités santé » des microbiotes des aliments fermentés traditionnels.

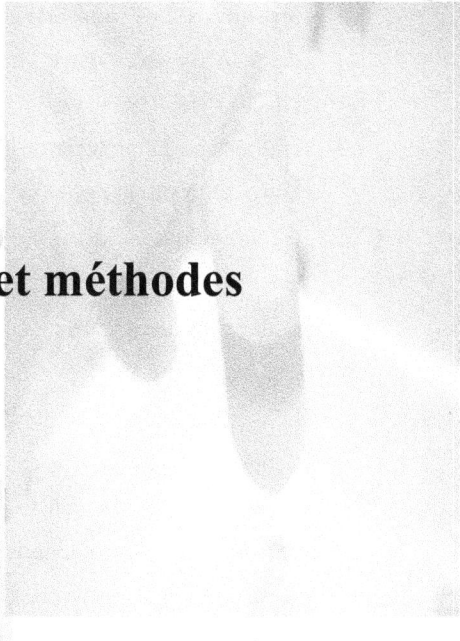

Chapitre 3. Matériel et méthodes

I Méthodes microbiologiques

1) Souches bactériennes

Cent cinquante-deux souches de bactéries lactiques ont été isolées à partir d'échantillons de pâtes fermentées provenant de douze ateliers de production de *ben-saalga* différents à Ouagadougou (Tableau 12) [579]. Ces ateliers ont été choisis de façon aléatoire parmi plusieurs ateliers répertoriés. Les isolats de ces souches sont conservés en cryotubes à −80°C dans du glycérol 40% et du bouillon MRS et font partie de la collection de souches de l'IRD. Les propriétés biochimiques de ces souches ont été étudiées au laboratoire de l'UR 106 de l'IRD à Montpellier (actuel UMR 204), utilisant les galeries Api 50 CHL en plus de quelques propriétés technologiques. Toutes ces souches produisent de l'acide lactique, seul ou avec de l'éthanol, comme produit de la fermentation du glucose. Elles sont Gram positif et catalase négative.

D'autres souches de collection appartenant à différents genres ont servi de témoins pour les différents aspects abordés dans cette thèse :
-*Lb. plantarum* A6 (LMG 18053, BCCM, Gent, Belgium) est une souche de bactérie hétérolactique facultative amylolytique isolée du manioc (*Manihot esculenta*) roui au Congo. Cette espèce est un bacille plus ou moins court, isolé ou par paire, parfois par groupe de trois (Giraud et al., 1991). Cette souche a été utilisée lors de ce travail de thèse comme témoin positif de souche amylolytique possédant le gène codant pour l'alpha amylase. Les souches *Lb. fermentum* Ogi E1 et *Lb. fermentum* MW2 isolées de l'ogi béninois [8], *Lb. manihotivorans* OND32 isolée de l'amidon aigre en Colombie [413] ont également été sélectionnées sur ce critère.

Tableau 12 : Identification des bactéries isolées de douze ateliers de production par séquençage du gène codant pour l'ARNr 16S

Espèces	Nombre d'isolats	Nom des isolats (n=152)
Lb. fermentum	70	1.1, 1.10, 1.2, 1.3, 1.4, 1.5.1, 1.5.2, 1.6, 1.7.1, 1.7.2, 1.8, 1.9, 10.4, 11.1, 11.11.1, 11.11.2, 11.4, 11.5.1, 11.7, 2.10, 2.17.1, 2.17.2, 2.3, 2.5, 2.7.1, 2.7.2, 2.8, 2.9, 3.1, 3.10.1, 3.10.2, 3.2, 3.3, 3.4, 3.5, 3.6, 3.7, 3.8, 3.9.1, 3.9.2, 4.10, 4.11.1, 4.11.2, 4.2, 4.5, 4.7.1, 4.7.2, 4.8.1, 4.8.2, 4.9, 5.1, 5.10, 5.11, 5.3.1, 5.4.2, 5.7, 6.10.1, 6.3, 6.4.1, 6.4.2, 6.5.1, 6.5.2, 6.6.1, 6.6.2, 6.7, 6.9, 7.4, 7.9.1, 8.2, 8.5.2
Lb. paraplantarum	6	4.1, 2.2, 7.3.1, 4.4, 7.8.1, 7.8.2
Lb. plantarum	20	2.1, 6.2, 2.4.1, 2.13, 5.8, 11.3, 11.10, 5.9, 2.4.2, 11.6.2, 2.11.1, 11.5.2, 11.2, 2.6, 11.6.1, 5.2.2, 8.4, 6.1, 2.11.2, 2.12
Lb. salivarius	1	4.6
Pe. acidilactici	16	10.3.1, 10.3.2, 12.1, 12.11, 12.12, 12.2, 12.4.1, 12.4.2, 12.6, 12.7, 12.8.1, 12.8.2, 12.9, 9.12, 9.7, 9.8
Pe. pentosaceus	39	10.1, 10.5.1, 10.5.2, 10.6.2, 10.7, 11.8, 11.9, 12.5.1, 2.16.1, 2.16.2, 5.5.2, 5.6.2, 7.1, 7.10, 7.11, 7.2, 7.5.1, 7.5.2, 7.6, 7.7, 8.1.1, 8.10.1, 8.10.2, 8.12, 8.3, 8.5.1, 8.6, 8.7, 8.8, 8.9, 9.1, 9.10, 9.11, 9.2, 9.3.2, 9.4, 9.5.1, 9.5.2, 9.6

-Les souches *Lb. brevis* DSM1268, *Lb. fermentum* IFO 3956, *Lb. fermentum* ATCC 14931, *Lb. plantarum* WCFS1, *Lb. plantarum* ATCC 14917, *Lb. reuteri* ATCC 23272, *Lb. sakei* 23K, *Leuconostoc mesenteroides* subsp. *mesenteroides* ATCC 8293, et *Pe. pentosaceus* ATCC 25745 sont pour la plupart des souches dont le génome est séquencé ou en cours de séquençage. Elles ont été utilisées comme contrôle positif ou négatif pour le criblage génétique.

- *Lb. acidophilus* NCFM et *Lb. johnsonii* NCC 533 sont des souches probiotiques dont le génome est séquencé. Elles ont servi de contrôle positif pour le criblage de certains gènes (*odc, slpA, cbsA*), mais également comme témoin dans les expériences d'adhésion aux modèles cellulaires.

- *Lb. plantarum* WCFS1, et *Lb. paraplantarum* LMG 16673, et *Lb. pentosus* LMG 10755 ont été utilisées comme témoin pour identifier les souches reconnues comme appartenant à au groupe *Lb. plantarum* par séquençage de l'ADN codant pour l'ARN 16S.

- *Lb. rhamnosus* GG (ATCC 53103) a été utilisée comme témoin dans les tests de dégradation des mucines commerciales.

Toutes les souches ont été réactivées à partir d'un cryotube par strie sur boîte de MRS gélosé. Après incubation (48 h à 30 ou 37°C selon les souches), un clone est inoculé dans 5mL de bouillon MRS incubé pendant une nuit à 30 ou 37°C. La pré-culture obtenue a été utilisée pour les tests décrits ci-après.

2) Milieux de culture et d'incubation

Les réactifs utilisés au cours de cette thèse ont été fournis par MERCK, (darmstadt, Allemagne) à l'exception de ceux indiqués dans le texte.

Le Milieu MRS [133]

Le milieu MRS (Difco, Le Pont de Claix, France) a été utilisé pour la culture et le dénombrement des bactéries lactiques. Sa composition est la suivante :

Le milieu MRS a été préparé en solubilisant 55g de poudre commerciale dans un litre d'eau. Après homogénéisation, le milieu est stérilisé à 121°C pendant 15 min. Le MRS gélosé est obtenu de la même façon en additionnant 17g/L d'agar (Difco) avant la stérilisation.

Tableau 13 : Composition du milieu MRS

Composition	g/l
Peptone de protéase	10,00
Extrait de bœuf	10,00
Extrait de levure	5,00
Dextrose (glucose)	20,00
Polysorbate 80	1,00
Citrate d'ammonium	2,00
Acétate de sodium	5,00
Sulfate de magnésium (MgSO4)	0,10
Sulfate de manganèse (MnSO4)	0,05
Phosphate dipotassique (K2HPO4)	2,00

Les milieux de dilution

Les dilutions sont réalisées dans de l'eau peptonnée 0,1% (p/v) stérilisé à 121°C pendant 15 min.

Jus gastrique

Le jus gastrique permet de mimer les conditions rencontrées dans l'estomac et donc d'évaluer la survie des bactéries après un choc acide. Ce milieu est composé de 2g/L de NaCl, 3,2g/L de pepsine (Sigma, St Quentin Fallavier, France) ajusté aux pH souhaité (2 ou 7) avec de l'HCl 3M ou du NaOH 5M. Le milieu est stérilisé par filtration (Terumo®, 0,20 µm).

MRS-oxgall

Le MRS-oxgall est un milieu utilisé pour estimer la sensibilité d'une souche aux sels biliaires. Il est constitué de MRS auquel 0,3% (p/v) d'oxgall (Sigma) ont été ajouté. Le milieu est stérilisé à 121°C pendant 15 min avant utilisation.

MRS-mucine

Le milieu MRS-mucine (MRS-HGM) adapté de Sanchez et al. 2010, [519] a été utilisé pour analyser la croissance bactérienne avec différentes sources de carbone (glucose, mucine). Le milieu MRS dont la composition est donnée plus haut a été modifié par sa composition en sucre. La composition de ce milieu modifié est la suivante :

Tableau 14 : Composition du MRS utilisé pour analyser la croissance bactérienne avec glucose ou mucine

Composition	g/l
Peptone de protéase	10,0
Extrait de bœuf	10,0
Extrait de levure	5,00
Source de carbone	X
Polysorbate 80	1,00
Citrate d'ammonium	2,00
Acétate de sodium	5,00
Sulfate de magnésium (MgSO4)	0,10
Sulfate de manganèse (MnSO4)	0,05
Phosphate dipotassique (K2HPO4)	2,00

X correspond à la concentration en source de carbone souhaitée. 3g/L d'HGM pour le MRS-HGM ; 20g/L de glucose pour le MRS-glucose ; 3g/L d'HGM et de 20g/L de glucose pour le MRS-HGM-glucose.

3) Manipulations bactériennes

Test de résistance des BL à pH acide

Ce test est basé sur la méthode décrite par Valdez et al. avec quelques modifications [598]. Brièvement, une pré-culture bactérienne est centrifugée 10 min à 8 000 g et le culot est lavé dans du tampon phosphate 0,1 M pH 7. L'opération est réitérée et le culot est repris dans le même volume initial de tampon. Le jus gastrique ajusté à pH 2 et pH 7 est inoculé à 2% (v/v) avec cette culture bactérienne lavée et incubé à 37°C. Des dénombrements bactériens sur boîte de pétri sont effectués toutes les heures pendant 4 h. Les résultats sont exprimés en pourcentage de bactéries dénombrées après incubation par rapport à la concentration initiale.

Test de tolérance de BL aux sels biliaires

Ce test est basé sur la méthode décrite par Valdez et al., 2000 avec quelques modifications [598]. Brièvement, une pré-culture bactérienne est centrifugée 10 min à 8 000 g et le culot est lavé dans du tampon phosphate 0,1 M pH 7. L'opération est réitérée et le culot est repris dans le même volume initial. Les milieux MRS et MRS-oxgall sont inoculés à 0,5% (v/v) avec la culture bactérienne lavée et incubés à 37°C. L'absorbance est lue à 560nm toutes les heures pendant 8 h. Les résultats sont exprimés par le temps requis par la souche pour augmenter l'absorbance de 0,3 unités en début de phase exponentielle en MRS et MRS-oxgall. La différence de temps (en min) entre les cultures MRS et MRS-oxgall est considérée comme un retard de croissance.

Tests de croissance en MRS-HGM

Pour ces tests de croissance la source de carbone a été soit le glucose à 20g/l (témoin positif) appelé MRS-glucose, soit la mucine partiellement purifiée de type III à 3g/l appelé MRS-HGM (Sigma, St Louis, USA), soit sans source de carbone (témoin négatif). Après homogénéisation, le milieu est stérilisé à l'autoclave à 121°C pendant 15 min. Après pré-culture des souches en MRS une nuit à 30°C, 5 mL de milieu MRS-HGM, MRS-glucose et MRS sans sucre sont inoculées à 2% (v/v) et la turbidité est mesurée à 600nm. Après 24 h à 37°C une seconde lecture est effectuée. La croissance est exprimée en différence d'Abs_{600} après 24 h en MRS-glucose ou MRS-HGM par rapport au MRS sans sucre.

Test de dégradation des protéines du mucus

Les tests de dégradation des protéines du mucus sont issus de la littérature [649; 173; 519]. Les milieux utilisés sont le MRS 0,3% (p/v) HGM, le MRS 2,0% (p/v) glucose, et le MRS 0,5% (p/v) glucose 0,3% (p/v) HGM auxquels 17g/l d'agar ont été ajoutés. Chaque boîte de pétri contient 5µL d'une pré-culture, un témoin positif (flore fécale humaine diluée au 1/100) et un témoin négatif (flore fécale humaine diluée au 1/100 autoclavée 15 min à 121°C). Après 72 h à 37°C, la dégradation des mucines est révélé par une incubation de 30 min avec 0,1% (p/v) d'amido black 12 BN (Réactifs RAL, Martillac, France), dans de l'acide acétique glacial 3,5 M. Les boîtes sont alors rincées à l'acide acétique glacial 1,2 M jusqu'à apparition d'une zone de lyse chez les témoins positifs.

Préparation des souches à la SPRi

Une solution unique de PBS (0,14 M NaCl, 2,7 mM KCl, 10,1 mM Na_2HPO_4, à pH 7,5) stérilisée à 121°C pendant 15 min est préparée pour toutes les manipulations SPRi (*Surface Plasmon Resonance Imagery*). Une préculture bactérienne est réalisée en MRS pendant une nuit à 30°C et le culot bactérien obtenu par centrifugation à 4 000g pendant 10 min à température ambiante est lavé deux fois avec la solution de PBS. Le culot bactérien est ensuite resuspendu dans du PBS dans un volume adéquat pour obtenir une absorbance à 600 nm finale de 20 et conservé à température ambiante jusqu'à utilisation (dans la journée).

II Manipulations sur culture cellulaire

Conservation et culture cellulaire

La culture des cellules eucaryotes s'effectue dans une atmosphère contrôlée contenant 10% CO_2 et 90% d'air et à 37°C. Les cellules HT29 revG- et HT29-MTX ont été utilisées entre le 58ème et le 63ème passage et entre le 20ème et le 25ème passage, respectivement. Les cellules sont conservées à une densité de 10^6 cellules par cryotubes dans l'azote liquide dans une solution de sérum de veaux fœtal (SVF) décomplémenté par 1 h à 56°C (Lonza, Verviers, Belgique) et contenant 10% (v/v) de diméthylsulfoxyde. Les cellules HT29-MTX ont été fournies par le Dr. Thecla Lessuffleur (INSERM UMR S 938, Paris, France) [342]. Un cryotube de cellules est décongelé et sert à ensemencer une flasque de culture de 15mL. Après une semaine, les cellules sont dénombrées sur cellules de Malassez pour normaliser le stade différenciation. Des plaques de six puits sont inoculées à hauteur de 0,1 et 0,12.10^6 cellules par cm^2 pour les HT29 et les HT29-MTX, respectivement. Pour ces deux lignées cellulaires, le milieu de culture utilisé est le Dulbecco's Modified Eagle's Medium (DMEM, Lonza) supplémenté avec du SVF 10% (v/v), de la L-Glutamine 1% (v/v) (Lonza), et 1% (v/v) de pénicilline-streptomycine (Lonza) appelé DMEM complet. Un aliquote du DMEM complet fraîchement préparé est incubé à 37°C pendant 3 jours afin de vérifier sa stérilité avant utilisation. Le milieu complet est conservé à 4°C. Le milieu de culture est changé tous les jours pendant 21 jours. Pour les deux derniers jours de culture, le milieu utilisé est dépourvu d'antibiotiques.

Co-incubation, mesure de l'adhésion bactérienne.

Une préculture bactérienne réalisée en MRS à 30°C est centrifugée 10 minutes à 8 000 g. Le culot est resuspendu dans du DMEM complet sans antibiotiques à une concentration de 10^7 UFC/mL et incubé 24 h à 37°C. Après centrifugation 10 minutes à 8 000 g, le culot est lavé deux fois aux PBS pH 7, 37°C (Lonza), et resuspendu dans du DMEM complet à 37°C sans antibiotiques. Un dénombrement bactérien sur MRS gélosé est réalisé en début d'expérimentation. Avant co-incubation les cellules HT29 et HT29-MTX sont délicatement lavées avec du PBS pH 7 à 37°C. La suspension bactérienne est alors ajoutée à chaque puits de la boîte de culture cellulaire suivant un ratio de 10 bactéries pour 1 cellule eucaryote, et incubée à 37°C pendant deux heures dans une atmosphère composé de 10% CO_2 /90% d'air. Après co-incubation, les bactéries non adhérentes sont dénombrées sur MRS gélosé. Les tapis cellulaires d'HT29 et HT29-MTX sont alors délicatement lavés quatre fois au PBS afin d'éliminer les bactéries non adhérentes. Le tapis cellulaire est ensuite gratté à l'aide d'une solution de 0,1% (v/v) Triton® X-100 (Sigma), puis lysé par deux passages à l'aiguille (21 g) suivi de 30 min d'incubation à température ambiante. Les bactéries adhérentes sont dénombrées sur MRS gélosé. Les résultats sont exprimés en pourcentage de bactéries adhérentes par rapport à l'inoculum par puits. Ces expériences ont été réalisées en double à trois passages cellulaires successifs.

Récupération de mucus de cellule MTX

La méthode utilisée pour récupérer le mucus est issue de la méthode élaborée par Patricia Lepage (Communication personelle). Après 30 jours de culture, le surnageant des cellules HT29-MTX est aspiré et déposé successivement sur le tapis cellulaire pour récupérer le mucus. Le surnageant total (DMEM et mucus) est centrifugé à 400 g pendant 10min. Le surnageant contenant le mucus et le DMEM est alors conservé à -20°C.

III Expérimentation animale

1) Elevage

Règlementations

Toutes les expériences ont été réalisées suivant les directives européennes sur les soins et l'utilisation d'animaux de laboratoire et l'autorisation 78-122 des services vétérinaires Français.

Animalerie

Les expérimentations animales ont été réalisées à Jouy en Josas à l'animalerie de rongeurs à microbiote contrôlé (INRA, MICALIS, Pôle écosystèmes, Jouy en Josas). Des rats mâles Fischer F344 initialement axéniques sont utilisés dans notre étude. Cet élevage dispose d'enceintes stériles (isolateurs de type Trexler, La Calhène, Vélizy, France) dans lesquels sont maintenus les animaux. L'animalerie est maintenue à une température ambiante de 21°C selon un cycle de 12 h d'éclairage et 12 h d'obscurité. Le matériel, l'eau et les aliments rentrés à l'intérieur de l'isolateur sont préalablement stérilisés par autoclavage, par irradiation aux rayons gamma, ou par de l'acide peracétique 20%. Les rats sont sevrés à l'âge de 21 jours et reçoivent par la suite un aliment commercial (Alim standard R03, SAS France). Dans les isolateurs d'élevage des animaux axéniques, des tests de stérilité sont effectués chaque semaine en réalisant des prélèvements de fèces fraîchement émises et de l'eau de boisson, suivi d'un examen microscopique et d'un ensemencement dans différents milieux de cultures.

Inoculation bactérienne

L'inoculum est composé des souches de *Lb. paraplantarum* 4.4, *Lb. salivarius* 4.6 et *Lb. fermentum* 3.9.2. Une pré-culture de chaque souche est réalisée individuellement. Chaque souche est dénombrée séparément. Un mélange à volume équivalent des trois souches est effectué (soit 10^{8-9} UFC/mL) et un dénombrement bactérien est à nouveau réalisé. Cette solution est introduite stérilement dans l'isolateur et utilisée pour inoculer les rats par intubation gastrique à l'aide d'une sonde de gavage. Les animaux inoculés (gnotobiotiques) sont ensuite maintenus en isolateur et sont sacrifiés 2 jours ou 30 jours après l'inoculation, tous à l'âge de 3 mois. Des prélèvements de fèces sont conservés à -20°C et sont réalisés tous les deux jours. Des tests de non contamination sont réalisés chaque semaine par examen microscopique.

2) Prélèvement des compartiments d'intérêt

Sacrifice

A 9 heures du matin les rats sont anesthésiés avec de l'isoflurane. Le côlon est immédiatement retiré pour l'isolement de cellules ou pour les analyses histologiques (un fragment). L'iléon est immédiatement retiré et retourné à l'aide d'un cathéter de 25 cm puis coupé en quatre morceaux. Deux sont destinés à l'analyse histologique et deux pour l'isolement de cellules.

Isolement de colonocytes de rats

La méthode d'isolement utilisée et les tampons d'isolement sont préparés comme indiqué e par Cherbuy et al. et [102]. De l'oxygène/dioxyde de carbone (ratio 19/1) sont mis à barboter dans chaque tampon pendant 20 min avant utilisation. Pour chaque tampon le pH est ajusté à 7,4 et de l'albumine à 10% (v/v) est ajoutée extemporanément. Le tampon de perfusion 1 (P1, 10 mmol/ HEPES, 5 mmol/ dithiothreitol) et le tampon de perfusion 2 (P2, 10 mmol/L HEPES, 5 mmol/L dithiothreitol, 10 mmol/L EDTA) sont mis à buller à l'oxygène à 37°C, et le tampon de rinçage (10 mmol/L HEPES, 0,125 mmol/L dithiothreitol) est conservé à température ambiante. Le côlon est rincé avec du sérum physiologique (eau distillé 0,9% NaCl) pour enlever les contenus puis avec le tampon de rinçage. Il est alors trempé dans le tampon isotonique P2 et relié à la pompe péristaltique injectant le tampon P1 pendant 20 min (coté distal vers la pompe). Le côlon est alors clampé aux deux extrémités, tapoté modérément pendant 2 min et la suspension est récupérée. L'opération est réitérée une seconde fois. La suspension est alors centrifugée à 150 g pendant 3 min. Le culot est lavé deux fois dans 5 mL de PBS 1X.

Isolement d'entérocytes de rats

L'iléon est rincé avec du sérum physiologique (eau distillée 0,9% NaCl) pour en enlever son contenu puis avec le tampon de rinçage. L'intestin est alors retourné à l'aide d'un cathéter de 25 cm. Les deux morceaux d'intestin sont déposés dans un erlenmeyer contenant le tampon P1. Les erlenmeyers sont alors incubés sous agitation pendant 20 min à 37°C. Les erlenmeyers sont ensuite agités à la main pour décoller les cellules. Le tampon de l'erlenmeyer est récupéré et la suspension est alors centrifugée à 150 g pendant 3 min. Le culot est lavé deux fois dans 5 mL de PBS 1X.

Prélèvement des contenus caecaux

Les contenus caecaux sont récupérés, pesés, aliquotés et les tubes sont plongés directement dans de l'azote liquide et conservés à -80°C jusqu'à l'analyse.

IV Techniques moléculaires

1) Extraction d'ADN total sur culot bactérien

Les culots bactériens d'une culture sont obtenus par centrifugation à 10 000 g pendant 10 min. Pour les différentes matrices alimentaires complexes (*ben-saalga*, pâtes au levain) il est nécessaire de réaliser des centrifugations différentielles pour éliminer la matrice alimentaire comme suit :

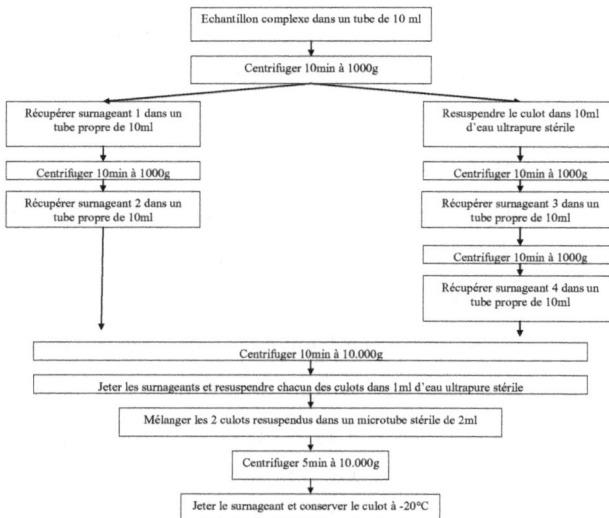

Echantillon complexe dans un tube de 10 ml
→ Centrifuger 10min à 1000g

- Récupérer surnageant 1 dans un tube propre de 10ml
  → Centrifuger 10min à 1000g
  → Récupérer surnageant 2 dans un tube propre de 10ml

- Resuspendre le culot dans 10ml d'eau ultrapure stérile
  → Centrifuger 10min à 1000g
  → Récupérer surnageant 3 dans un tube propre de 10ml
  → Centrifuger 10min à 1000g
  → Récupérer surnageant 4 dans un tube propre de 10ml

→ Centrifuger 10min à 10.000g
→ Jeter les surnageants et resuspendre chacun des culots dans 1ml d'eau ultrapure stérile
→ Mélanger les 2 culots resuspendus dans un microtube stérile de 2ml
→ Centrifuger 5min à 10.000g
→ Jeter le surnageant et conserver le culot à -20°C

L'extraction de l'ADN total d'une souche bactérienne s'effectue à l'aide du kit Wizard® Genomic DNA Purification Kit (Promega, Charbonnières, France). Le culot bactérien d'une culture est repris dans 480 μL d'EDTA 50 mM pH 8 et transféré dans un tube contenant 500 μL de billes de zirconium 0,1 mm (VWR, Fontenay-sous-Bois, France). Une lyse mécanique est réalisée par 3 min de broyage à 30 Hz dans un Tissue Lyser (Quiagen). Une lyse enzymatique est ensuite réalisée par addition de 120 μL de lysozyme à 20mg/mL et de 10 μL de mutanolysine à 1U/μL et incubé 1 h à 37°C. La suspension est incubée 5 min à 80°C après ajout de 600 μL de *nuclei lysis solution*. Après 5 min de centrifugation à 10 000 g le surnageant est débarrassé des ARN par ajout de 3μL de RNAse et incubé 1 h à 37°C. Les protéines sont ensuite précipitées par addition de 200 μL de *protein precipitation solution*. Après centrifugation (3 min, 10 000 g), l'ADN contenu dans le surnageant est précipité par 600 μL d'isopropanol. Après 2 min de centrifugation à 10 000 g le culot est rincé à l'éthanol 70% et séché au SpeedVac® pendant 20 min. L'ADN est alors resuspendu dans 100 μL de *rehydratation solution* pendant une nuit à 4°C.

2) Extraction d'ARN bactérien

Un culot bactérien est centrifugé à 10 000 g 10 min puis le culot est resuspendu dans 400 μL de TE (EDTA 1 mM, Tris 10 mM, pH 7) et transféré dans un tube de 2mL contenant, 500 μL de phénol acide pH 4,3 (Sigma) et 500 μL de billes de zirconium 0,1 mm. Le cassage des cellules s'effectue à l'aide de l'appareil Tissue Lyser (Quiagen, 30Hz, 45 secondes) à raison de deux sessions séparées de 2 min dans la glace. Après centrifugation à 10 000 g pendant 7 min, la phase aqueuse est transférée dans un tube de 2 mL contenant 1,3 mL de Trizol® (Invitrogen) et incubée

5 min à température ambiante. Un volume de 350 µL de chloroforme est ajouté et le mélange est agité vigoureusement à la main puis incubé 3 min température ambiante. Après centrifugation du mélange à 10 000 g pendant 15 min 1 mL de la phase aqueuse est précipité par 800 µL d'isopropanol. Après 10 min de centrifugation à 10 000 g l'isopropanol est retiré et le culot est lavé à l'éthanol 70%. Une fois séché, l'ARN est resuspendu dans 50 µL d'eau et conservé à -80°C. La qualité et la quantité des ARN sont évaluées par la mesure de l'absorbance à 230, 260 et 280 nm. Un ratio 260/230 nm supérieur à 1,8 indique une contamination du phénol alors qu'un ratio 260/280 nm inférieur à 2 indique une contamination par des protéines. Pour les expérimentations réalisées à Jouy en Josas, la qualité est aussi évaluée en réalisant une migration sur gel à l'aide du bioanalyseur 2100 (Agilent technologies, Plateforme PICT Jouy-en-Josas). Le RIN (RNA integrity number) doit être idéalement supérieur à 9 pour pouvoir utiliser l'ARN par PCR en temps réel.

3) Extraction d'ARN eucaryote

L'extraction est effectuée selon la méthode phénol/chloroforme [106]. Les échantillons sont repris dans 6mL de solution D (Citrate de sodium 0,75M, sarcosyl 10%, thiocyanate de guanidine filtré sur nitrate de cellulose 0,45µm, Nalgene). Les échantillons sont broyés 5s à l'Ultra Turrax, et 0,1 volume d'acétate de sodium pH 4 sont ajoutés. Après ajout d'un volume de phénol (Eurobio) saturé en eau et de 0,2 volume d'un mélange chloroforme/isopropanol (98/2 v/v), la solution est agitée vigoureusement et reposée 20 min dans la glace. Après 20 min de centrifugation (10 000 g, 4°C), la phase aqueuse est récupérée dans le même volume d'isopropanol et conservée une nuit à -20°C. Après centrifugation 20 min (10 000 g, 4°C), le culot est repris dans 500µL de solution D et incubé 30 min dans la glace.

L'ARN est alors précipité par ajout d'un volume d'isopropanol pendant 1 h à -20°C. Après centrifugation (20 min, 10 000 g, 4°C), le culot est lavé deux fois à l'éthanol 80%. Les ARN sont séchés au SpeedVac® pendant 30 min, repris dans 50 µL de diéthyl-pyro-carbonate (DEPC), incubés pendant 30 min dans la glace et conservés à -80°C.

4) Traitement des ARN à la DNase et conversion en ADNc

Le traitement DNase est effectué à l'aide du kit RQ1 RNase-Free DNase (Promega, Charbonnières, France). Brièvement, 7,9 µL d'ARN (maximum 1 µg final) en solution sont incubé 30 min à 37°C en présence d'1 µL de RQ1 DNase (1 U finale), de 1,1 µL de tampon DNase et de 1 µL d'eau dépourvue de nucléases. La réaction est arrêtée par l'ajout de 1 µL de solution DNase stop suivie de 10 min d'incubation à 65°C. Les ARN sont conservés au moins une nuit à -80°C et ce mélange est alors utilisé pour la transcription inverse. La conversion des ARN en ADNc s'effectue à l'aide du kit Reverse Transcription System (Promega). Dans un tube de 1,5 mL, 9 µL d'ARN traité à la DNase sont incubés 10 min à température ambiante avec 4µL de MgCl2 (25mM), 2µL de *reverse transcription buffer* (10X), 2 µL de dNTP (10mM), 0,5 µL de *recombinant RNasin ribonuclease inhibitor*, de 0,6 µL d'*AMV reverse Transcriptase*, d'1 µL de *random primer* (pour les ARN bactérien) ou d'*oligo-dt* (ARN eucaryote) et 0,9µL d'eau dépourvue de nucléases. La solution est ensuite incubée 15 min à 42°C, puis 5 min à 95°C et enfin 5 min à 4°C. Les ADNc sont alors conservés à -20°C.

5) Identification moléculaire des isolats par séquençage de l'ADN codant pour l'ARNr 16S

L'identification des isolats bactériens a été entreprise par séquençage du gène codant pour l'ARNr 16S. La réaction de PCR est réalisée dans un volume final de 50 µL comprenant 200ng/µL d'ADN, 40 mM de dNTPs, 5U/µL de Taq, le tampon de la Taq, 25 mM de $MgCl_2$ ainsi que les amorces W001 [71] et 23S1 à 10 µM [110]. Le cycle utilisé comprend un cycle de 4 min à 96°C ; 30 cycles de 10 s à 96°C, 30 s à 50°C, 2 min à 72°C; et un cycle de 4 min à 72°C. Pour la réaction de séquençage (décrite ultérieurement partie IV 7 de ce chapitre) les amorces sp5 (5' G(AGCT)T ACC TTG TTA CGA CTT 3'), sp4 (5'CTC GTT GCG GGA CTT AAC 3'), et sp3 (5' TAC GCA TTT CAC C(GT)C TAC A 3'), spécifique de différentes régions du gène codant pour l'ARNr 16S on été utilisées. Pour le groupe *Lb. plantarum*, l'identification au niveau de l'espèce (*Lb paraplantarum, Lb. pentosus* et *Lb. plantarum*) s'effectue alors sur un autre gène, *recA*, selon la méthode décrite par Torriani et al, 2001 [578]. Celle-ci repose sur l'utilisation d'amorces dégénérées en PCR multiplexe. Le volume final de la réaction de PCR est de 20 µL et comprend les amorces paraF (5'-GTC ACA GGC ATT ACG AAA AC-3') à 0,25 mM, pentF (5'-CAG TGG CGC GGT TGA TAT C-3') à 0,25 mM, planF (5'-CCG TTT ATG CGG AAC ACC TA-3') à 0,12 mM, et pREV (5'-TCG GGA TTA CCA AAC ATC AC-3') à 0,25mM ainsi que 1,5 mM de MgCl2, 12µM de dNTP et 0,025 de Taq (Go Taq, Promega). La PCR est réalisée grâce à un thermocycleur (Applied Biosystems Veriti™ VWR, Strasbourg, France) avec une première étape de dénaturation à 94°C pendant 3 min, 30 cycles de dénaturation à 94°C (30 s), hybridation à 56°C (10 s), élongation à 72°C (30 s), et une extension finale à 72°C pendant 5 min. Les produits PCR sont visualisés sur un gel à 2% d'agarose. La taille des amplicons obtenus permet d'affilier la souche d'intérêt à l'espèce *Lb. plantarum* (318pb), *Lb pentosus* (218pb), ou *Lb paraplantarum* (107pb).

6) Détection des gènes impliqués dans les fonctions d'intérêt probiotique ou nutritionnel

Dessin d'amorces

Les séquences des gènes d'intérêt sont téléchargées au format FASTA. Une première analyse *in silico* est alors réalisée pour connaître la distribution du gène d'intérêt au sein des *Lactobacillaceae* (taxid:33958) par Blastn par Blastx et Blastp. Une deuxième analyse est alors réalisée sur les espèces présentes dans la collection, *Lb. plantarum* (taxid:1590), *Lb. fermentum* (taxid:1613), *Lb. salivarius* (taxid:1624), *Pe. pentosaceus* (taxid:1255), *Pe. acidilactici* (taxid:1254) et permet de télécharger les séquences de ces espèces au format FASTA. Les séquences obtenues sont, si nécessaire, réorientées dans le sens 5' vers 3' à l'aide de l'outil *Manipulate a DNA sequence* (http://www.vivo.colostate.edu/molkit/manip/). Un alignement des séquences intra espèces est alors réalisé afin de générer une séquence consensus significative d'une espèce (outils Bibiserv [205]). Quand les séquences consensus inter espèces présentent peu de variabilité, une seconde séquence consensus est réalisée (consensus de consensus). Cette séquence est alors utilisée pour dessiner des amorces à l'aide du logiciel primer3 [508] en suivant les paramètres par défaut.

PCR *in silico*

La spécificité des amorces obtenues est vérifiée par PCR *in silico* à l'aide des *logiciels In silico PCR amplification* et *Primer designing tool.* L'amplicon doit être unique et spécifique du gène d'intérêt.

Réaction PCR

L'amplification PCR des gènes d'intérêt est réalisée grâce à l'appareil Applied Biosystems Veriti™. Le milieu réactionnel de 20 μL contient 200 μM de dNTP, 0,5 μM d'amorce, 3,5 mM de $MgCl_2$, 0,5 U de *Taq* DNA polymerase (Promega), 10x taq buffer et 150 ng d'ADN total. Les conditions utilisées sont : un cycle à 95°C pendant 5 min ; 40 cycles de dénaturation à 95°C de 30 s, hybridation de 10 s (température dépendant des amorces), élongation à 72°C pendant 15s ; un cycle à 72°C pendant 5 min. Les amorces sont alors testées par PCR sur de l'ADN extrait des souches témoins avant d'être utilisées sur l'ensemble des 152 souches. La spécificité des amorces est vérifiée par migration sur un gel d'agarose et visualisée par coloration au BET.

7) Séquençage des produits de PCR

Les produits PCR sont envoyés chez MWG operon (Allemagne) à une concentration de 10ng/μL et les amorces correspondantes à une concentration de 2pM/μL pour purification et séquençage. La qualité du séquençage est vérifiée visuellement par analyse des *average quality numbers.* A chaque acide nucléique est attribué un chiffre représentatif de la qualité de séquençage local. La séquence retenue pour l'analyse possède un chiffre de qualité compris entre 9 et 30. La séquence ainsi obtenue est alors alignée contre les bases de données génomiques : http://blast.ncbi.nlm.nih.gov/Blast.cgi ou bien RDPII (http://rdp.cme.msu.edu/index.jsp) pour les gènes codant pour l'ARNr 16S.

8) Analyses par PCR quantitative

Les expériences de PCRq ont été réalisées sur l'appareil QPCR system (Stratagene, Mx3005p ™) en utilisant la technologie Syber green. Pour chaque réaction 1 µL d'ADNc est mélangé à 14,1 µL d'un mix PCR comprenant 1X de Mesa green q-PCR Master Mix Plus (Eurogentec, Angers, France) et 0,3 µM d'amorces. Les conditions de PCR utilisées sont de 10 min à 95°C; 40 cycles de 30 s à 95°C, 30 s à 50°C, 30 s à 72°C suivies d'une courbe de dissociation de 55°C à 95°C. Pour les manipulations bactériennes, les résultats sont normalisés au nombre de transcrit de l'ARNr 16S selon la méthode des courbes standards et exprimés en quantité absolue. Pour les manipulations eucaryotes, on assigne alors une valeur 0 au Ct moyen du gène de référence (*gapdh*). Il est alors possible de calculer un ΔΔCt (Ct du gène d'intérêt moins le Ct du gène *gapdh*). On détermine alors la quantité relative (RQ) définie par RQ=$2^{-\Delta\Delta Ct}$, c'est la valeur qui est représentée dans le graphique des résultats. Les données ont été analysées à l'aide du logiciel MxPro QPCR software 2007 Stratagene version 4.10.

9) Western blot

Extraction et dosage des protéines

Les culots cellulaires de colonocytes et des entérocytes sont repris dans un tampon de lyse P21 (Tris HCl 10 mM, NaCl 20 mM, Mg Cl_2 5mM, EDTA

0,5 M, triton X100 0,5% (v/v), et un inhibiteur de protéase 1X). La suspension est agitée pendant 1 h à 4°C, centrifugée 20 min (10 000 g, 4°C). Le surnageant est conservé à -80°C et le dosage protéique est réalisé selon la méthode de Lowry [362].

Migration

La migration des protéines est réalisée selon Cherbuy et al. [103]. Les protéases des échantillons sont initialement inactivées par 5 min à 100°C puis déposées dans chaque puits de migration. La migration est réalisée sur un gel SDS-PAGE de 12 ou 15%.

Transfert

La membrane de transfert PVDF (Millipore) est placée dans de l'éthanol pendant 3 min et rincée 5 min à l'eau osmosée, suivie de 10 min d'incubation dans le tampon de transfert (Tris 0,025 M, glycine 0,19 M, méthanol 20%, bi distillée qsp 1 L, pH 8,3). Le transfert est réalisé sur une membrane de polyvinylidene difluoride (Amersham Biosciences, Saclay, France).

Immunodétection

La membrane est ensuite préhybridée dans une solution de TBST /5% lait pendant une nuit à 4°C. La membrane est alors hybridée avec un anticorps primaire dilué dans la solution de TBST+lait (5mL) pendant 3 h sous agitation à température ambiante. Les anticorps primaires utilisés sont les suivants : un anticorps monoclonal anti-PCNA (Genetex, PC-10, dilution 1/2000), des anticorps polyclonaux anti p27^{kip1} (Santa Cruz, sc 528, dilution 1/200), et un anticorps monoclonal anti-cycline D2 (Acris, dilution

1/500). La membrane est alors rincée sous agitation au TBST par trois rinçages rapides de 5 min et un rinçage de 15 min. La membrane est alors incubée avec l'anticorps secondaire couplé à la peroxydase (diluée dans du TBST+lait 5%) pendant 3 h à température ambiante. Les anticorps secondaires utilisés sont un anticorps anti-souris (Jackson Immuno Research) pour l'anti-PCNA et l'anti-cycline D2 (GeneTex) et un anticorps anti-lapin (Jackson). La membrane est alors rincée sous agitation au TBST par trois rinçages rapides de 5 min et un rinçage de 15 min. En chambre noire, la membrane est mise en contact de solution d'ECL+ (Dutscher, Brumath, France) pendant 5 min. La membrane est alors placée dans une casette contenant un film ECL. Le film est traité dans un bain révélateur (KodaK®), rincé à l'eau, puis dans un bain fixateur (KodaK®).

Déshybridation

Après immunodétection, la membrane est rincée 5 min dans de l'eau osmosée suivi d'un rinçage de 5 min dans du NaOH 200 mM, et d'un rinçage de 5 min dans de l'eau osmosée. Elle peut être ainsi conservée pour une utilisation ultérieure.

V Manipulation SPRi

Les manipulations SPRI (*Surface Plasmon Resonance Imagery*) ont été adaptées de Pillet et al. [469; 468]. Les échantillons utilisés dans cette étude sont les protéines Muc2 colique (col), Muc2 intestinale (int), et le mucus de cellules HT29-MTX (MTX). Ces derniers sont repris avec la solution de PBS. Ils sont ensuite déposés par contact à l'aide d'aiguilles plates de 400μm de diamètre grâce à l'appareil « ChipWriterPro, Biorad contact spotter SSP015 (Arrayit Corporation, USA) » sur un prisme de glutaraldéhyde à surface dorée (SPRi-BiochipsTM, GenOptics SPRi systems, France). Chaque dépôt est réalisé en quadruplicat aux dilutions 1, ½, et ¼ pour les échantillons col et int et dilué aux $1/10^{\text{ème}}$, $1/30^{\text{ème}}$ et $1/100^{\text{ème}}$ pour l'échantillon MTX. Les manipulations SPRi sont réalisées à l'aide de l'appareil SPRi-Plex (Genoptics-Horiba Scientific, France) via le logiciel SPRIview 4.1.4. Après dépôts des échantillons de mucines/mucus le meilleur angle d'incidence est déterminé par mesure de cinétique. La surface du prisme est saturée par une solution de sérum de veau 1% (v/v) dans du PBS avant de mesurer les interactions. Une première injection de galectine à 2µg/mL est réalisée afin de déterminer la qualité du dépôt des échantillons de mucines/mucus. Le contraste est réglé à 30. La culture bactérienne (400 µL) d'absorbance à 600 nm de 5 est introduite dans la boucle d'injection et le débit est réglé à 50µL/min. Une injection automatique est alors réalisée pendant 240 s au cours duquel la réflectivité est mesurée. Le décrochage des bactéries est réalisé par une injection de SDS 0,02% (v/v) pendant une minute suivi d'une injection d'eau milliQ pendant une minute à 200µL/min. Cette opération est réitérée une deuxième fois afin d'obtenir une dissociation complète et une réflectivité stable (signal de réflectivité inférieur à 0,05). Une nouvelle injection bactérienne peut alors être réalisée. A la fin des manipulations une dernière injection de galectine est réalisée pour vérifier l'intégrité des dépôts. Les résultats sont exprimés en % de réflectivité par rapport à réflectivité de la galectine.

VI Analyse de la production de caroténoïdes par les BL.

Préparation des bactéries

Les souches sont cultivées en MRS pendant 48h à 30°C. Après centrifugation à 10 000 g pendant 10 min, le culot est lavé au NaCl 0,9% puis lyophilisé pendant 6 h.

Extraction

Le lyophilisat de bactéries lactiques a été pesé précisément et additionné de 8 mL de diméthylformamide. L'ensemble a été broyé pendant 30 secondes à l'aide d'un Ultraturrax puis chauffé pendant 15 min à 65°[200]. Après centrifugation (4500 g, 10 min), le surnageant est transféré dans des tubes à extraction. Le résidu est à nouveau additionné de 8 mL de diméthylformamide, vortexé et centrifugé à 4500 g pendant 10 min. Le surnageant est poolé avec le premier et additionné de 10 mL d'hexane et 10 mL de NaCl 10%. Après décantation pendant 15 min, la phase supérieure est récupérée puis séchée sous azote. L'extrait sec est repris dans 400 µL d'acétone et filtré sur membranes PTFE 0,22µm. L'échantillon est injecté en CLHP sans dilution et le volume maximal d'injection (i.e. 100 µL) a été utilisé pour permettre la détection la plus sensible possible de caroténoïdes bactériens

Analyse HPLC

L'analyse est réalisée sur un chromatographe Agilent 1100 (Dionex, Sunnyvale, California, USA), la séparation sur une colonne polymérique YMC30 (4,6 mm i.d × 250 mm, 5 µm de taille de particules) (YMC, Inc

Wilmington NC) et l'élution accomplie par un gradient de deux mélanges de solvants (méthanol et eau milli-Q, 60:40, v/v, et méthanol, méthyl tert-butyl-éther et eau milli-Q, 28,5:67,5:4, v/v/v) sur 65 min à un débit de 1 mL/min (pompe Dionex P680). Un détecteur UV-visible à barrette de diodes a été utilisé et les chromatogrammes ont été enregistrés à la longueur d'onde d'absorbance maximum des caroténoïdes dans la phase mobile (λ = 450 nm). Les caroténoïdes ont ainsi pu être identifiés et quantifiés en comparant leur temps de rétention et leur spectre à ceux des standards disponibles. Des gammes d'étalonnage de β- et α-carotène ont été réalisées pour quantifier les échantillons et reproduites régulièrement.

Chapitre 4. Résultats et discussion

I Détection de gènes codant pour des fonctions d'intérêt probiotique et nutritionnel et analyse phénotypiques de certains caractères.

Les probiotiques sont définis comme étant « des micro-organismes vivants qui, ingérés en quantité suffisante, procurent un bénéfice sur la santé de l'hôte » [178]. La plupart des études disponibles sur les probiotiques sont descriptives et très peu d'entre-elles abordent les aspects mécanistiques [327; 586]. Parmi les nombreuses fonctions probiotiques, nous nous sommes intéressés dans une première partie à la survie des bactéries au passage du tube digestif ainsi qu'à des fonctions d'intérêt nutritionnel (production de vitamines B, métabolisme de l'amidon, production de tannase et de caroténoïdes, dégradation de l'oxalate). Nous avons choisi de travailler sur la collection de bactéries isolées d'un aliment fermenté amylacé préparé à base de mil, le *ben-saalga*. Avant d'aborder l'étude de ces fonctions, nous avons commencé par identifier les espèces présentes dans la collection par séquençage de l'ADN codant pour l'ARNr 16S. Nous avons ensuite recherché les gènes codant pour ces fonctions dans les bases de données, en nous limitant autant que possible aux espèces bactériennes présentes dans la collection [586]. Puis, nous avons sélectionné les gènes codant pour les fonctions d'intérêt pour lesquelles il existe au moins une étude fonctionnelle (mutant de délétion, insertion, surexpression, expression hétérologue). L'étude de la distribution de ces gènes chez les *Lactobacillaceae* (taxid:33958) a été réalisée par analyse des bases de données génomiques. Nous avons ensuite dessiné des amorces qui ont été utilisées pour la détection des gènes par PCR. Ces mêmes amorces ont alors été testées sur l'ADN extrait des souches de la collection bactérienne du laboratoire ou sur l'ADN issu de microbiote de différents aliments fermentés. Pour certaines fonctions, (survie au passage du tractus digestif, dégradation des tannins, synthèse de caroténoïdes) nous avons complété ce criblage moléculaire par des tests *in vitro*. La plupart des méthodes de bioinformatique, de biologie moléculaire, et de biochimie appliquées à ce travail étaient déjà en place dans mon équipe d'accueil « Nutrition Aliment » de l'UMR Nutripass. J'ai développé au laboratoire les tests de survie à pH acide ainsi que les tests de tolérance aux sels biliaires à partir des méthodes décrites dans la littérature [598].

1) Survie à bas pH et aux sels biliaires

Le séquençage du gène codant pour l'ARNr 16S a permis d'identifier les espèces de la collection de bactéries lactiques isolées du *ben-saalga* comme étant des *Lb. fermentum* (n=70), *Lb. paraplantarum* (n=6), *Lb. plantarum* (n=20), *Lb. salivarius* (n=1), *Pe. acidilactici* (n=16), *Pe. pentosaceus* (n=39). Il existe quelques études utilisant un criblage génétique pour estimer le potentiel probiotique de souches de lactobacilles mais elles ciblent un nombre très restreint de gènes [283; 645]. Dans notre étude nous avons recherché la présence de 33 gènes codant pour des fonctions d'intérêts probiotiques et nutritionnels au sein d'une collection de 152 souches et de différents aliments fermentés. Nous avons montré que les souches de la collection possèdent un équipement génétique favorable à la survie au passage du tractus digestif puisque plus de 90% d'entre-elles possèdent 7 des 12 gènes impliqués dans la résistance à pH acide et possèdent 7 des 9 gènes impliqués dans la survie aux sels biliaires (Figure 3, 22). La distribution des gènes impliqués dans la survie est très variable puisque les gènes *groel,* LBA1272, *dltD* et LBA0493 sont retrouvés chez toutes les souches, alors que d'autres comme *gtf, agdi, odc, tdc, hdc* et lr0085 sont détectés à une fréquence très faible (0 à 4%). La haute fréquence de détection de certains gènes peut être expliquée par la présence de régions conservées au sein des *Lactobacillaceace*. La très faible détection d'autres gènes comme *gtf*, *tdc*, *hdc*, et lr0085 peut être expliquée par la répartition phylogénétique de ces gènes qui sont restreints à des espèces absentes de la collection de bactéries lactiques du laboratoire. Les tests phénotypiques réalisés sur 38 souches présentant des équipements génétiques variés ont permis de montrer que 55% des souches testées résistent au moins une heure à pH 2 et que 85% d'entre-elles sont tolérantes ou résistantes aux sels biliaires (Tableau 18 et 19). Cependant nous n'avons pas réussi à établir de corrélation avec leur phénotype de survie à pH acide. En revanche le gène *bsh* (absent chez les souches sensibles aux sels biliaires) semble être le meilleur marqueur de sélection de souches tolérantes ou résistantes aux sels biliaires.

La survie des bactéries aux conditions du tube digestif est un critère incontournable de sélection de souches probiotiques [179], cependant, c'est une fonction complexe mettant en jeu de nombreux mécanismes permettant aux bactéries de survivre à des environnements successifs très divers (pH bas, présence de sels biliaires). En contrepartie, l'étude de certaines voies métaboliques liées à des fonctions nutritionnelles s'avère une cible moins complexe à aborder et plus porteuse en termes de relation gène-fonction.

2) Potentiel de production de caroténoïdes

Nous avons entrepris d'estimer le potentiel de production de caroténoïdes de cette collection. En effet les caroténoïdes possèdent des propriétés antioxydantes, et peuvent être classés en deux familles, les provitamines A et les non provitamines A [554]. Des données très récentes ont montré que plusieurs souches de *Lb. plantarum* sont capables de produire un caroténoïde tel que le 4.4'diaponeurosporène, le 4,4'-diapo-ξ-carotène et le 4,4′-diapophytofluène et les gènes *crtN* et *crtM* codent pour des enzymes impliquées dans leur synthèse [200]. Une analyse *in silico* nous a permis d'identifier chez la même espèce un gène supplémentaire, *crtE* codant pour une enzyme qui mène à la production de geranyl geranyl pyrophosphate. Ces trois gènes ont été recherchés dans la collection bactérienne du laboratoire et les résultats montrent que 36% des souches possèdent les gènes *crtM* et *crtN* contre 76% pour *crtE* (témoin *Lb. plantarum* ATCC14917, amorces crtN-for 5' CGC GGA ATT CAT GAA GCA AGT ATC GAT TAT TGG C 3', crtM-rev 5' GAT CGA ATT CTT AAG CCT CCT TAA GGG CTA GTT C 3', rbscrtN-for 5' CTA GGG TAC CAA GGG GGA GAT TTA CTG ATG AAG C 3' crtEF 5' ACG CCA TGC GTT ATT CGG TA 3', crtER 5' GGC AAC GTC TTC CCC AAA CT 3'). Nous avons alors entrepris de valider ce screening par un dosage de caroténoïdes par HPLC (Figure 11). La plupart des souches possédant les trois gènes sont capables de produire des caroténoïdes. Au contraire, 98% des souches ne portant qu'un des gènes ne produisent pas de caroténoïdes. L'analyse *in silico* montre que le gène *crtE* est présent dans de très nombreuses espèces de *Lactobacillaceace* et que les gènes *crtN* et *crtM* ne sont retrouvés que chez *Lb. plantarum,* et *Lb. pentosus.* Cependant nous avons détecté ces gènes ainsi que la production de caroténoïdes non seulement chez les espèces *Lb. plantarum*, mais également chez *Lb. paraplantarum, Lb. fermentum* et *Pe. acidilactici.* En revanche nous n'avons retrouvé aucun *Pe. pentosaceus* capable de produire des caroténoïdes malgré la présence des trois gènes chez certaines souches. Ce chapitre sera approfondi par la suite par l'équipe « Nutrition Aliment » dans la continuité des travaux que j'ai entrepris et fera l'objet d'une publication à part entière.

Gène
Présence
Absence

Production
Teneur élevée
Teneur très faible
Absence de caroténoïdes

crtE
crtB-crtN
Production

Lb. fermentum 1.1, 3.3, 3.4, 5.1
Lb. plantarum WCFS1, A6, 2.1, 2.4.1, 2.13, 2.6, 5.2.2, 4.1, 2.2, 4.4, 7.8.1, 7.8.2
Lb. fermentum 2.7.2, 2.9, 3.5, 4.8.2, 5.7
Lb. plantarum 2.4.2, 5.8, 5.9, 6.1, 6.2, 11.2, 11.3, 11.5.2, 11.6.1, 11.6.2, 11.10
Pe. acidilactici 12.4.1, 12.4.2
Lb. fermentum 3.8, 3.9.1, 3.9.2, 3.10.2, 4.2, 4.5
Lb. plantarum 7.3.1, 2.12, 2.11.1, 2.11.2
Pe. pentosaceus 7.1, 7.6, 7.11, 9.2, 9.6, 10.6.2, 10.7
Pe. acidilactici 9.8, 9.12, 12.9, 12.8.1

Lb. plantarum 8.4
Lb. fermentum 1.5.1

Lb. fermentum MW2, 1.4, 1.7.1, 1.7.2, 2.17.2, 2.3, 8.2, 3.2, 3.6, 3.7, 4.11.1, 4.11.2, 4.8.1, 5.3.1, 5.4.2, 6.3, 6.4.1, 6.4.2, 6.5.2, 7.4, 7.9.1, 8.2
Lb. manihotivorans OND32
Lb. plantarum 2.7.1
Pe. pentosaceus 2.16.1, 5.5.2, 7.10, 7.2, 7.5.1, 7.5.2, 7.7, 8.1.1, 8.10.1, 8.10.2, 8.12, 8.3, 8.6, 8.7, 8.9, 9.1, 9.10, 9.5.1, 10.5.1, 10.5.2, 11.8, 12.5.1
Pe. acidilactici 9.7, 10.3.1, 10.3.2, 12.1, 12.12, 12.6
Lb. fermentum IFO3956, OgE1, 1.1, 1.10, 1.2, 1.3, 1.5.2, 1.6, 1.8, 2.10, 2.17.1, 2.5, 2.8, 3.1, 3.10.1, 4.10, 4.7.1, 4.7.2, 4.9, 5.10, 5.11, 6.10.1
6.5.1, 6.6.1, 6.6.2, 6.7, 6.9, 8.5.2, 10.4, 11.1, 11.11.1, 11.4, 11.7
Lb. salivarius 4.6
Pe. pentosaceus 2.16.2, 5.6.2, 8.5.1, 9.11, 9.3.2, 9.5.2, 10.1, 11.9
Pe. acidilactici 12.2, 12.7

3) Métabolisme de l'amidon

La dégradation de l'amidon par les bactéries lactiques amylolytiques est au cœur des préoccupations de l'équipe « Nutrition Aliment ». En effet, la liquéfaction de l'amidon résultant de l'activité α-amylase est une caractéristique pouvant être exploitée pour améliorer la densité énergétique des aliments amylacés [424]. Nous avons recherché la présence de 6 gènes codant pour des enzymes impliquées dans le métabolisme de l'amidon, de l'hydrolyse de macromolécules comme l'amylose et l'amylopectine (α-amylase, neopullulanase), à l'hydrolyse des produits de dégradation de l'amidon comme le maltose, permettant l'entrée dans la voie de la glycolyse (maltose phosphorylase, α-glucosidase). Le criblage de la collection de bactéries lactiques montre que son potentiel amylolytique est très faible puisque seulement 9% des souches possèdent les six gènes recherchés. Nous avons également entrepris la recherche du gène codant pour la β-amylase, mais du fait de l'absence de données chez les *Lactobacillaceace* nous avons utilisé les séquences retrouvées chez différentes espèces de *Bacillus*. Malheureusement nous n'avons pas réussi à détecter ce gène, malgré l'existence de cette activité chez certaines souches de lactobacilles [521]. En revanche le fort potentiel de synthèse d'α-amylase dans de nombreux isolats appartenant aux espèces *L. plantarum* et *L. fermentum* est cohérent avec d'autres analyses montrant l'activité amylolytique d'isolats appartenant à ces espèces [229]. Les souches utilisées comme contrôle pour ce screening (*Lb. plantarum* A6, *Lb. fermentum* MW2, *Lb. fermentum* OgiE1) ont été étudiées plus particulièrement en parallèle des travaux présentés dans cette thèse. Les principaux résultats montrent que les gènes sont exprimés dans une matrice alimentaire simultanément et à différents moments de la fermentation au niveau transcriptionnel et enzymatique et cela se traduit pas une augmentation des produits de dégradation de l'amidon [257].

4) Potentiel de synthèse de riboflavine et de folate

La haute fréquence de détection des gènes impliqués dans la synthèse de riboflavine et de folate chez les souches de la collection et dans les métagénomes d'aliments fermentés est prometteuse vis-à-vis de l'utilisation d'aliments fortifiés ou de souches probiotiques [75; 403; 264; 504]. Cependant, nous n'avons pas vérifié la production effective de ces vitamines. Comme la synthèse de cobalamine nécessite une trentaine d'enzymes [411], nous avons choisi de ne pas l'aborder. De plus, d'après les analyses *in silico* sa synthèse semble limitée à *Lb. reuteri* et *Lb. coryniformis*. Cependant j'ai pris l'initiative de commencer un travail de recherche de souches potentiellement productrices de cobalamine en sélectionnant le gène *cbiD* codant pour la precorrin-6A synthase impliqué dans la voie de biosynthèse de la cobalamine. Etonnamment, ce gène a été retrouvé chez deux souches, *Lb. fermentum* 10.4 et *Lb. fermentum* 8.5.2 (témoin *Lb. reuteri* ATCC23272, amorces cbiDF 5' ATG GCC GTCACA CCA AAA YAA 3', cbiDR 5' CAA TTG AAA TTG ART GTT TCC AAC T 3') Le séquençage du fragment amplifié par PCR a confirmé la présence du gène chez la souche 10.4 (Numéro d'accession FR874158). Cependant, du fait du nombre de gènes à rechercher, il nous a semblé que la mesure de la production de cobalamine serait plus rapide à mettre en œuvre que la recherche de ces gènes. Ce travail n'a pas été réalisé dans le cadre de cette thèse mais reste une piste intéressante à explorer.

5) Potentiel d'hydrolyse des tannins et de l'oxalate

Nous nous sommes également intéressés aux tannins car ils sont considérés comme des facteurs antinutritionnels de part leur capacité à chélater les ions, réduisant ainsi la biodisponibilité des minéraux. En effet, les espèces *Lb. plantarum, Lb. pentosus* ou *Lb. paraplantarum* (appartenant au groupe *Lb. plantarum*) sont capables de dégrader les tanins grâce leur activité tanin acylhydrolase (*E.C.* 3.1.1.20) et le gène *tanLpl,* responsable de cette activité, a été identifié chez *Lb. plantarum* ATCC 14917[T][263]. Cependant sa distribution est principalement restreinte au groupe *Lb. plantarum* même si on le retrouve parfois chez d'autres espèces comme *Lb.*

gasseri. Ce gène est détecté chez 72% des souches isolées du *ben-saalga* chez les espèces *Lb. fermentum*, *Pe. acidilactici*, *Pe. pentosaceus* et *Lb. salivarius* (Figure 12) (témoin *Lb. plantarum* WCFS1, amorces tanlplF 5' TGC TAA GCA CTG GCG GAT TC 3', tanlplR 5' GGC ACA AGC CAT CAA TCC AG 3'). Nous avons entrepris de rechercher l'activité tannase chez quelques souches en mesurant la dégradation de l'acide tannique par HPLC, et les premiers résultats prometteurs conduisent l'équipe à poursuivre ce travail.

L'oxalate est un autre agent capable de chélater de nombreux ions métalliques et peut entraîner la formation de calculs urinaires pouvant mener à une lithiase uro-oxalique. Chez *Lb. acidophilus* et *Lb. gasseri* il existe deux gènes codant pour la formyl-CoA transferase (*frc*) et l'oxalyl-CoA decarboxylase (*oxc*) impliqués dans la dégradation de l'oxalate [35; 589]. La recherche de ces gènes a été entreprise, mais les premiers résultats de criblage montrent l'aspécificité des amorces dessinées sur des espèces absentes de la collection (témoin *Lb. acidophilus* NCFM, amorces frcF 5' TCA AKC TGC TGG TGG TGC TG 3', frcR 5' CCT TCA CCR GTG TGT TCA CG 3', oxcF 5' GCT TTA GCW CAA GCT ACT AAG AAY TG 3', oxcR 5' CCC ATA TCT TST GCK CGA TCA A 3'). Un second travail de dessin d'amorces est donc nécessaire, mais au vu du nombre important des autres fonctions sélectionnées précédemment nous n'avons pas poursuivi ces analyses.

6) Utilisation en métagénomique

Les amorces dessinées dans cette première partie ont été testées avec succès pour l'étude de métagénomes d'aliments fermentés pour lesquels la distribution des gènes est variable. Bien qu'un nombre restreint d'échantillons ait été utilisé, il est intéressant de noter que les métagénomes d'aliments tropicaux sont regroupés au sein du même cluster comparé au métagénome du levain testé (Figure 19, 23). Ces premiers résultats obtenus à l'échelle métagénomique montrent que la méthode de criblage génétique est utilisable pour étudier les microbiotes d'aliments fermentés.

Cette première partie de ma thèse a permis de poser les bases nécessaires à la recherche de gènes codant pour des fonctions d'intérêt probiotique et nutritionnel, à l'échelle métagénomique et génomique. Ce criblage génétique nous a montré que cette technique permet d'estimer rapidement les potentiels probiotiques et nutritionnels de souches mais que certaines incohérences entre phénotype et génotype existent, notamment pour des fonctions complexes telles que la survie au passage du tractus digestif. La répartition des gènes d'intérêts semble être souche-spécifique et non pas reliée à l'espèce. Une partie des résultats présentés ici a fait l'objet d'un article accepté pour publication Applied Environmental Microbiology qui est présenté dans la partie 7).

7) Genetic screening of functional properties of lactic acid bacteria in a fermented pearl millet slurry and in the metagenome of fermented starchy foods

Applied and Environmental Microbiology, 2011 Dec;**77**(24):8722-34.

Williams Turpin
Christèle Humblot
Jean-Pierre Guyot

Institut de recherche pour le développement, UMR Prévention des malnutritions et des pathologies associées - (NUTRIPASS), Montpellier, France.

Genetic screening of functional properties of lactic acid bacteria in a fermented pearl millet slurry and in the metagenome of fermented starchy foods

Williams Turpin, Christèle Humblot*, and Jean-Pierre Guyot

IRD, UMR Nutripass IRD/Montpellier2/Montpellier1, F-34394 Montpellier, France

* Corresponding author. Mailing address: IRD, UMR Nutripass IRD/ Montpellier2/Montpellier1, B.P. 64501, 911 Avenue Agropolis, 34394 Montpellier Cedex 5, France. Phone: 33467416466. Fax: 33467416157. E-mail: Christele.Humblot@ird.fr.

Abstract: Lactic acid bacteria (152) in African pearl millet slurries and in the metagenomes of amylaceous fermented foods were investigated by screening 33 genes involved in probiotic and nutritional functions. All isolates belonged to six species of the genus *Pediococcus* and *Lactobacillus* and *L. fermentum* were dominant species. We screened for the ability of the isolates to survive passage through the gastrointestinal tract and to synthesize folate and riboflavin. Isolates were also tested *in vitro* for their ability to survive exposure to bile salts and at pH 2. As the ability to hydrolyze starch confers an ecological advantage to LAB that grow in starchy matrixes as well as improving the nutritional properties of the gruels, we screened for genes involved in starch metabolism. Results showed that genes with the potential ability to survive passage through the gastrointestinal tract were widely distributed among isolates and metagenomes, whereas *in vitro* tests showed that only a limited set of isolates, mainly belonging to *L. fermentum*, could tolerate low pH. In contrast, the wide distribution of genes associated with bile salt tolerance, in particular *bsh*, is consistent with the high frequency of tolerance to bile salts observed. Genetic screening revealed a potential for folate and riboflavin synthesis in both isolates and metagenomes, and high variability among genes related to starch metabolism. Genetic screening of isolates and metagenomes from fermented foods is thus a promising approach to assess the functional potential of food microbiota.

Short title: Genetic screening of fermented food microbiota

INTRODUCTION

In Africa, many amylaceous fermented foods made from cassava and cereals are used as gruels for the complementary feeding of children under five during weaning. In Burkina Faso and Ghana, *ben-saalga* and *koko* gruels prepared from fermented pearl millet (*Pennisetum glaucum*) slurries are frequently consumed by young children [338; 580]. The microbiota of these fermented foods is dominated by lactic acid bacteria that contribute to their nutritional and sanitary quality [99; 430]. We are currently studying pearl millet based fermented slurries as a model ("*ben-saalga* model") to investigate the microbiota of this type of cereal-based food with the aim of developing strategies to improve their nutritional quality [580; 545; 256]. Many studies have focused on the phenotypic diversity of the LAB that compose the microbiota of tropical fermented foods. However, their functional diversity in isolates and in metagenomes remains to be described.

As niche specific adaptation has played a central role in the evolution of LAB [378], building collections of bacteria from traditional fermented plant foods in tropical countries may enable identification of a specific gene set that differs from those of LAB isolated from dairy or bakery products. LAB from microbiota of plant origin and found in traditional African foods may have probiotic characteristics [265; 59; 338]. These bacteria first have to be selected for their ability to survive passage through the gastrointestinal tract. Probiotic functions may also be associated with other functions that are of interest for nutrition. This is particularly of interest for at-risk populations such as pregnant women and young children in developing countries. For instance, the amylase activity of some LAB helps increase the energy content of gruels for the complementary feeding of young children through partial hydrolysis of starch in the food matrix [424; 545] but also helps sustain the growth of the microbiota of starchy foods [149; 580]. Other functions may improve the quality of the food matrix and be beneficial for the host, for example, folate and riboflavin synthesis. Folate deficiency can lead to neural tube defects, early spontaneous abortion and megaloblastic anemia, while riboflavin deficiencies can result in growth failure, inflammation of the skin, or vision deterioration [369; 472; 493]. LAB capable of producing B vitamins could be used for fermentation fortification of cereal-based foods [264] and as probiotics [264; 504]. In this way, bacteria that combine different functional characteristics could be useful for developing improved or new foods made from local raw materials that target specific nutritional needs and health issues. However, phenotypic analysis of probiotic and other functional traits is time consuming, especially when a large number of bacteria have to be tested at the same time, and even longer when different aspects (survival in the gastrointestinal tract, synthesis of compounds of interest, degradation of different factors, etc.) have to be taken into account. On the other hand, advances in our knowledge of the genetic diversity of LAB and the increasing number of sequenced LAB genomes means that the functional properties of LAB strains can be studied more easily at molecular level [327; 283; 586]. From an ecological point of view, screening genomes of isolates in the same food niche and in food metagenomes will enable mapping of the distribution of genes related to specific functions and hence evaluation of the quality of the fermented food that may be linked to its microbiota.

In the present study, a collection of 152 LAB from *ben-saalga* and the metagenomes of starchy fermented foods were investigated by screening for genes involved in probiotic and nutritional functions. Among the many functional traits described in the literature, we selected genes for which at least one functional analysis had already been performed. The aim of screening was to detect genes involved in survival in the gastrointestinal, as well as in starch metabolism, and folate and riboflavin synthesis. In addition, we investigated the ability of selected isolates to survive *in vitro* exposure to low pH and bile salts.

MATERIALS AND METHODS

Fermented samples, bacteria and culture conditions. Bacterial isolates (n=178) from fermented pearl millet slurries sampled in 12 different traditional production units in Ouagadougou (Burkina Faso) were randomly isolated on de Man, Rogosa and Sharpe (MRS) agar plates. Preliminary characterization showed that 152 of them were Gram positive, catalase negative, non-spore forming, produced lactic acid or an equimolar ratio of lactic acid and ethanol from glucose; these were assigned to the lactic acid bacteria group. The positive controls used for gene screening were *P. pentosaceus* ATCC 25745, *Leuconostoc mesenteroides* ATCC 8293, *L. plantarum* A6 (LMG 18053), *L. plantarum* WCFS1, *L plantarum* ATCC 14917, *L. fermentum* IFO 3956, *L. fermentum* ATCC 14931, *L. fermentum* Ogi E1 (CNCM I-2028), *L. fermentum* MW2 (CNCM I-2029), *L. johnsonii* NCC533, *L. reuteri* ATCC 23272 and *L. brevis* DSM1268. All LAB were routinely cultured at 30 °C in MRS broth (Difco, Le Pont de Claix, France). For metagenome analysis, samples of fermented pearl millet slurries were collected in five small production units in Ouagadougou (Burkina Faso) after 16 hours of fermentation. In addition, a sample of wheat sourdough from a traditional bakery in Montpellier (France) fermented for 20 hours, and a sample of cassava fermented for 24 hours (attiéké) from a local market at Abidjan (Ivory Coast) were screened. Samples were stored at -20 °C until DNA extraction.

DNA extraction. As the food samples were very sticky, 3 g were diluted three times in 0.9% (wt/vol) NaCl and centrifuged twice for 10 min at 1 000 x g 4 °C to eliminate the starch and then for 10 min at 10 000 × g 4 °C to pellet the bacteria. The final pellet was then washed one more time in 0.9% (wt/vol) NaCl. DNA was extracted from the pellet of food samples and from the pellet of overnight pure cultures using the Wizard genomic DNA purification kit (Promega, Charbonnières, France) with an additional lysis step using an amalgamator with zirconium beads (VWR, Fontenay-sous-Bois, France). First, the cells where lysed with 0.1 mm zirconium beads for 30 s, followed by one hour incubation at 37 °C with lysozyme (Eurobio, 40kU) and mutanolysine (Promega, 10U). According to the manufacturer, cell lysis was completed with the Nuclei lysis solution® (Promega). RNA was removed by the RNase solution® (Promega), and proteins with the Protein Precipitation Solution® (Promega). DNA was precipitated with isopropanol and washed with 70% ethanol. DNA quality was checked by separation on agarose gel followed by ethidium bromide staining.

Molecular identification of bacterial isolates. For 16S rRNA gene sequencing, primers W001 [71; 110] and 23S1 (GenBank accession no. J01695 (10), [255]), were used to amplify the 16S rRNA gene including the intergenic region located between 16S rRNA and 23S rRNA. PCR products were sequenced by Eurofins MWG GmbH (Ebersberg, Germany). Each sequence was identified by comparing it the Ribosomal Database Project II (http://rdp.cme.msu.edu). Because of the high identity between the 16S rRNA gene sequences of *L. plantarum*, *L. paraplantarum* and *L. pentosus,* we used the previously described multiplex PCR assay to precisely identify isolates belonging to the *L. plantarum* group [578].

Primer design. Genetic screening was based on sets of genes involved in bile salt tolerance, pH survival, biogenic amine synthesis (which is involved in pH tolerance by releasing ammonium or by consuming protons in the intracellular media of the bacteria), synthesis of riboflavin, and folate and starch metabolism. These genes are listed in Table 15. To detect their presence, the DNA extracted from the isolates or from the metagenomes was screened by PCR amplification. The primers for each PCR reaction were designed by comparing sequences from functional analysis with a genomic and protein database (NCBI) using BLASTn, BLASTp and BLASTx algorithms (as of September 2010). This analysis was limited to the species identified during 16S rRNA gene sequencing. Once selected, nucleotide sequences were aligned using the clustalW program [573] to generate a unique consensus sequence [205] to design the primers with primer3 software [508]. When no data were available on gene sequences of the bacterial species in our collection, we used primers designed for other LAB species reported in the literature. All primers were synthesized by Eurogentec (Angers, France).

PCR amplification for the detection of genes of interest. Each PCR mixture (20 µl) contained a reaction cocktail of 200 µM (each) of deoxynucleoside triphosphate, 0.5 µM of each primer, 3.5 mM of $MgCl_2$, 0.5 U of *Taq* DNA polymerase (Promega), 10X taq buffers and 150 ng of DNA template. The PCR conditions were one cycle at 95 °C for 5 min, 40 cycles at 95 °C for 30 s, at annealing temperature (10 s) depending on the primer (Table 15), and at 72 °C for 15 s, followed by one cycle at 72 °C for 5 min using the thermal cycler (Applied Biosystems Veriti™ VWR, Strasbourg, France). The PCR products were separated on agarose gel followed by ethidium bromide staining to check for the presence of a unique amplicon. When a gene from a species was amplified using a primer initially designed for a different species, the corresponding amplicon was purified and sequenced by MWG operon (Germany). The primers used for the sequence reaction were the same than those used for gene screening.

In vitro determination of acid and bile tolerance. Acid and bile salt tolerance were determined according to the method described by Valdez and Taranto [598]. Isolates (n=38) that differed in the gene set related to their ability to survive low pH and exposure to bile salt were selected. LAB were grown in MRS broth at 37 °C for 16 h and centrifuged for 10 min at 10 000 g. The pellets were washed twice with phosphate buffer (0.1 M, pH 7.0) and resuspended in 10 ml of phosphate buffer. For acid resistance tests, artificial gastric juice (0.2% NaCl (wt/vol), 0.32% pepsin (wt/vol), Sigma, St Quentin Fallavier, France), adjusted with 3M HCl to pH 2 and pH 7 (positive control) and sterilized by filtration (Terumo®, pore diameter 0.20 µm), was inoculated with 2% washed bacteria and incubated at 37 °C for 4 h. Viable cells were counted by plating on MRS agar and results are expressed as the percentage of living bacteria after 1, 2, 3 and 4 h of exposure. For bile salt tolerance tests, MRS broth and MRS with 0.3% (wt/vol) oxgall (Sigma), called MRSO, were inoculated with 0.5% washed bacteria and incubated at 37 °C. Absorbance was measured at 560 nm (A_{560}) at hourly intervals for 8 h. The results are expressed as the time difference in growth in the two culture media, measured by an increase of

A_{560} by 0.3 units during the early exponential growth stage as described by Gilliland et al. [207]. All experiments were performed in triplicate.

Nucleotide sequence accession numbers. Sequences of the 16S rRNA gene amplicons have been deposited in the GenBank database under the accession numbers FR873843-FR873994. GenBank accession numbers for the sequences of amplicons corresponding to the other genes are FR874135- FR874204.

RESULTS

Identification of LAB isolates

The 152 LAB isolates identified by sequencing of the 16S rRNA gene are listed in Table 16. All the bacteria from our collection were shown to be members of the *Lactobacillaceae* family, and identification at species level showed 99% similarity or higher with the corresponding species in the RDP2 database. Forty-five percent of the sequences corresponded to *L. fermentum*, 26% to *P. pentosaceus*, 10% to *P. acidilactici*, 18% to *L. plantarum* group and 1% to *L. salivarius*. The *L. plantarum* group comprised 14% of *L. plantarum* and 4% of *L. paraplantarum,* but no *L. pentosus* were found.

Tableau 15: List of primers used to screen the bacterial collection and food metagenomes

General function	Gene	Predicted function	Primer sequence 5' to 3'	Primer reference	Melting temperature (°C)	Expected amplicon size (bp)	Species used for the primer design	Relevant article
pH	hdc	histidine decarboxylase	F_AGATGGTATTGTTTCTTATG R_AGACCATACACCATAACCTT	326	52.0	367	L. sp. 30A, L. buchneri, Clostridium perfringens	59
	tdc	tyrosine decarboxylase	F_CCACTGCTGCATCTGTTTG R_CCRTARTCNGGNATAGCRAARTCNGTRTG	364,363	50.0	370	L. brevis	59
	odc	ornithine decarboxylase	F_TnTwCCAACbGtATCGwAATGC R_CtCCCCAwGCACArTGcAA	This study	58.0	245	L. salivarius, L. helveticus, L. johnsonii, L. gasseri, L. acidophilus, L. delbrueckii, L. casei	59; 34
	agdi	agmatine deiminase	F_GAACGGACTAGCAGCTAGTTAT R_CCAATAGCGGATAACTACCTTG	365	60.0	542	L. brevis, P. pentosaceus	365
Survival	groel	heat shock protein 60	F_TTCCATGGCkTCAAGCATCA R_GCTAAyCCwGTTGGCATTCG	This study	58.0	168	L. salivarius, Leuconostoc mesenteroides, L. casei, L. delbrueckii, P. pentosaceus, P. acidilactici	347; 359
	LBA1272	cyclopropane FA synthase	F_GGGCTTACCAATGGCCACCTT R_GATCAAAAAGCCGGTCACGA	This study	57.5	210	L. fermentum	296; 461
			F_GGGCCGGTGTTCCACTAGTCC R_ACGTTGGGTCGtATTTGtACGA	This study	58	203	L. plantarum	
			F_AAGGACCCGGGATTTTGtAGGA R_ACGTGGTTTGACCCAGTGCT	This study	58	151	P. pentosaceus	
	dltD	D-alanine transfer protein	F_TTCGGCTGTTCAAGCCACAT R_ACGTGCCCCTTCTTTGGTTCC	This study	58	283	L. fermentum	461
	La995	amino acid permease	F_AACGAAGGTCCCGACAAAGG R_AACGACCTTCGGGCTGGTTAC	This study	57.5	246	L. fermentum	34
	La57	amino acid antiporter	F_GGTCGGGGGCATCTGAAAAGA R_GATTTGGGCAAGCACATTGG	This study	58.0	274	L. plantarum	34
pH and bile salt	gtf	glucan synthase	F_ACACGCAGGGCGTTATTTTG R_GCCACCTTCAACGCTTCGTA	This study	58.0	374	L. diolivorans, P. parvulus, P. damnosus, L. suebicus	553
	clpL	ATPase	F_GCTGCCTTyAAAACATCTCG R_AATACAATTTTGAAAACGCAGCTT	This study	56.0	158	L. plantarum, L. salivarius, L. fermentum, P. pentosaceus, P. acidilactici	621
	lr1516	putative esterase	F_TrACCACTyTCwCCATTCAACAA R_CCACTAGGcATGAcyAATACkGGTT	This study	56.5	143	L. plantarum, P. pentosaceus	621

Table 15 *continued*

General function	Gene	Predicted function	Primer sequence 5' to 3'	Primer reference	Melting temperature (°C)	Expected amplicon size (bp)	Species used for the primer design	Relevant article
Bile salt	*bsh*	conjugated bile salt acid hydrolase	F_ATTGAAGGCGGAACkGGmiTA R_ATwACCGGwCGGAAAGCTG	This study	58.0	155	*P. pentosaceus P. acidilacticci*	393; 144; 319; 175
			F_ATTCCwTGGwTwyTGGGACA R_AAAAGCGGCTChACAAAwCkAGA	This study	58.0	384	*L. plantarum, L. salivarius*	
			F_GGTTGGTGGGCAGTTCTT R_CCAACATGCCCAAGTTCGAC	This study	58.0	205	*L. fermentum*	
	lr0085	hypothetical protein	F_cCTTTGACCGrTGGGGCTrT R_mmATGGCCGCATGGAAA	This study	57.5	150	*L. reuteri, L. vaginalis, L. antri*	628
	lr1584	major facilitator superfamily permease	F_TAyGCCrTTCGGwTGTTTGG R_TCAwATGGCrGTCCCAATG	This study	55.5	151	*L. plantarum, L. fermentum*	628
	LBA0552	major facilitator superfamily permease	F_GTGATTGCCCTAGCCCTGGT R_GATCCGATCACGiATGCAAG	This study	58.0	180	*L. fermentum*	466
	LBA1429	major facilitator superfamily permease	F_AATTTCAGGATGCCCCGGTA R_CCAAGCTCCCAACAATGCAC	This study	58.0	196	*P. pentosaceus*	465
			F_CTACAGCCCGCTGCTAACCA R_AGTTTGCATGGCCAACCTGGA	This study	58.0	174	*L. plantarum*	
Survival	LBA1446	multidrug resistance protein	F_GCTGGGAGCCACGCGATAAC R_CAACGGGATTATGATTCCCATTAGT	This study	58.0	275	*L. plantarum, L. salivarius, P. acidilacticci*	466
	LBA1679	ABC transporter	F_ATGACAACGTCGTCGGGAGA R_GCTCCTCGTTGTTGGGACCT	This study	58.0	267	*L. fermentum*	466
			F_GGhATvTACGGTGGrCTdGAA R_aGyTCCAGAAAGAATCTTGAACATyA	This study	58.0	101	*L. plantarum, L. salivarius, P. pentosaceus, P. acidilacticci*	
	LBA1432	hypothetical protein	F_TCCCATTCATCAyATGGAACAA R_CTGGCCCACATATCCATwCC	This study	56.5	352	*P. pentosaceus, P. acidilacticci*	465
	apf	aggregation-promoting factors	F_yAGCAACACGTTCTTCGTTTAGCA R_GAATCTGGTTGGTTCATAywCAGC	This study	53.0	112	*L. plantarum, L. salivarius, L. fermentum, P. pentosaceus, P. acidilacticci*	213

Table 15 *continued*

General function		Gene	Predicted function	Primer sequence 5'to 3'	Primer reference	Melting temperature (°C)	Expected amplicon size (bp)	Species used for the primer design	Relevant article
Synthesis of B Vitamins	Folate synthesis	*folP*	dihydropteroate synthase / dihydropteroate pyrophosphorylase	F_CCAaGrCsGCTTGCATGAC R_TtACGCCGGACTCCTTTTwy	This study	59.5	261	*L. plantarum, L. fermentum*	131
		folK	2-amino-4-hydroxy-6-hydroxymethyldihydropteridine diphosphokinase	F_CCATTTCCAGGTGGGGAATC R_GGGGTtGGTCCAAGCAAACTT	This study	59.5	214	*L. plantarum, L. fermentum*	559; 131
	Riboflavin synthesi	*ribH*	6,7-dimethyl-8-ribityllumazine synthase	F_AGGGCGAAACCGACCACTAC R_CGATTtGGGCAGTCGTCGAAC	This study	60.0	179	*L. fermentum*	75
		ribB	riboflavin synthase subunit alpha	F_AGTAAACGGAACGGGCAAGC R_GTTGACCAGGGCACCAACTG	This study	60.0	235	*L. fermentum*	75
		ribA	3,4-dihydroxy-2-butanone 4-phosphate synthase // GTP cyclohydrolase II	F_TTTACGGGCGATGTTTTAGG R_CGACCCTCTTGCCGTAAATA	This study	60.0	121	*L. fermentum, P. pentosaceus, L. plantarum*	75
		ribG	diaminohydroxyphosphoribosylaminopyrimidine deiminase	F_TGGAAAGACGCGCCACGCTGT R_TTCACCAAyCArAATyGCTTGA	This study	56.0	351	*P. pentosaceus, L. plantarum*	75

Table 15 *continued*

General function	Gene	Predicted function	Primer sequence 5' to 3'	Primer reference	Melting temperature (°C)	Expected amplicon size (bp)	Species used for the primer design	Relevant article
Starch metabolism	*glgP*	glycogen phosphorylase	F_GCGGGTGTTCAAAGTATCGT R_TCTCGAGGGCGCTCTGTAAA	This study	60.0	229	*L.plantarum*	277
	malL	oligo-1,6-glucosidase	F_TTGCCTAACAACTGGGGTTC R_ATCAACGCCTTTGTTCAACC	This study	60.0	177	*L.plantarum*	277
	agl	alpha-glucosidase	F_GCwAAATGCTAGCGACpml R_CCACTGCATwGGytTAGGy	This study	59.5	236	*L.plantarum*	277
			F_AAOCTGGTGAAATGGCAGAC R_TTGtTCATTCCCAGTTCCTC	This study	60.0	206	*L. fermentum*	277; 169
	a-amy	alpha amylase	F_AGATCAGGGGCAAGTTCAGT R_TTTTATGGGCACCACCACTCA	This study	60.0	220	*L.plantarum*	277
	dexC	Neopullulanase	F_CCAGACGAGCAAGAACAACA R_ATTGGCGGATACGGCCACTTAC	This study	60.0	212	*L.plantarum*	277
			F_ACTTTTCTGCAGCCTGGTGT R_ACGGCCCATTAAACTGTCGTC	This study	60.0	249	*L. fermentum*	
	malP	maltose phosphorylase	F_TGCCAyAAyGArTGGGAnT R_ACsGcIATCwGCCCwhAAAC	This study	60.0	161	*L.plantarum, L. fermentum, P. pentosaceus*	277

Primer design

In 58% of the 33 genes selected for which at least one functional analysis had already been performed, no conserved regions among *Lactobacillaceae* were identified, so primers were designed at species level (Table 15). As 15% of the genes in the collection shared conserved regions, designing the primers was easy, except for the primers targeting genes *hdc*, *tdc*, and *agdi* for which we used those reported in the literature (Table 15). All primers produced amplicons of the desired size with a single band on the agarose gel. Positive controls were made by testing the primers on the DNA from reference strains containing the targeted genes (Table 17).

Database analysis revealed that some genes were differently distributed among species and strains. For example at the strain level, the gene *ribG* involved in riboflavin synthesis was absent in the genome of *L. plantarum* WCFS1 but present in the genomes of *L. plantarum* JDM1 and *L. plantarum* ATCC 14917. This was also the case of gene LBA1679 that codes for an ABC transporter permease found in the genome of *L. fermentum* 28-3-CHN but not in the genomes of *L. fermentum* strains IFO 3956, ATCC 14931 and CECT 5716. Some genes were present in different copy numbers with quite different sequences depending on the species and strain. For example, the *bsh* gene was present in four copies in the genome of *L. plantarum* WCFS1 but only in one copy in *P. pentosaceus* ATCC25745. In those cases, we decided to focus on the *bsh* (lp_3536) sequence whose role in bile salt survival had already been demonstrated [319].

Tableau 16: Identification of the bacteria isolated from 12 traditional production units by sequencing the16S rRNA coding gene

Species	number of isolates	names of isolates (n = 152)
L. fermentum	70	1.1, 1.10, 1.2, 1.3, 1.4, 1.5.1, 1.5.2, 1.6, 1.7.1, 1.7.2, 1.8, 1.9, 10.4, 11.1, 11.11.1, 11.11.2, 11.4, 11.5.1, 11.7, 2.10, 2.17.1, 2.17.2, 2.3, 2.5, 2.7.1, 2.7.2, 2.8, 2.9, 3.1, 3.10.1, 3.10.2, 3.2, 3.3, 3.4, 3.5, 3.6, 3.7, 3.8, 3.9.1, 3.9.2, 4.10, 4.11.1, 4.11.2, 4.2, 4.5, 4.7.1, 4.7.2, 4.8.1, 4.8.2, 4.9, 5.1, 5.10, 5.11, 5.3.1, 5.4.2, 5.7, 6.10.1, 6.3, 6.4.1, 6.4.2, 6.5.1, 6.5.2, 6.6.1, 6.6.2, 6.7, 6.9, 7.4, 7.9.1, 8.2, 8.5.2
L. paraplantarum	6	4.1, 2.2, 7.3.1, 4.4, 7.8.1, 7.8.2
L. plantarum	20	2.1, 6.2, 2.4.1, 2.13, 5.8, 11.3, 11.10, 5.9, 2.4.2, 11.6.2, 2.11.1, 11.5.2, 11.2, 2.6, 11.6.1, 5.2.2, 8.4, 6.1, 2.11.2, 2.12
L. salivarius	1	4.6
P. acidilactici	16	10.3.1, 10.3.2, 12.1, 12.11, 12.12, 12.2, 12.4.1, 12.4.2, 12.6, 12.7, 12.8.1, 12.8.2, 12.9, 9.12, 9.7, 9.8
P. pentosaceus	39	10.1, 10.5.1, 10.5.2, 10.6.2, 10.7, 11.8, 11.9, 12.5.1, 2.16.1, 2.16.2, 5.5.2, 5.6.2, 7.1, 7.10, 7.11, 7.2, 7.5.1, 7.5.2, 7.6, 7.7, 8.1.1, 8.10.1, 8.10.2, 8.12, 8.3, 8.5.1, 8.6, 8.7, 8.8, 8.9, 9.1, 9.10, 9.11, 9.2, 9.3.2, 9.4, 9.5.1, 9.5.2, 9.6

Coding of isolates is as follows: the first number corresponds to the unit production number (1 to 12), the second number corresponds to the numbering of isolates. All isolates were checked repeatedly for purity. For some isolates, additional purification steps were necessary and a third number was attributed to differentiate between variations in cell and colony morphology.

Tableau 17: Lactic acid bacteria strains used as positive controls in the PCR assays

Strains used as positive control	Targeted genes
L. sp. 30A	*hdc*
L. brevis DSM1268	*tdc*
L. johnsonii NCC533	*odc*
P. pentosaceus ATCC25745	*agdi*
L. plantarum WCFS1, *L. fermentum* IFO3956, *P. pentosaceus* ATCC 25745, *Leuconostoc mesenteroides* ATCC 8293	*groel*
L. plantarum WCFS1, *L. fermentum* IFO3956, *P. pentosaceus* ATCC 25745, *Leuconostoc mesenteroides* ATCC 8293	LBA1272
L. plantarum WCFS1, *L. fermentum* IFO3956, *P. pentosaceus* ATCC 25745, *Leuconostoc mesenteroides* ATCC 8293	*dltD*
L. plantarum WCFS1, *L. fermentum* IFO3956, *P. pentosaceus* ATCC 25745, *Leuconostoc mesenteroides* ATCC 8293	La995
L. plantarum WCFS1, *L. fermentum* IFO3956, *P. pentosaceus* ATCC 25745, *Leuconostoc mesenteroides* ATCC 8293	La57
L. plantarum WCFS1, *L. fermentum* IFO3956, *P. pentosaceus* ATCC 25745, *Leuconostoc mesenteroides* ATCC 8293	*clpL*
L. plantarum WCFS1, *L. fermentum* IFO3956, *P. pentosaceus* ATCC 25745	lr1516
L. plantarum WCFS1, *L. fermentum* IFO3956, *P. pentosaceus* ATCC 25745	*bsh*
L. reuteri ATCC 23272	lr0085
L. plantarum WCFS1, *L. fermentum* IFO3956, *P. pentosaceus* ATCC 25745	lr1584
L. plantarum WCFS1, *L. fermentum* IFO3956, *P. pentosaceus* ATCC 25745, *Leuconostoc mesenteroides* ATCC 8293	LBA0552
L. plantarum WCFS1, *L. fermentum* IFO3956, *P. pentosaceus* ATCC 25745, *Leuconostoc mesenteroides* ATCC 8293	LBA1429
L. plantarum WCFS1, *L. fermentum* IFO3956, *P. pentosaceus* ATCC 25745, *Leuconostoc mesenteroides* ATCC 8293	LBA1446
L. plantarum WCFS1, *P. pentosaceus* ATCC 25745, *Leuconostoc mesenteroides* ATCC 8293	LBA1679
L. plantarum WCFS1, *L. fermentum* IFO3956, *P. pentosaceus* ATCC 25745, *Leuconostoc mesenteroides* ATCC 8293	LBA1432
L. plantarum WCFS1, *L. fermentum* IFO3956, *P. pentosaceus* ATCC 25745, *Leuconostoc mesenteroides* ATCC 8293	*apf*
L. plantarum WCFS1, *L. fermentum* IFO3956	*folP*
L. plantarum WCFS1, *L. fermentum* IFO3956	*folk*
L. plantarum WCFS1, *L. fermentum* IFO3956, *P. pentosaceus* ATCC 25745, *Leuconostoc mesenteroides* ATCC 8293	*ribH*
L. plantarum ATCC 14917, *L. fermentum* IFO3956, *P. pentosaceus* ATCC 25745, *Leuconostoc mesenteroides* ATCC 8293	*rib*
L. plantarum WCFS1, *L. fermentum* IFO3956, *P. pentosaceus* ATCC 25745, *Leuconostoc mesenteroides* ATCC 8293	*ribA*
L. plantarum ATCC 14917, *L. fermentum* IFO3956, *P. pentosaceus* ATCC 25745, *Leuconostoc mesenteroides* ATCC 8293	*ribG*
L. plantarum WCFS1, *L. plantarum* ATCC 14917	*glgP*
L. plantarum ATCC 14917, *P. pentosaceus* ATCC 25745	*mall*
L. plantarum WCFS1, *L. fermentum* IFO3956, *P. pentosaceus* ATCC 25745, *Leuconostoc mesenteroides* ATCC 8293	*agl*
L. plantarum WCFS1, *L. plantarum* A6, *L. fermentum* Ogi E1, *L. fermentum* MW2	*a-amy*
L. plantarum WCFS1, *L. plantarum* ATCC 14917, *L. fermentum* ATCC 14931	*dexC*
L. plantarum WCFS1, *L. fermentum* IFO3956, *P. pentosaceus* ATCC 25745, *Leuconostoc mesenteroides* ATCC 8293	*malP*

Cluster analysis of isolates and food metagenomes

The 33 genes detected with the primers listed in Table 15 were used for cluster analysis of isolates and metagenomes from the amylaceous foods. The dendrogram in Figure 12 shows intra-species diversity relative to the set of genes investigated. In some cases isolates grouped at the same level therefore sharing the same gene profile. These groups were either homogeneous and were composed of isolates belonging to the same species, or heterogeneous, i.e. composed of isolates belonging to different species (Figure 12). Cluster analysis of gene distribution in metagenomes showed that the fermented pearl millet slurries and attiéké (fermented cassava) clustered separately from the wheat sourdough (Figure 13). The pearl millet samples were distributed in two sub-clusters.

Detection of genes involved in survival in the gastrointestinal tract

The results of gene detection are presented in Figure 12. As expected, the housekeeping gene *groel,* which is also involved in survival at low pH, was found in all isolates. Some of the other genes involved in low pH survival (*clpL*, lr1516, LBA1272, *dltD*, La995, La57) were found in 91% to 100% of the bacteria from the collection while the others (*gtf, agdi, odc, tdc, hdc*) were found in 0% to 4% of the isolates. For each gene screened for low pH survival, one amplicon obtained from PCR amplification of DNA extracted from one isolate for each species in the collection was sequenced. At least 91% similarity was found with the corresponding gene in the reference strains *L. plantarum* WCFS1, *L. plantarum* ST-III, *L. fermentum* IFO 3956, *P. pentosaceus* ATCC 25745, *L. helveticus* DPC 4571, *L. curvatus* HSCC1736, and in *L. suebicus* CUPV221.

192

Most of the genes involved in bile salt tolerance (*bsh*, lr1584, LBA0552, LBA1679, LBA1429, LBA1446, LBA1432, *apf*) were detected in almost all isolates at a frequency of 92% to 100% (Figure 12). In contrast, gene LBA1679 was detected in only 52% of the isolates but never in those belonging to the *L. fermentum* species. Because no other data were available, primers designed on species absent from our bacterial collection were used to search for gene lr0085 (Table 15, Figure 12). No amplification was obtained on any DNA extracted from our isolates. The sequencing of 35 amplicons from DNA from different species showed 93% to 99% similarity with the corresponding genes in the reference strains of *L. plantarum* WCFS1, *L. fermentum* IFO 3956, and *P. pentosaceus* ATCC 25745. Most of the bacteria isolated from the pearl millet slurries exhibited a genetic profile favorable for their survival in the gastrointestinal tract, and the distribution of the survival related genes was mostly not species specific but was distributed equally among all the isolates of the six species that comprise the collection.

Survival at low pH and in the presence of bile salts

On the basis of the results of the molecular screening, 38 isolates belonging to different species and/or differing in their genetic equipment were selected to evaluate their survival at low pH and in the presence of bile salts (Tables 18 and 19). Resistance to low pH was estimated by incubating the isolates in a pH 2 gastric juice solution to mimic stomach conditions. As a control, we checked that all the isolates survived for at least 4 h in the artificial gastric juice at pH 7. Among the 38 isolates tested, 55% survived for at least one hour at pH 2, 34% survived for two hours, 18% for three hours and 11% for four hours (Table 18). It is interesting to note that 91% and 33% of the *L. fermentum* isolates survived for two and four hours, respectively, whereas only 8% of isolates from other species survived for two hours in the synthetic gastric juice at pH 2.

Resistance to bile salts was evaluated by the ability of the same 38 isolates to grow in MRSO medium. Most of the isolates were resistant or tolerant to bile salt (Table 19). Only three *L. fermentum* isolates, one *P. pentosaceus* and *Leuconostoc mesenteroides* ATCC8293 were sensitive or displayed low tolerance. Unlike low pH resistance, the distribution of resistance/sensitivity to bile salts was not linked to a particular species. We can thus consider that the majority of the isolates have the potential to survive these conditions.

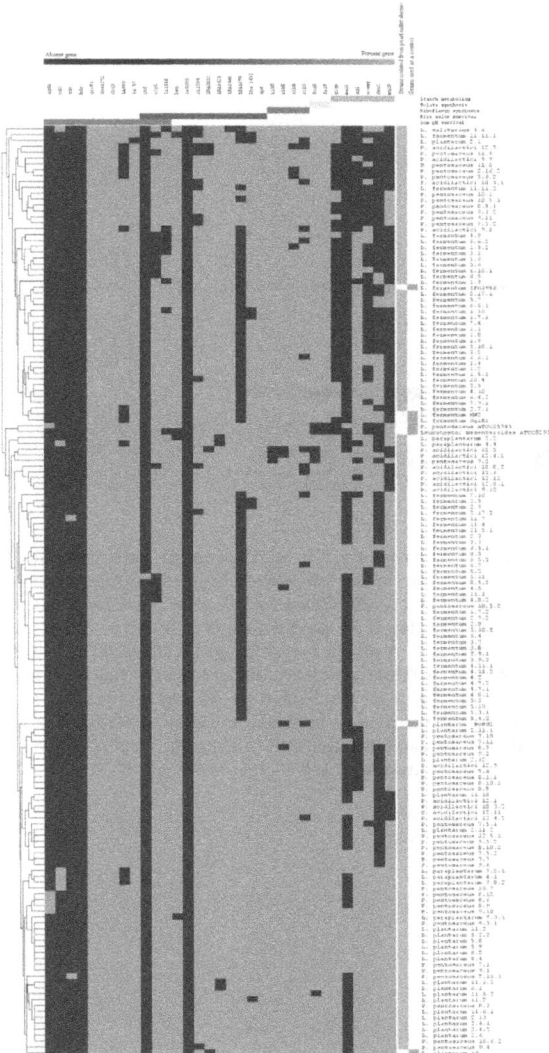

Figure 52: Distribution of genes involved in survival in the gastrointestinal tract, in folate and riboflavin synthesis, and in starch metabolism in a collection of 152 LAB isolates from fermented pearl millet slurries (orange), and of strains used as positive controls (green). Genes and their role are indicated at the top of the column using the following color code: purple for genes involved in low pH survival, blue for genes involved in bile salt resistance, red for genes involved in riboflavin synthesis, yellow for genes involved in folate synthesis, and orange for the gene involved in starch metabolism. The absence of a gene is indicated in red and its presence in green. The dendrogram shows estimated relationships among the strains and was constructed by average-linkage hierarchical analysis using Mev 4.4 software (Saeed et al., 2006).

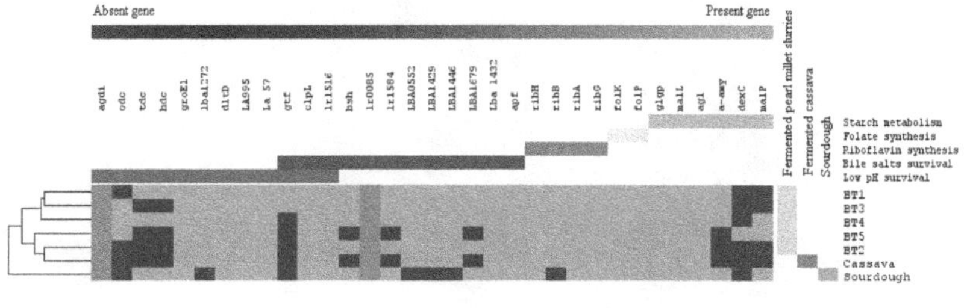

Figure 6: Distribution of genes involved in survival in the gastrointestinal tract, in folate and riboflavin synthesis, and in starch metabolism in metagenomes extracted from different starch-rich fermented foods. Genes and their role are indicated at the top of the column using the following color code: purple for genes involved in low pH survival, blue for genes involved in bile salt resistance, red for genes involved in riboflavin synthesis, yellow for genes involved in folate synthesis and orange for the gene involved in starch metabolism. The absence of a gene is indicated in red and its presence in green. *agdi* and lr0085 genes are in gray as the primer used did not allow amplification of a single band. The dendrogram shows estimated relationships among the strains and was constructed by average-linkage hierarchical analysis using Mev 4.4 software [514].

196

Tableau 18: Results of the pH survival assay expressed as a percentage of living bacteria after 1, 2, 3 or 4 h of incubation in a gastric juice at pH 2 compared to initial counts.

Species	Strain	Initial count (CFU/ml)	% of living bacteria after 1h at pH 2	% of living bacteria after 2h at pH 2	% of living bacteria after 3h at pH 2	% of living bacteria after 4h at pH 2	chl.	ls15	LBA	dltD	La99	La	ef	ms	agdI	odc	idc	tdc	hdc	groe
L. fermentum	1.1	$2.0 \pm 0.9 \times 10^7$	16.1 ± 6.5	0	0	0	+	+	+	+	+	+	-	-	-	-	-	-	-	+
L. fermentum	1.3	$4.0 \pm 4.8 \times 10^7$	35.4 ± 20.0	38.6 ± 22.7	27.5 ± 13.9	16.7 ± 10.0	+	-	+	+	+	+	-	-	-	-	-	-	-	+
L. fermentum	1.6	$1.1 \pm 0.9 \times 10^7$	46.5 ± 17.3	30.1 ± 18.1	26.3 ± 14.5	24.5 ± 12.3	-	+	+	+	+	+	-	-	-	-	-	-	-	+
L. fermentum	2.10	$4.5 \pm 1.3 \times 10^7$	6.7 ± 3.0	0.7 ± 0.7	0	12.6 ± 12.6	+	+	+	+	+	+	-	-	-	-	-	-	-	+
L. fermentum	3.1	$3.5 \pm 4.4 \times 10^7$	36.5 ± 30.0	31.4 ± 31.4	31.1 ± 31.1	0	+	-	+	+	+	+	-	-	-	-	-	-	-	+
L. fermentum	3.3	$2.5 \pm 0.7 \times 10^7$	37.0 ± 20.4	13.1 ± 13.1	2.6 ± 2.6	0	+	+	+	+	+	+	-	-	-	-	-	-	-	+
L. fermentum	3.9.2	$5.6 \pm 1.2 \times 10^7$	32.6 ± 18.9	24.9 ± 23.4	8.9 ± 8.6	0.2 ± 0.2	+	+	+	+	+	+	-	-	-	-	-	-	-	+
L. fermentum	4.9	$4.0 \pm 3.2 \times 10^7$	25.8 ± 25.1	6.9 ± 6.9	0	0	+	+	+	+	+	+	-	-	-	-	-	-	-	+
L. fermentum	6.4.2	$8.0 \pm 2.2 \times 10^7$	42.8 ± 19.5	4.9 ± 2.5	0.6 ± 0.6	0	+	+	+	+	+	+	-	-	-	-	-	-	-	+
L. fermentum	11.1	$5.2 \pm 2.6 \times 10^7$	4.0 ± 1.0	1.5 ± 1.5	0	0	+	+	+	+	+	+	-	-	-	-	-	-	-	+
L. fermentum	11.11.1	$4.6 \pm 4.0 \times 10^7$	7.5 ± 5.4	1.0 ± 1.0	0	0	-	+	+	+	+	+	-	-	-	-	-	-	-	+
L. fermentum	IHO 3956*	$9.2 \pm 0.9 \times 10^6$	83.8 ± 5.8	11.5 ± 3.2	6.3 ± 6.3	0	+	+	+	+	+	+	-	-	-	-	-	-	-	+
P. pentosaceus	5.6.2	$1.5 \pm 1.8 \times 10^7$	0	0	0	0	+	+	+	+	+	+	-	-	-	-	-	-	-	+
P. pentosaceus	8.6	$6.4 \pm 0.9 \times 10^7$	0	0	0	0	+	+	+	+	+	+	-	-	-	-	-	-	-	+
P. pentosaceus	8.9	$5.5 \pm 0.5 \times 10^7$	4.3 ± 1.0	0.6 ± 0.6	0	0	+	+	+	+	+	+	-	-	+	-	-	-	-	+
P. pentosaceus	8.12	$4.7 \pm 2.7 \times 10^7$	6.6 ± 1.6	0	0	0	+	+	+	+	+	+	-	-	-	-	-	-	-	+
P. pentosaceus	9.1	$2.5 \pm 1.5 \times 10^7$	0	0	0	0	+	+	+	+	+	+	-	-	-	-	-	-	-	+
P. pentosaceus	9.3.2	$1.2 \pm 1.7 \times 10^7$	0	0	0	0	+	+	+	+	+	+	-	-	-	-	-	-	-	+
P. pentosaceus	9.10	$2.3 \pm 1.8 \times 10^7$	0	0	0	0	+	+	+	+	+	+	-	-	-	-	-	-	-	+
P. pentosaceus	10.6.2	$8.2 \pm 0.8 \times 10^6$	34.6 ± 34.6	0	0	0	+	+	+	+	+	+	-	-	-	-	-	-	-	+
P. pentosaceus	10.7	$1.6 \pm 0.2 \times 10^7$	0	0	0	0	+	+	+	+	+	+	-	-	+	-	-	-	-	+
P. pentosaceus	11.8	$3.5 \pm 1.0 \times 10^7$	0	0	0	0	+	+	+	+	+	+	-	-	-	-	-	-	-	+
P. pentosaceus	11.9	$7.2 \pm 0.4 \times 10^6$	29.0 ± 29.0	12.9 ± 12.9	0	0	+	+	+	+	+	+	-	-	-	-	-	-	-	+
P. pentosaceus	ATCC 25745*	$2.8 \pm 5.0 \times 10^6$	0	0	0	0	+	+	+	+	+	+	-	-	-	-	-	-	-	+
L. plantarum	2.1	$2.7 \pm 2.6 \times 10^7$	0	0	0	0	+	+	+	+	+	+	-	-	-	-	-	-	-	+
L. plantarum	11.3	$2.8 \pm 0.4 \times 10^7$	0	0	0	0	+	+	+	+	+	+	-	-	-	-	-	-	-	+
L. plantarum	11.5.2	$5.9 \pm 0.6 \times 10^7$	0	0	0	0	+	+	+	+	+	+	-	-	-	-	-	-	-	+
L. plantarum	11.6.2	$4.2 \pm 0.8 \times 10^7$	0	0	0	0	+	+	+	+	+	+	-	-	-	-	-	-	-	+
L. plantarum	WCFS1*	$1.1 \pm 0.3 \times 10^7$	5.3 ± 5.3	0	0	0	+	+	+	+	+	+	-	-	-	-	-	-	-	+
P. acidilactici	12.6	$3.4 \pm 0.9 \times 10^7$	0	0	0	0	+	+	+	+	+	+	-	-	+	+	-	-	-	+
P. acidilactici	12.8.2	$3.8 \pm 1.1 \times 10^7$	3.5 ± 2.2	0	0	0	+	+	+	+	+	+	-	-	+	+	-	-	-	+
P. acidilactici	12.9	$8.2 \pm 9.8 \times 10^7$	0.3 ± 0.3	0	0	0	+	+	+	+	+	+	-	-	-	-	-	-	-	+
L. paraplantarum	4.1	$5.3 \pm 0.3 \times 10^7$	4.0 ± 2.2	0	0	0	+	+	+	+	+	+	-	-	+	-	-	-	-	+
L. paraplantarum	4.4	$4.1 \pm 0.8 \times 10^7$	2.9 ± 2.9	0	0	0	+	-	+	+	+	+	-	-	+	-	-	-	-	+
L. paraplantarum	7.8.1	$4.0 \pm 0.9 \times 10^7$	0	0	0	0	+	-	+	+	+	+	-	-	+	-	-	-	-	+
L. paraplantarum	7.8.2	$2.7 \pm 0.9 \times 10^7$	0	0	0	0	+	+	+	+	+	+	-	-	-	-	-	-	-	+
L. salivarius	4.6	$2.1 \pm 1.0 \times 10^7$	0	0	0	0	+	+	+	+	+	+	-	-	-	+	-	-	-	+
Leuconostoc mesenteroides	ATCC 8293*	$2.7 \pm 0.2 \times 10^6$	0	0	0	0	+	+	+	+	+	+	-	-	-	-	-	-	-	+

Tableau 18: Results of the pH survival assay expressed as a percentage of living bacteria after 1, 2, 3 or 4 h of incubation in a gastric juice at pH 2 compared to initial counts. (+/-): presence/absence of the genes involved in survival at low pH. (*): reference strains used as positive controls in the PCR assays. (•): living bacteria representing less than 0.0001% of the initial count.

197

Species	Isolate or Strain	Growth delay (min)	Sensitivity	bsh	cbf	lr151 6	lr008 5	lr158 4	LBA 0552	LBA 1429	LBA 1446	LBA 1679	LBA 1432	LBA 0493	gtf
L. fermentum	1.1	15 ± 3	Tolerant	+	+	+	-	+	+	+	+	-	+	+	-
L. fermentum	1.3	29±8	Tolerant	+	+	+	-	+	+	+	+	-	+	+	-
L. fermentum	1.6	24 ± 6	Tolerant	+	+	+	-	+	+	+	+	-	+	+	-
L. fermentum	2.10	43 ± 18	Low tolerant	+	+	+	-	+	+	+	+	+	+	+	-
L. fermentum	3.1	35 ± 1	Resistant	+	+	+	-	+	+	+	+	+	+	+	-
L. fermentum	3.3	33 ± 21	Tolerant	+	+	+	-	+	+	+	+	+	+	+	-
L. fermentum	3.9.2	37.5 ± 2	Tolerant	+	+	+	-	+	+	+	+	+	+	+	-
L. fermentum	4.9	99 ± 38	Tolerant	+	+	+	-	+	+	+	+	+	+	+	-
L. fermentum	6.4.2	27 ± 12	Sensitive	+	+	+	-	+	+	+	+	+	+	+	-
L. fermentum	11.1	91 ± 27	Tolerant	+	-	+	-	+	+	+	+	+	+	+	-
L. fermentum	11.11.1	14 ± 10.5	Sensitive	+	+	+	-	+	+	-	+	-	-	+	-
L. fermentum	IFO 3956*	9 ± 13	Resistant	+	+	+	-	+	+	+	+	+	+	+	-
L. paraplantarum	4.1	31 ± 11	Tolerant	+	-	+	-	+	+	+	+	+	+	+	-
L. paraplantarum	4.4	6 ± 8	Resistant	+	+	+	-	+	+	-	+	+	+	+	-
L. paraplantarum	7.8.1	7 ± 2	Resistant	+	+	+	-	+	+	-	+	+	+	+	-
L. paraplantarum	7.8.2	4 ± 4	Resistant	+	+	+	-	+	+	+	+	+	+	+	-
L. plantarum	2.1	22 ± 2	Tolerant	+	+	+	-	+	+	+	+	+	+	+	-
L. plantarum	11.3	16 ± 19	Tolerant	+	+	+	-	+	+	+	+	+	+	+	-
L. plantarum	11.5.2	24 ± 17	Tolerant	+	+	+	-	+	+	+	+	+	-	+	-
L. plantarum	11.6.2	29 ± 5	Tolerant	+	+	+	-	+	+	-	+	+	+	+	-
L. plantarum	WCFS1*	34 ± 2	Tolerant	+	+	-	-	+	+	+	-	+	+	+	-
L. salivarius	4.6	78 ± 19	Sensitive	-	+	+	-	-	+	+	-	-	+	+	-
Leuconostoc mesenteroides	ATCC 8293*	9 ± 10	Resistant	-	+	-	-	-	+	+	+	+	+	+	-
P. acidilactici	12.6	11 ± 9	Resistant	+	+	+	-	+	+	+	+	+	+	+	-
P. acidilactici	12.8.2	3 ± 4	Resistant	+	+	+	-	+	+	+	+	+	+	+	-
P. acidilactici	12.9	6 ± 2	Resistant	+	-	+	-	-	+	+	+	+	+	+	-
P. pentosaceus	5.6.2	7 ± 6	Resistant	+	+	+	-	+	+	+	+	+	+	+	-
P. pentosaceus	8.6	14 ± 12	Resistant	+	+	+	-	+	-	+	+	+	+	+	-
P. pentosaceus	8.9	12 ± 17	Resistant	+	+	+	-	-	+	+	+	+	+	+	-
P. pentosaceus	8.12	15 ± 4	Resistant	+	+	+	-	-	+	+	+	+	+	+	-
P. pentosaceus	9.1	22 ± 2	Tolerant	+	+	+	-	+	+	+	+	+	+	+	-
P. pentosaceus	9.3.2	3 ± 2	Tolerant	+	+	+	-	+	+	+	+	+	+	+	-
P. pentosaceus	9.10	1 ± 10	Resistant	+	+	+	-	+	+	+	+	+	+	+	-
P. pentosaceus	10.6.2	55 ± 27	Resistant	+	+	+	-	+	-	+	+	+	+	+	-
P. pentosaceus	10.7	20 ± 9	Low tolerant	+	+	+	-	+	+	+	+	+	+	+	-
P. pentosaceus	11.8	23 ± 11	Tolerant	+	-	+	-	-	+	+	+	-	+	+	-
P. pentosaceus	11.9	7 ± 4	Tolerant	+	+	+	-	+	-	+	+	+	+	+	-
P. pentosaceus	ATCC 25745*		Resistant	+	+	+	-	-	-	+	+	+	+	+	-

Table 19: Results of the bile salt tolerance assay expressed as the difference in growth in MRS and MRSO media, measured by an increase of A_{560} by 0.3 units during early exponential growth stage, expressed as the difference in growth delay (min). Sensitivity classified in tolerance to bile salt. (*): reference strains used as positive controls in the PCR assays.

198

Detection of genes coding for enzymes involved in the biosynthesis of riboflavin and folate

The potential of LAB isolates to synthesize folate was assessed by screening for the presence/absence of two signature genes *folP* and *folk* [131] encoding for dihydropteroate synthase and 2-amino-4-hydroxy-6-hydroxymethyldihydropteridine diphosphokinase respectively (Table 15). Almost all the bacteria in the collection were potentially able to produce folate: 100% and 98% of the isolates showed good amplification at the expected size for *folP* and *folK* respectively (Figure 12). Only two *P. acidilactici* isolates did not display *folK* amplification.

LAB that were putatively able to synthesize riboflavin were screened using the four genes involved in its production: *ribA, ribG, ribB* and *ribH* (Table 15, Figure 12). They were found in 92% to 98% of the isolates. Similarly to the results of screening for genes involved in folate synthesis, *P. acidilactici* presented the lowest frequency of *rib* genes with only half of the isolates harboring *ribG*, while 94% to 100% of the isolates belonging to the other species harbored this gene. The distribution of the genes *ribA, ribB*, and *ribH* generally followed the same pattern.

The sequences of the amplicons obtained with primers whose design was based on the genes of other bacterial species (Table 15) showed high similarity (80% to 100%) with the corresponding genes in the reference strains *L. fermentum* IFO 3956, *L. plantarum* JDM1, *L. plantarum* WCFS1 and *P. pentosaceus* ATCC 25745.

Detection of genes involved in starch metabolism

Six genes were screened to evaluate the potential of the isolates to produce enzymes involved in starch metabolism, from hydrolysis of the macromolecules amylose, amylopectine (e.g. α-amylase, neopullulanase)

199

to hydrolysis of starch degradation products like maltose, enabling their entry into the glycolytic pathway (maltose phosphorylase, α-glucosidase). The distribution of each gene varied considerably between isolates (Figure 12). In total, 79% of the isolates were positive for *agl*, 76% for *glgP*, 75% for *α-amy*, 66% for *malP*, 54% for *dexC* and 19% for *malL*. Only 8% of the isolates tested were positive for all the genes, while 3% were negative for all the genes. Sequencing of PCR amplicons revealed at least 74% of similarity with the corresponding fragment in the *L. plantarum* JDM1 and *L. plantarum* WCFS1 genomes.

Screening of metagenomes from different fermented starchy foods

The results of gene detection in the metagenomes extracted from samples of different fermented starchy foods are presented in Figure 13. Almost all the PCR led to amplification of a single band, reflecting the high specificity of the primers. The only exceptions were *agdi* and lr0085, which displayed several bands, reflecting non-specific amplification. Among the 33 genes screened, 16 were found in all the metagenomes including most of the genes involved in riboflavin and folate synthesis. The main variations observed between the food samples concerned genes related to survival at low pH and after exposure to bile salts and starch metabolism. Although all the samples of the fermented pearl millet slurries tested (BT1 to BT5) were produced using the same traditional process, there were differences in their genetic profile. For example, the metagenome of sample BT1 harbored 90% of genes related to survival at low pH and after exposure to bile salts, while BT5 harbored only 66% of them. All the foods chosen in this study were rich in starch, their metagenomes shared a common set of genes related to starch metabolism (*glgP*, *malL*, *agl*) but the other genes encoding α-amylase, neopullulanase, and maltose phosphorylase (*α-amy, dexC* and *malP*, respectively) were not systematically detected reflecting different capacities or different possible pathways for starch metabolism.

DISCUSSION

Very few studies have dealt with molecular screening in bacterial genomes and metagenomes for genes involved in functions of interests for different food and health applications. Five wine-related genes in 120 bacterial isolates belonging to seven *Lactobacillus* species were recently screened [416]. Kaushik et al. (2009) used a PCR-based test to detect three genes involved in probiotic functions in two *L. plantarum* strains [283]. We performed molecular screening of a larger set of genes involved in probiotic functions and in nutrition, to identify their distribution in 152 isolates and in metagenomes of amylaceous fermented foods. Microbial diversity was limited to five species with *L. fermentum* being dominant followed by *P. pentosaceus* and *L. plantarum*. Based on the PCR detection profile of the 33 genes, cluster analysis showed that in general isolates belonging to the same species were grouped together but in several separate clusters (e.g. *L. fermentum, L. plantarum*), pointing to relative specificity of gene distribution and associated functions.

Species level identification of the isolates enabled us to reduce *in silico* analysis by designing species targeted primers. The 21 genes that were chosen because they are involved in gastrointestinal survival were found in several probiotic strains whose genomes have already been sequenced (*L. acidophilus* NCFM, *L. gasseri* ATCC 33323, *L. johnsonii* NCC533, *L. plantarum* WCFS1, and *L. salivarius* UCC118). We found that 82% of our bacterial collection harbored 14 genes out of 21, and 63% of the metagenomes from fermented foods harbored at least 12 of these genes. Only four of the genes were detected in all isolates: the housekeeping gene *groel*, but also non-essential genes like LBA1272, *dltD* and LBA0493 [206]. The existence of a conserved domain in the protein DltD_M (pfam04918) involved in the biosynthesis of D-alanyl-lipoteichoic acid and in the lysophospholipid acyltransferases (cd07989) coded by *dltD* and LBA1272, respectively, from several *Lactobacillaceae* species could explain why these genes were present in the entire bacterial collection. No such large conserved domains were identified in the aggregation promoting protein LBA0493, but the wide distribution of the corresponding gene among *Lactobacillus* species and the existence of a small conserved sequence confined mostly to the C-terminal region of the protein [213] could explain the detection of this gene in all the bacteria. Less frequently detected genes were *gtf*, *agdi*, *odc*, *tdc*, *hdc* and lr0085, which were found in 0% to 4% of the 152 isolates. The *gtf* gene was only detected in *L. fermentum* 5.11 and in two metagenomes. As no other data were available, the primers used to detect this gene were designed on sequences from *L. diolivorans*, *P. parvulus*, *P. damnosus*, and *L. suebicus* species. This gene codes for glycosyltransferase, an enzyme that, in addition to its role in survival, is also involved in beta-glucan production. This exopolysaccharide may modify the organoleptic properties of the food and has also been reported to have many health promoting properties [553].

Among the genes screened for survival at low pH, it is interesting to note that there were two clearly defined groups of genes (Figure 12): one group that was detected in most of the isolates (*clpL*, lr1516, LBA1272, *dltD*, La995, La57) and a second group that was less frequently detected (*gtf*, *agdi*, *odc*, *tdc*, *hdc*). However, despite the presence of genes belonging to the first group in most of the 152 isolates, nearly half the isolates did not survive for one hour at pH 2. All *L. fermentum* isolates tested *in vitro* presented remarkable resistance to pH 2 despite the absence of genes from the second set, in contrast with the results of functional analysis which showed that genes *odc* and *agdi* were involved in survival at low pH [34; 618]. However, only a few LAB harboring one of these genes had variable but low survival abilities at low pH, ranging from zero to two hours.

Despite the wide distribution of the first set of genes and the occasional occurrence of some of the second set, no relationship was found between the presence of these genes and low pH survival capacity. This screening failed to pre-select isolates able to survive at low pH, underlining the difficulty involved in selecting markers that would enable an appropriate molecular strategy to be designed. Nevertheless, the detection of genes involved in other functions could be useful for future metabolic investigations. For example, genes *agdi, odc, tdc, hdc* are also involved in putrescine, histamine and tyrosine formation, and have been mainly studied for their toxicological effects [231]. As a result, their low frequency should be considered as positive characteristics in relation with the potential deleterious effect to health of biogenic amines in foods. The genes reported to be related to bile salt resistance were widely distributed in the collection. Resistance to bile salts was also high in the 38 isolates tested. The important role of of *bsh* genes in several LAB species has been extensively discussed but it is still difficult to assess their role in bile salt survival [393; 144; 319; 175]. In our study, *L. fermentum* 11.11.1 and the collection strain *Leuconostoc mesenteroides* ATCC 8293 lacking *bsh* were shown to be sensitive to bile salts. Genes *lrl0085* and *gtf* did not appear to play a functional role in bile salt resistance since their absence in all isolates and reference strains did not affect the tolerance of these isolates to bile salts and the same was true for gene LBA1679, that was absent in all *L.*

fermentum isolates tested and in *L. salivarius* 4.6. However, the low bile salt tolerance of wild isolates and of the reference strain concomitant with the absence of *bsh*, the conserved regions among *bsh* from different LAB species, and the reported role of the corresponding hydrolases in deconjugating bile salts by LAB belonging to different species [319; 269] make this marker the best available target at least to exclude isolates without this gene.

Analysis of LAB isolates from the fermented pearl millet slurries showed that despite the expected high potential for survival at low pH revealed by molecular data, isolates were more frequently tolerant to exposure to bile salts than to low pH. When the metagenomes of the five traditional fermented pearl millet samples were examined, gene distribution for pH resistance was shown to be similar to that of the isolates, and four samples out of five were positive for *bsh*. In addition, three samples were positive for *odc*. Variability among pearl millet slurries indicates that the same type of food produced in different production units located in the same geographical area (Ouagadougou, Burkina Faso) will not necessarily have the same functional potential.

Studying survival in the gastrointestinal tract using genetic screening is complex due to its multifactorial character which combines different metabolic functions, making the choice of a pertinent marker difficult. On the other hand, this approach is simpler when more focused and well defined metabolic pathways are targeted, for example biogenic amine synthesis or other characteristics of interest, such as vitamin B synthesis and starch degradation. Vitamin B synthesis by LAB offers interesting perspectives for both food fermentation fortification and probiotic applications [75; 403; 264; 504]. But despite some evidence for higher vitamin B content in fermented cereal foods, information is surprisingly scarce concerning the capacity of LAB from cereal-based fermented foods to produce B vitamins [99]. Both in our LAB collection and in the metagenomes of the starchy fermented foods, genetic screening revealed a high potential to produce folate and riboflavin whereas the genomes of the reference strains lack some of the genes coding for these vitamins [298; 75; 111; 378; 411]. Genes involved in folate and riboflavin synthesis were well distributed among the six *Lactobacillus* and *Pediococcus* species. *Lactobacillus* species are usually auxotrophic for B vitamins [67; 446]. However, compared to other plant raw materials, processed cereals are poor sources of B vitamins and this probably respresents a selection pressure for LAB with the ability to produce B vitamins. Nevertheless, it should be borne in mind that, even though yeasts are minor components of the microbiota of such foods [580], they can also be a source of B vitamins. The potential of the isolates and the metagenomes revealed by our study opens the way for future research on the production of B vitamins by LAB in fermented cereals or in other plant foods.

The ecological flexibility of certain LAB species such as *L. plantarum*, or their specificity to certain environments, is due to their capacity to metabolize and/or transport different types of carbohydrates and/or to modulate their metabolic pathways [61]. Given that starch is a carbon and an energy source, only a few LAB are able to use this substrate. Nonetheless, amylolytic LAB (ALAB) are common members of the microbiota of amylaceous fermented foods [229]. Screening revealed high genetic variability related to starch metabolism and led to a clearer picture than for the other groups of genes, probably reflecting complex interactions with the food matrix and between the LAB species in their particular food niche. The majority of our isolates displayed the potential for starch hydrolysis mainly through the presence of *α-amy* (α-amylase gene) and to a lesser extent of *dexC* (neopullulanase gene). Partial starch hydrolysis by α-amylase to liquefy starch is potentially useful characteristic that could be exploited to improve the energy density of gruels used for the complementary feeding of young children [424]. Furthermore, the presence of *dexC* suggests that pullulanases may also play a role in starch hydrolysis by ALAB. The contribution of pullulanases to modifying fermented gruels rheology has not yet been investigated and deserves further attention. The high potential for α-amylase synthesis in many isolates belonging to *L. plantarum* and *L. fermentum* species is consistent with the fact that amylolytic isolates from these species have frequently been isolated from tropical starchy fermented foods [229]. As expected from their reported α-amylase activity [8; 186], the ALAB strains used as positive controls, *L. plantarum* A6, *L. fermentum* Ogi E1, *L. fermentum* MW2, were positive for *α-amy* and *α-amy* was often associated with genes coding for enzymes that enable the use of maltose, i.e. *malP* (encoding maltose phosphorylase) and/or *agl* (encoding α-glucosidase). Among isolates that do not have *α-amy* or *dexC,* mainly a few *P. pentosaceus* and *L. fermentum* isolates, some nevertheless have the potential to use maltose (*malP, agl*), suggesting they could establish a trophic relation with ALAB. In addition, α-glucosidase activity was detected in *L. fermentum* Ogi E1 [81] whereas the strain showed no maltose-phosphorylase activity, which is consistent with the presence of *agl* and the absence of *malP*. However, both genes were present in some *L. fermentum* isolates, suggesting some flexibility in maltose metabolism within the same species.

Analysis of the metagenomes of the starchy foods gave a rather narrow view of the amylolytic potential compared to the presence of the other groups of genes tested, except for those encoding amino acid decarboxylases. Unexpectedly, two out of five metagenomes from fermented pearl millet slurries were not positive for the presence of *α-amy* and *dexC* pointing to possible alternative metabolisms or carbon sources for energy generation and growth. It is interesting to note that these two metagenomes clustered separately from the other pearl millet samples, and shared characteristics with the attiéké metagenome including the absence of genes encoding amino acid decarboxylases. Even if our main purpose here was to examine the feasibility of using molecular screening by applying the method to a limited number of food metagenomes from different categories, we observed that French wheat sourdough differed from its tropical counterparts. This may be only occasional and to draw conclusions molecular screening would have to include a larger number of samples from different locations in a dedicated study. In addition, the metagenomic approach did not differentiate between prokaryotic and eukaryotic DNA mainly from yeasts, which share the same ecological food niche than LAB. Therefore some useful functions may also be shared with yeasts, even if these are not dominant in food microbiota.

In conclusion, genetic screening is a promising way to assess the potential of microbiota for specific functions and to orient strategies for ecological studies. Indeed, this approach revealed that traditional African cereal-based fermented foods, like the "*ben-saalga* model", has the genetic potential for functions of interest in both probiotics and nutrition. In particular, thanks to their ability to survive the conditions prevailing in the gastrointestinal tract, *L. fermentum* isolates deserve further investigations to assess their probiotic potential.

ACKNOWLEDGEMENTS

We thank Dr Michiel Kleerebezem and Dr Stéphane Duboux for supplying reference strains, and Dr Claire Mouquet for slurry samples. Williams Turpin acknowledges a PhD grant from the French Ministry of Education and Research.

II De l'analyse génétique de l'adhésion d'une collection de bactérie lactique vers l'étude phénotypique, transcriptomique et biophysique de l'adhésion de quelques souches.

Les résultats obtenus dans la première partie de nos travaux nous ont conduit à évaluer un autre critère de sélection de souches probiotiques, l'adhésion aux cellules intestinales. En effet, l'adhésion des bactéries probiotiques est généralement corrélée à la production durable de molécules bénéfiques comme les vitamines ou les bactériocines ainsi qu'à l'exclusion des pathogènes et à l'immunostimulation [533]. Nous avons choisi la même stratégie que dans la première partie pour détecter la présence/absence de 14 gènes impliqués dans l'adhésion bactérienne sur la même collection de 152 bactéries lactiques. Nous avons sélectionné une trentaine de souches possédant un équipement génétique d'adhésion différent afin de tester leur adhésion sur deux modèles cellulaires produisant ou non du mucus. Nous avons alors sélectionné trois souches appartenant au groupement d'espèces *Lb. plantarum* : *L. paraplantarum* 4.4, *Lb. plantarum* 1.6 et WCFS1, possédant des phénotypes d'adhésion différents selon les modèles cellulaires, et étudié l'expression des gènes concernés dans la fraction de bactéries adhérentes aux cellules. Enfin nous avons comparé les résultats d'adhésion sur cellules avec des mesures d'interactions entre bactéries et mucines par imagerie par résonance plasmonique de surface (SPRi). Afin de réaliser ces travaux, en plus des méthodes décrites dans la première partie, j'ai réalisé une partie des expériences dans l'équipe « Interactions des bactéries commensales et probiotiques avec l'hôte » (INRA, MICALIS, Pôle écosystèmes, Jouy-en-Josas) afin de bénéficier de son expérience en culture cellulaire pour mettre en place les tests d'adhésion. J'ai aussi mis en place les tests de dégradation des protéines du mucus et d'utilisation du mucus à partir de méthodes décrites dans la littérature [499; 649; 519]. Nous avons aussi utilisé pour la première fois la méthode SPRi pour l'étude de l'adhésion bactérienne. Ce travail a été réalisé dans les laboratoires de l'UMR « Biotechnologie-Bioprocédés » (UMR-CNRS 5504, UR-INRA 792, INSA Toulouse).

1) Adhésion bactérienne sur modèles cellulaires et mesure des interactions bactérie-hôte

La recherche des gènes impliqués dans l'adhésion bactérienne a été réalisée selon le protocole décrit dans la première partie de cette thèse. Le criblage génétique révèle que certains gènes (*ef-Tu, eno, gap, groEl, srtA, apf, cnb, fpba, mapA, mub1,* et *mub2*) sont détectés chez 86 à 100% des souches. En revanche d'autres gènes (*cbsA, gtf, msa,* et *slpA*) sont détectés à une fréquence bien plus faible allant de 0 à 8% (Figure 19, 27). Des résultats similaires ont été obtenus sur les 7 métagénomes d'aliment fermentés à l'exception des gènes *slpA* et *cbsA* absent chez les souches isolées, et qui ont été retrouvés chez 4 et 5 métagénomes respectivement (Figure 19). Les tests d'adhésions bactériens sur cellules HT29 montrent une variabilité de phénotype d'adhésion allant de 0,5 à 32,0% d'adhésion par rapport à l'inoculum (Figure 19). Les profils d'adhésion obtenus sur la lignée HT29-MTX productrice de mucus sont différents de ceux obtenus sur HT29 avec un pourcentage de bactéries adhérentes allant de 0,6 à 57,0% (Figure 19). La présence de mucus semble donc importante pour l'adhésion puisque certaines souches présentent des phénotypes d'adhésion très différents selon le modèle cellulaire utilisé. C'est un point très important puisque la plupart des études destinées à la sélection de souches probiotiques utilisent des lignées cellulaires ne produisant pas de mucus alors que dans des conditions physiologiques, le tube digestif est recouvert par une couche protectrice de mucus. Cependant comme pour la survie des bactéries à pH acide, nous avons montré qu'il n'y a pas de lien évident entre équipement génétique et adhésion sur cellules productrices ou non productrices de mucus. Nous avons recherché si l'adhésion bactérienne était liée à une capacité de dégradation du mucus. Les résultats obtenus montrent que les souches testées ne sont pas capables d'utiliser le mucus comme source de carbone, et ne sont pas capables non plus de dégrader les protéines du mucus (Tableau 20, Figure 14). Pourtant d'autres études ont montré que les lactobacilles sont capables d'utiliser le mucus et que c'est un critère important dans les processus de colonisation [499; 107]. Au cours de cette étude nous avons également réussi à analyser l'ARN extrait de la fraction de bactéries adhérentes. Ce type d'analyse est globalement très peu utilisé, les principales limites étant les capacités d'adhésion bactériennes qui, si elle est trop faible, réduit le nombre de bactéries desquelles est extrait l'ARN [244; 289]. L'analyse de la transcription des gènes impliqués dans l'adhésion montre que la plupart sont exprimés chez les deux bactéries adhérentes (*Lb. plantarum* WCFS1, *Lb. paraplantarum* 4.4). Du fait que la souche *Lb. plantarum* 1.6 adhère très peu (<2,0%) sur les deux modèles, nous n'avions pas assez d'ARN pour permettre la détection des transcrits. Il existe néanmoins quelques variations entre les souches et les modèles cellulaire utilisés notamment vis-à-vis de l'expression des gènes *ef-Tu*, *srtA*, *fpbA*, *mapA*, et *mub2* (Figure 20). La réponse des cellules à la présence de bactéries à été évaluée pour ces trois souches par la mesure de l'expression du gène eucaryote *MUC2*. Les résultats montrent que quel que soit le phénotype d'adhésion des souches, la réponse cellulaire est la même (Figure 21). La présence des trois bactéries induit l'expression de *MUC2* sur le modèle HT29, ce qui est contraire aux données concernant le gène *MUC3* pour lequel l'induction ne semble pas être liée à l'adhésion bactérienne [372]. Aucun effet n'est visible sur HT29-MTX. Ceci peut s'expliquer par le fait que les cellules productrices de mucus expriment fortement le gène *MUC2* en l'absence de bactéries, il est donc difficile de mesurer une surexpression dans ces conditions [342]. Les mécanismes impliqués dans l'induction de *MUC2* par les bactéries restent encore inconnus.

Tableau 20 : Habilité des bactéries lactiques à dégrader des protéines du mucus

Souche	Zone de lyse sur MRS-HGM	Zone de lyse MRS-HGM/glucose
Lb. acidophilus NCFM	-	-
Lb. fermentum 1.10	-	-
Lb. fermentum 1.3	-	-
Lb. fermentum 3.1	-	-
Lb. fermentum 3.9.2	-	-
Lb. fermentum 6.4.2	-	-
Lb. fermentum IFO3956	-	-
Lb. fermentum MW2	-	-
Lb. fermentum OGIE1	-	-
Lb. johnsonii NCC533	-	-
Lb. manihotivorans OND32	-	-
Lb. mucosae H28	-	-
Lb. paraplantarum 4.4	-	-
Lb. paraplantarum 7.8.2	-	-
Lb. plantarum 1.6	-	-
Lb. plantarum 11.3	-	-
Lb. plantarum 2.1	-	-
Lb. plantarum A6	-	-
Lb. plantarum WCFS1	-	-
Lb. rhamnosus GG	+	-
Lb. sakei 23K	-	-
Lb. salivarius 4.6	-	-
Le. Mesenteroides ATCC8293	-	-
Pe. acidilactici 12.12	-	-
Pe. acidilactici 12.9	-	-
Pe. pentosaceus 10.6.2	-	-
Pe. pentosaceus 11.9	-	-
Pe. pentosaceus 5.6.2	-	-
Pe. pentosaceus 9.1	-	-
Pe. pentosaceus 9.10	-	-
Pe. pentosaceus 9.3.2	-	-
Pe. pentosaceus ATCC25745	-	-

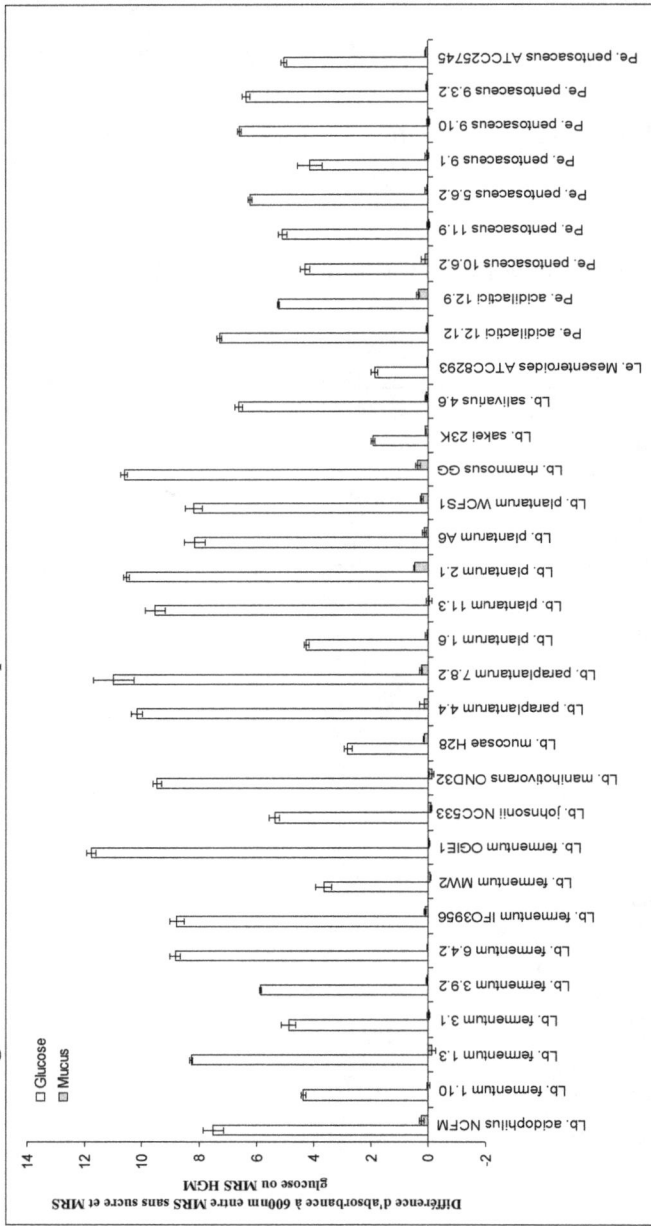

Figure 7 : Habilité des bactéries lactiques à utiliser le mucus comme source de carbone

La croissance est exprimée en différence d'absorbance à 600nm après 24 h d'incubation à 30°C dans un milieu liquide MRS-glucose ou MRS-HGM par rapport au MRS sans sucre.

214

2) Utilisation de la SPRi pour étudier l'adhésion bactérienne

Enfin nous avons cherché à affiner les résultats obtenus sur cellules par SPRi. En effet c'est une méthode très prometteuse, bien plus rapide que les tests sur cultures cellulaires (21 jours contre 2 en SPRi). De plus cette méthode permet de tester simultanément plusieurs substrats d'adhésion par mesure de la réflectivité (Figure 15 et 26). En effet dans cette étude nous nous sommes restreints à 3 substrats d'adhésion, MUC2 colique, MUC2 intestinal, et mucus de cellule MTX, mais d'autres substrats tels que le collagène ou d'autres composants du mucus pourraient être testés. Nous avons observé au cours de cette étude que les souches *Lb. plantarum* 1.6 et WCFS1 font partie de celles qui produise la réflectivité la plus faible ce qui est cohérent avec la faible capacité d'adhésion obtenue sur le modèle cellulaire HT-29 MTX. A l'inverse, les souches *Lb. manihotivorans* OND32 et *Lb. fermentum* 3.9.2 produisent une forte réflectivité, ce qui est cohérent avec la forte capacité d'adhésion sur HT-29 MTX. La souche 4.6 possède des capacités d'adhésion intermédiaire sur modèles cellulaires, ce qui semble être aussi le cas ici en SPRi. Enfin seule la souche *Lb. paraplantarum* 4.4 possède une réflectivité très faible alors que les résultats sur cellules HT-29 MTX indiquent au contraire une bonne capacité d'adhésion. La plupart des souches se comportent donc de la même manière sur les modèles cellulaires et en SPRi, ces résultats sont très prometteurs et mériteraient une étude plus étendue.

Les résultats décrits dans cette partie à l'exception de la SPRi, sont rédigés sous la forme d'un article soumis à AEM et présenté dans la partie 3).

Figure 8 : Réflectivité des souches par rapport à la réflectivité de la galectine

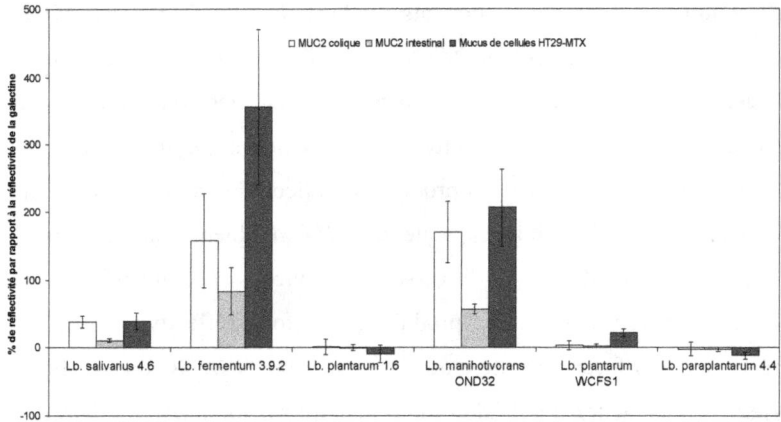

Une réflectivité inférieure à 100% indique que le mucus possède des propriétés anti-adhésives. Inversement, au-dessus de 100% le mucus favorise l'adhésion bactérienne.

Figure 9 : Exemples d'images obtenues par SPRi

Lb. manihotivorans OND32

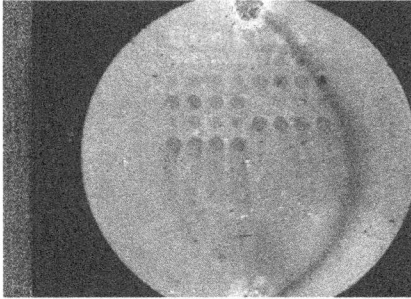

MUC2 colique

MUC2 intestinale

Mucus de cellules MTX

Lb. plantarum WCFS1

MUC2 colique

MUC2 intestinale

Mucus de cellules MTX

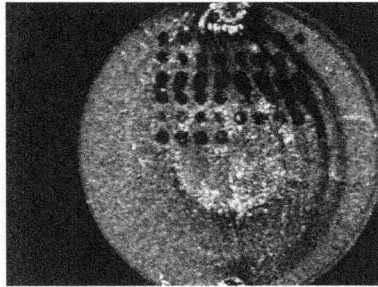

Les spots du prisme légèrement blancs (*Lb. manihotivorans* OND32, MUC2 colique) indiquent que la souche est capable d'interagir avec les protéines déposées sur le spot. A l'inverse, les cercles sombres observés (*Lb. plantarum* WCFS1) indiquent que les bactéries n'interagissent pas avec les protéines.

3) Screening of genes involved in cell adhesion among *Lactobacillaceae* and functional analysis based on gene expression and binding on HT29 and HT29-MTX cell lines

Soumis à PloS ONE

Williams Turpin
Christèle Humblot
Marie-Louise Noordine[1]
Muriel Thomas[1]
Jean-Pierre Guyot

Institut de recherche pour le développement, NUTRIPASS, UMR204, " Prévention des malnutritions et des pathologies associées ", Montpellier, France.

[1] Institut national de la recherche agronomique, Micalis, UMR1319, " Interactions des bactéries commensales et probiotiques avec l'hôte ", Domaine de Vilvert, 78352 Jouy-en-Josas, France.

Screening of genes involved in cell adhesion among *Lactobacillaceae* and functional analysis based on gene expression and binding on HT29 and HT29-MTX cell lines

Williams Turpin[1], Christèle Humblot*[1], Marie-Louise Noordine[2], Muriel Thomas[2] and Jean -Pierre Guyot[1]

[1]*IRD, UMR Nutripass, IRD/Montpellier2/Montpellier1, F-34394 Montpellier*

[2]*INRA, Micalis, UMR1319, "Pôle écosystèmes" Domaine de Vilvert, 78352 Jouy-en-Josas Cedex, France*

* Corresponding author. Mailing address: IRD, UMR Nutripass IRD

 B.P. 64501

911Avenue Agropolis, 34394 Montpellier Cedex 5, France.

Phone: 33467416466. Fax: 33467416157

E-mail: Christele.Humblot@ird.fr.

Abstract: Lactic acid bacteria from African fermented pearl millet slurries and positive controls (n=162) were investigated by screening 14 genes involved in binding to the gastrointestinal tract. The binding potential is good since the genes *apf, cnb, fpba, mapA, mub1,* and *mub2* were detected in almost all isolates. The genes *cbsA, gtf* and *slpA* were detected at a low frequency certainly because the primers were designed on species absent from the collection. The gene *msa* is detected in only 8% of the isolates maybe because of its high sequences variability in the databases. Thirty isolates with different genetic equipment were then tested *in vitro* for their binding ability to both, non mucus (HT29) and mucus secreting (HT29-MTX) cells line. No relationship between genetic equipment and binding phenotype could be clearly identified. For some strains the presence of a mucus layer dramatically decreased the binding, while for other it improved the adhesion of the strains. We selected three strains with different binding properties to investigate the expression of binding related genes and of *MUC2* gene involved in mucus synthesis when the bacteria are bound to HT29 and HT29-MTX cells. Most of the bacterial adhesion related genes were expressed in both cell lines and the eukaryotic gene *MUC2* is induced by the tree tested strains only in HT29 cells whatever their binding efficiency.

Short title: Cell adhesion of lactic acid bacteria

INTRODUCTION

Lactobacilli are common inhabitant of a wide variety of environments such as mucosal surfaces of human and animals and food environments made of milk, plants and meats. Many strains have been used in the bioprocessing of foods, in particular in dairy products. Some are also known as probiotic organisms, which harbor a large variety of health promoting effects. The probiotic functionality has been well documented for many characters such as enhancement of lactose intolerance, immunomodulation, resistance to acid and bile, production of bacteriocins, or adhesion to intestinal tract [327; 586].

The binding of probiotic bacteria to intestinal cells allows durable health beneficial effects such as exclusion of pathogen, immunomodulation and production of the beneficial bacterial molecules [533]. It is therefore generally considered as an important property, and along with the survival, it is often the main character investigated in relation with the probiotic characteristics of a bacteria. Since last decade, the increasing amount of data dealing with the molecular origin of adhesion has permitted to enhance our comprehension of the binding mechanisms. Indeed, proteins involved in this mechanism can be separated in five classes: anchorless housekeeping proteins, surface layer proteins, LPXTG-motifs proteins, transporter proteins and other proteins [358]. To our knowledge, at least 20 genes are reported to be functionally important in the binding of *Lactobacillaceae* to the digestive tract, with a third of them being described recently.

The small intestine is constituted of two main cell populations, the enterocytes (80%) and the goblets cells (4 to 16%) responsible for the secretion of the mucus gel [603]. The mucus layer is composed of a mixture of

221

highly glycosylated proteins called mucins that act as a protective barrier against various aggressions such as bile salts, toxins, pollutants, and that inhibit the binding of bacteria [285; 604; 322]. Many studies dealt with the adhesion properties of *Lactobacillus* to intestinal tract, and they mainly used Caco-2 or HT29 cell lines that mimic only the enterocytes, thereby underestimating the role of the mucus layer. The use of mucus producing cells line such as HT29-MTX, in addition to traditional HT29 cells lines appears therefore as an appropriate strategy to study the binding mechanism in regard to the importance of the mucus layer [343].

The phenotypic analysis of binding properties of lactic acid bacteria is time consuming, especially when a large number of bacteria have to be tested at the same time with different cell models. Nonetheless, advances in our knowledge of the genetic diversity of LAB and the increasing number of sequenced LAB genomes means that the functional properties of LAB strains could be studied more easily at molecular level. Consequently, in the present study, 14 genes involved in cell binding for which at least one functional analysis had already been performed were screened. We focused this investigation on a collection of 162 *Lactobacillaceace* constituted of 152 bacteria isolated from a traditional African pearl millet based fermented slurries (*ben-saalga*) [583; 545], four strains isolated from other traditional amylaceous fermented foods and six strains of collection used as control. As niche specific adaptation has played a central role in the evolution of lactic acid bacteria (LAB) [377], the analysis of collections of bacteria from traditional fermented plant foods in tropical countries may enable to detect LAB with interesting properties. This collection was subjected to a series of analyses to assess their binding potential as part of the selection of new probiotic candidates. To investigate any possible relation between the gene equipment and the binding function, a subset of

30 LAB differing for their genetic equipment were assessed for their binding ability with mucus producing (HT29-MTX) and non mucus producing cell lines (HT29). The expression of these genes in these LAB once they adhered to the cell lines was also investigated by semi-quantitative real time PCR in three strains differing by their adhesion capacities to HT29 and HT29-MTX.

MATERIALS AND METHODS

Bacteria and culture conditions. Bacterial isolates were routinely cultured at 30 °C in de Man, Rogosa and Sharpe (MRS) broth (Difco, Le Pont de Claix, France). LAB used in this study were from our collection constituted of isolates (n=152) from fermented pearl millet slurries sampled in traditional production units in Ouagadougou (Burkina Faso). This collection is composed of LAB belonging to the genus *Pediococcus* (*P. pentosaceus*, *P. acidilactici*) and *Lactobacillus* (*L. fermentum*, *L. paraplantarum*, *L. plantarum*, and *L. salivarius*) (Figure 17). LAB from other fermented foods and probiotic strains were also used. *L. plantarum* A6 (LMG 18053) [210], *L. fermentum* Ogi E1 (CNCM I-2028) and *L. fermentum* MW2 (CNCM I-2029) [8], *L. manihotivorans* OND32 [413] were from different tropical starchy fermented foods; *L. sakei* 23K [94] was from French sausage and *L. johnsonii* NCC 533 [475] and *L. acidophilus* NCFM [20] were probiotic strains. The control strains used for gene screening were *P. pentosaceus* ATCC 25745 [377], *Leuconostoc mesenteroides* ATCC 8293 [377], *L. plantarum* WCFS1 [298], *L. fermentum* IFO 3956 [411], and *L. acidophilus* NCFM [20].

DNA extraction. DNA was extracted from the bacterial pellet of overnight pure cultures using the Wizard genomic DNA purification kit (Promega, Charbonnières, France) with an additional lysis step using an amalgamator with zirconium beads (VWR, Fontenay-sous-Bois, France).

Primer design. The genetic screening was based on a set of genes involved in binding mechanism. These genes are listed in Table 21. To detect their presence, the DNA extracted from the isolates was screened by PCR amplification. The primers for each PCR reaction were designed by comparing sequences from functional analysis with genomic and protein database (NCBI) using BLASTn, BLASTp and BLASTx algorithms (as of April 2009). This analysis was mainly limited to the species present in the bacterial collection. Once selected, nucleotide sequences were aligned using clustalW program [573] to generate a unique consensus sequence [205] that was exploited to design the primers using primer3 software [508]. All primers were synthesized by Eurogentec (Angers, France).

PCR amplification for the detection of binding-related genes. Each PCR mixture (20 µl) contained a reaction cocktail of 200 µM (each) of deoxynucleoside triphosphate, 0.5 µM of each primer, 3.5 mM of $MgCl_2$, 0.5 U of *Taq* DNA polymerase (Promega), 10X taq buffers and 150 ng of DNA template. The PCR conditions were one cycle at 95 °C for 5 min, 40 cycles at 95 °C for 30 s, at annealing temperature (10 s) depending on the primer used (Table 21), and at 72 °C for 15 s, followed by one cycle at 72 °C for 5 min using the thermal cycler (Applied Biosystems Veriti™ VWR, Strasbourg, France). The PCR products were separated on agarose gel followed by ethidium bromide staining to check for the presence of a unique amplicon. When a gene from a species was amplified using a primer initially designed for a different species, the corresponding amplicon was sequenced (MWG operon, Germany).

Cell culture. The HT29 revG- and HT29-MTX cells lines were used between the 58th to 63th and 20th to 25th passage respectively. Mucus secreting HT29-MTX cells were obtained from Thecla Lessuffleur (INSERM UMR S 938, Paris, France) [342]. Cells were routinely grown in Dulbecco's modified Eagle's minimal essential medium (DMEM) with 4.5 g/L glucose (Lonza, Verviers, Belgium), supplemented with 10% (v/v) foetal calf serum (FCS) inactivated one hour at 56°C (Lonza, Verviers, Belgium), with 1% (v/v) L-Glutamine 200mM (Lonza, Verviers, Belgium), and with 1% (v/v) penicillin-streptomycin (Lonza, Verviers, Belgium). Monolayer of both cells lines were prepared in six-well tissue culture plates and inoculated at a concentration of $0.1.10^6$ and $0.12.10^6$ cells per ml for HT29 and HT29-MTX, respectively. Fully differentiated cells were obtained 21 days after inoculation. Two days prior the adhesion assay, antibiotics were not anymore used in the cell cultivation media. All experiments and maintenance of cells were carried out at 37°C in a 10% CO_2:90% air atmosphere. The culture medium was changed daily.

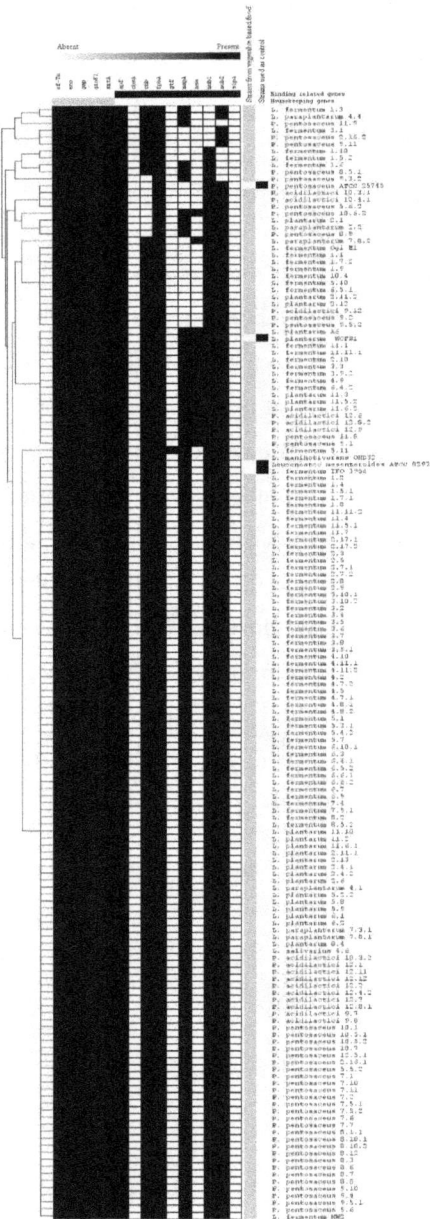

Figure 10 : Distribution of genes involved in binding to the gastrointestinal tract in a LAB collection from starchy fermented foods and of strains used as positive controls. Gene's role is indicated at the top of the column corresponding to the different strains. The absence of a gene is indicated in white and its presence in black. The dendrogram shows estimated relationships among the strains and was constructed by average-linkage hierarchical analysis using Mev 4.4 software [515].

Tableau 21: Primers used to screen the presence/absence of LAB's genes involved in binding ability.

ND: primers couple were not used for qPCR assay.

Functions	Gene	Predicted function	Primer sequence 5' to 3'	Primer reference	Melting temperature used (°C)	qPCR efficiency (%)	Species used for the primer design	Relevant article
Housekeeping genes	ef-Tu	elongation factor Tu	F_TCGATGCTGCTCCAGAAGAAA R_TGGCATAGGACCATCAGTTGC	This study	57.6	60	L. johnsonii, L. helveticus, L. acidophilus, L. delbrueckii, L. reuteri, L. salivarius, L. fermentum, L. casei, Leuconostoc mesenteroides, P. acidilactici, L. oris L. gasseri, L. brevis, P. pentosaceus, L. sakei, Lactococcus lactis, L. plantarum	218
	eno	enolase	F_CTACCTTGGCGGATTCAACG R_CGCAAAACCACCCTTCGTCAC	This study	59.2	60	L. fermentum, L. plantarum, P. pentosaceus, L. salivarius	259; 89
	gap	glyceraldehyde-3-phosphate dehydrogenase	F_GTTCTTGAATGTACwGGTTTCTACACT R_TTCGTTrTCGTACCAAGCAACA	This study	55.0	ND	L. plantarum, P. pentosaceus, L. johnsonii, L. acidophilus, L. delbrueckii, L. casei, L. crispatus, L. helveticus, L. reuteri, L. brevis, L. sakei, L. fermentum, Lactococcus garvieae, Lactococcus lactis, L. salivarius L. casei, L. gasseri	259; 291
			F_ACTGAATTAGTTGCTATCTTAGAC R_GAAAGTAGTACCGATAACATCAGA	483	55.0	114	L. plantarum	259; 291
	groEl	heat shock protein 60	F_TTCCATGGCkTCAGCaTCA R_GCTAAyCCwGTTGGCATTCG	587	58.0	63	L. salivarius, Leuconostoc mesenteroides, L. casei, L. delbrueckii, P. pentosaceus, P. acidilactici	52
	srtA	sortase	F_ATGGGGCArGGTAACTACGC R_GCCCCGGTmTyATCACAGGT	This study	59.2	77	L. fermentum, L. plantarum, P. pentosaceus, L. salivarius	605
Binding related genes	apf	aggregation-promoting factors	F_yAGCAAACGTTCTTGGTTAGCA R_GAATCTGGTTGGTTCATAywCAGC	587	53.0	57.0	L. plantarum, L. salivarius, L. fermentum, P. pentosaceus, P. acidilactici	213
	cbsA	collagen-binding S-layer	F_TTGGTACTGACAAGGTwACTCGTT R_TGTCAGCGTTGATGwACTTGC	This study	57.2	ND	L. crispatus, L. gallinarum, L. helveticus, L. acidophilus, L. santoryeus.	575
	cnb	collagen-binding protein	F_CGTGGGAGAAGTCGGTGGATG R_CATTGCTATGAGGCGGGAAC	This study	60.1	59	L. fermentum	497; 240
	fpbA	fibronectin-binding protein	F_wGCyAAyCGGAAGAATCACC R_ACCGAGTTCGTyeCGGGTCG	This study	58.0	73	P. pentosaceus, L. fermentum, L. salivarius, L. plantarum	73
	gtf	glucan synthase	F_ACAGGCAGGGGGTTATTTTG R_GCCACCTTCAAGGCTTCGTA	587	58.0	ND	L. diolivorans, P. parvulus, P. damnosus, L. suebicus	134
	mapA	mucus adhesion promoting protein	F_TGGATTCTGCTTGAGGTAAG R_GACTAGTAATAACGCGACCG	483	50.0	57	L. plantarum	402
	msa	mannose-specific adhesin	F_GCAAGACGGCTATCGGGTTCA R_TAACGCCTGCGACTCTCCTG	This study	59.8	90	L. plantarum	474
	mub1	mucin-binding protein	F_GTAGTTACTCAGTGACGATCAATG R_TAATTGTAAAGGTATAATCGGAGG	483	50.0	69	L. plantarum	498; 75
	mub2	mucin-binding protein	F_ACGCGTATTGCGGGTAATGA R_CGCCCCTGAAGTGGGGATAGT	This study	60.0	56	L. plantarum	73
	slpA	surface layer protein	F_TTGCAGATCCTGTTGTTCCA R_TGTACTTGCCAGTTGCCTTG	This study	59.9	ND	L. acidophilus, L. helveticus, L. crispatus, L. santoryeus, L. gallinarum	73

227

Adhesion assay. The adhesion assay was performed on a subset of 30 LAB selected as control, or harboring different genetic equipment and belonging to different species. Overnight cultures of bacteria grown in MRS 30°C were centrifuged (10 min at 8 000 × g). The pellet was re-suspended in complete DMEM without antibiotic to a final concentration of around 10^7 CFU/ml and incubated 24 hours at 37°C. The pellets were then centrifuged (10 min at 8 000 × g,) washed twice with phosphate-buffered saline (PBS) pH 7, 37°C (Lonza, Verviers, Belgium), and re-suspended in complete DMEM, 37°C without antibiotic. Initial viable bacteria were counted by plating on MRS agar. Before adhesion assay the HT29 and HT29-MTX cells were gently washed twice with sterile PBS pH 7, 37°C (Lonza, Verviers, Belgium). The bacterial suspension was added to each well of the tissue culture plate (bacterial cell/epithelial cell ratio ~10:1), and incubated in 10% CO_2:90% air atmosphere at 37°C for two hours. After incubation, viable non adherent bacteria from the supernatants were determined by plating serial dilutions on MRS agar. The HT29 and HT29-MTX monolayers were gently washed four times with PBS to remove unattached bacteria. Cell monolayers were scratched with 0.1% (v/v) Triton® X-100 (Sigma), and passed twice in a 21 × g needle followed by 30 minutes incubation at room temperature. Appropriate dilutions were plated on MRS agar. The results of the adhesion assay were expressed as adhesion percentage, i.e. the ratio between adherent bacteria and added bacteria per well. Three independent experiments (n = 3) with two replicates in each experiment were carried out.

Total RNA extraction and reverse transcription. A selection of three isolates based on their different binding capacity was incubated in the same conditions as described in the previous paragraph except that cells were grown in 60cm^2 Petri dishes. The washed monolayers were scratched with TE buffer (EDTA 1mM, Tris 10 mM, pH 7, Promega) and the resulting suspension was submitted to a Tissue Lyser (Quiagen, Rheinische, Germnay) in the acid phenol pH 4 (Eurobio, Ulysse, France) and zirconium beads (VWR, Fontenay-sous-Bois, France) to allow cells and bacteria disruption. After centrifugation, the aqueous phase was transferred in TRIzol® Reagent (Invitrogen, Carlsbad, USA) and incubated five minutes at room temperature. After addition of chloroform (Carlo Erba, Val de Reuil, France), the solution was centrifuged (10 000 × g, 15 min) and the nucleic acid was precipitated by the addition of isopropanol (Sigma, St Louis, USA). The pellet was washed by 70% ethanol (Carlo Erba, Val de Reuil, France), resuspended in nuclease free water (Promega, Madison, USA), and kept one night at -80°C. The RNA quality was check using nanodrop ND-1000 (Thermo Scientific) and bioanalyser 2100 (Agilent technologies) at PICT platform, Jouy-en-Josas, France. The DNA was removed with RQ1 RNase-Free DNase (Promega, Charbonnières, France) and the cDNA were obtained from the Reverse Transcription System (Promega, Charbonnières, France) following manufacturer instructions. The absence of genomic DNA in treated RNA samples was checked by semi-quantitative PCR using the following primers: 338f converted into its reverse complement, 5' CTGCTGCCTCCCGTAGGAGT 3' [420] and Lpla72f, 5' ATCATGATTTACATTTGAGTG 3' [92] specific of the 16S rRNA gene sequence of *L. plantarum*. For treated eukaryotic RNA samples, the absence of genomic DNA was checked by semi-quantitative PCR using the primers hGAPDH: 5' TGACGCTGGGGCTGGCATTG 3' and 5' GGCTGGTGGTCCAGGGGTCT 3' [148].

Semi-quantitative PCR. All experiments were performed in triplicate using the QPCR system (Stratagene, Mx3005p ™) and Syber green technology (Eurogentec, Angers, France). For each reaction, 1 µL of the cDNA template was added to 15 µL of PCR mix containing 1X Mesa green q-PCR Master Mix Plus (Eurogentec, Angers, France) and 0.3 µM of each primer designed for the genetic screening with the exception of *gap* gene for which another primer pair was used [483]. The PCR conditions used were 10 min at 95 °C and 40 cycles of 30 s at 95 °C, then 30 s at 50 °C, then 30 s at 72 °C, followed by a dissociation curve from 55 °C to 95 °C. The cDNA of the 16S rRNA was determined in parallel for each sample using the 518r and Lpla72f primer set. The transcript copy numbers was normalized to the copy number of 16S rRNA. Absolute quantification of 16S rRNA copy number was done by a standard curve method based on known bacterial concentration.

For eukaryote, the *gapdh* RNA was considered as the reference gene. The primers hMUC2 were used for MUC2 quantification : 5' GGGGACAGTGGCTGCGTTCC 3' and 5' CGGGGCAGGGCAGGTCTTTG 3' [148]. Results obtained on MUC2 were normalized to *gapdh* RNA and compared with the means target gene expression of CV rats as calibrator sample. The following formula was used: fold change = $2^{-\Delta\Delta Ct}$, where $\Delta\Delta Ct$ threshold cycle (Ct) equals (target Ct - reference Ct) of sample minus (target Ct - reference Ct) of the calibrator. Data were analyzed using MxPro QPCR software 2007 Stratagene version 4.10. Data were analyzed using MxPro QPCR software 2007 Stratagene version 4.10. The efficiency of primer used for qPCR assay is indicated in table 21.

RESULTS

Primers design

Among the 14 genes chosen for their involvement in binding mechanisms, seven genes *ef-Tu, eno, gap, groEl, srtA, apf,* and *fpbA* shared conserved regions that allowed the design of primer on several species (Table 21). On the contrary for *cnb, mapA, msa, mub1,* and *mub2* genes, no consensus sequence could be obtained among *Lactobacillaceae,* so primers were designed at species level. For, *cbsA, gtf* and *slpA* genes, no sequences were available for the bacterial species in our collection, in this case the design was performed from other LAB species for which sequences were available. For genes annotated as cell surface protein precursor containing MucBP domains, due to a high variability in their sequences, primers were designed on mucus binding domains from different genetic loci. All primers produced amplicons of the desired size with a single band on the agarose gel. Positive controls were done by testing the primers on the DNA from reference strains containing the targeted genes (Table 22).

Detection of genes implicated in the binding mechanisms

The results of gene detection are presented in the Figure 17. As expected, all house keeping genes (*ef-Tu, eno, gap, groEl* and *srtA*) also involved in binding mechanisms were found in all LAB. Some of the other genes (*apf, cnb, fpba, mapA, mub1,* and *mub2*) were detected in 86 to 100% of LAB while the others (*cbsA, gtf, msa, slpA*) were found in 0% to 8% of LAB. For each gene screened, one amplicon obtained from PCR amplification of DNA extracted from one isolate for each species in the

231

collection was sequenced. At least 91% similarity was found with the corresponding gene in the strains *L. plantarum* JDM1, *L. plantarum* IMAU60049(13304), *L. plantarum* WCFS1, *L. fermentum* IFO 3956, *P. pentosaceus* ATCC 25745, and *L. salivarius* UCC118 (Accession Number being submitted). Most of the bacteria isolated from the pearl millet slurries exhibited a genetic profile favorable for their binding to the gastrointestinal tract. The distribution of the binding related genes was not species-specific as they were distributed equally among all the isolates of the seven species of the collection.

Tableau 22: Lactic acid bacteria strains used as positive controls in the PCR assays

Strains used as positive control	Targeted genes
L. plantarum WCFS1, *L. fermentum* IFO3956, *P. pentosaceus* ATCC 25745, *Leuconostoc mesenteroides* ATCC 8293	*ef-Tu*
L. plantarum WCFS1, *L. fermentum* IFO3956, *P. pentosaceus* ATCC 25745, *Leuconostoc mesenteroides* ATCC 8293	*eno*
L. plantarum WCFS1, *L. fermentum* IFO3956, *P. pentosaceus* ATCC 25745, *Leuconostoc mesenteroides* ATCC 8293	*gap*
L. plantarum WCFS1, *L. fermentum* IFO3956, *P. pentosaceus* ATCC 25745, *Leuconostoc mesenteroides* ATCC 8293	*groEl*
L. plantarum WCFS1, *L. fermentum* IFO3956, *P. pentosaceus* ATCC 25745, *Leuconostoc mesenteroides* ATCC 8293	*srtA*
L. plantarum WCFS1, *L. fermentum* IFO3956, *P. pentosaceus* ATCC 25745, *Leuconostoc mesenteroides* ATCC 8293	*apf*
L. acidophilus NCFM	*cbsA*
L. plantarum WCFS1, *L. fermentum* IFO3956, *P. pentosaceus* ATCC 25745	*cnb*
L. plantarum WCFS1, *L. fermentum* IFO3956, *P. pentosaceus* ATCC 25745	*fpbA*
L. plantarum WCFS1, *L. fermentum* IFO3956, *P. pentosaceus* ATCC 25745	*mapA*
L. plantarum WCFS1, *L. fermentum* IFO3956, *P. pentosaceus* ATCC 25745	*msa*
L. plantarum WCFS1, *L. fermentum* IFO3956, *P. pentosaceus* ATCC 25745	*mub1*
L. plantarum WCFS1, *L. fermentum* IFO3956, *P. pentosaceus* ATCC 25745	*mub2*
L. acidophilus NCFM	*slpA*

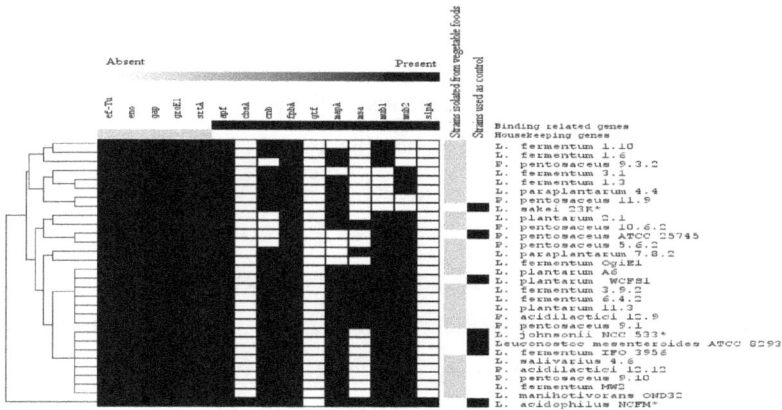

Figure 11 : Distribution of genes involved in binding to the gastrointestinal tract in the 30 LAB selected for the cell binding tests. Gene's role are indicated at the top of the column corresponding to the different strains. The absence of a gene is indicated in white and its presence in black. The asterisks correspond to in silico gene detection. The dendrogram shows estimated relationships among the strains and was constructed by average-linkage hierarchical analysis using Mev 4.4 software [515].

Binding assay to HT29 and HT29-MTX cell lines

For the binding assays, a selection of LAB was made based on this screening including species having different gene profiles, and on *in silico* gene detection for three control strains (*L. sakei* 23K, *L. johnsonii* NCC 533, *L. acidophilus* NCFM) (Figure 18). 19 isolates from fermented pearl millet slurries, four strains from other amylaceous fermented food, and seven control strains harboring various genetics equipments (Figure 18) were therefore tested for their ability to bind to the mucus producing cells HT29-MTX and to the non producing cells HT29 (Figure 19). Assay on HT29 cells showed high variability in the binding properties among LAB from 0.5 to 32.0%, *L. plantarum* WCFS1 being the most efficient. The two probiotic strains, *L. johnsonii* NCC 533, *L. acidophilus* NCFM, were able to bind to HT29 cells at a level of 2.0% and 15 LAB out of 19 isolated

233

from the fermented pearl millet slurries show higher adhesion ability than the probiotics strains (2.4 to 13.0%). The other isolates had a lower binding capacity, similar to the control strains (0.5 to 1.7%). The *Pediococcus* genus (n=9) tends to show a higher binding ability than *Lactobacillus* (n=20) with an average binding ability of 6.6 ± 0.9% and 3.9 ± 1.6%, respectively.

The binding profile observed with the mucus secreting cells was different from the HT29 model (Figure 19) but there was still a large variation in the binding capacity between LAB (0.6 to 57.0%) with *Lb. manihotivorans* OND32 being the most efficient. The probiotic strains showed an equivalent binding ability on both cellular models and 16 LAB out of 19 isolated from the fermented pearl millet slurries showed higher adhesion than the probiotic strains (2.8 to 31.6%). Depending on the cell lines used different behaviors were observed. *L. fermentum* 3.9.2, *L. manihotivorans* OND32, *L. paraplantarum* 4.4 displayed a higher binding ability to HT29-MTX cells than to HT29 cells while *L. plantarum* WCFS1 bound more efficiently to HT29 cells than to HT29-MTX cells. The other LAB showed the same binding capacity whatever the cell models used. Contrarily to the HT29 model, the *Pediococcus* tends to show a lesser binding ability on HT29-MTX cells than the *Lactobacillus* with an average binding capacity of 5.0 ± 0.7% and 9.5 ± 3.2%, respectively.

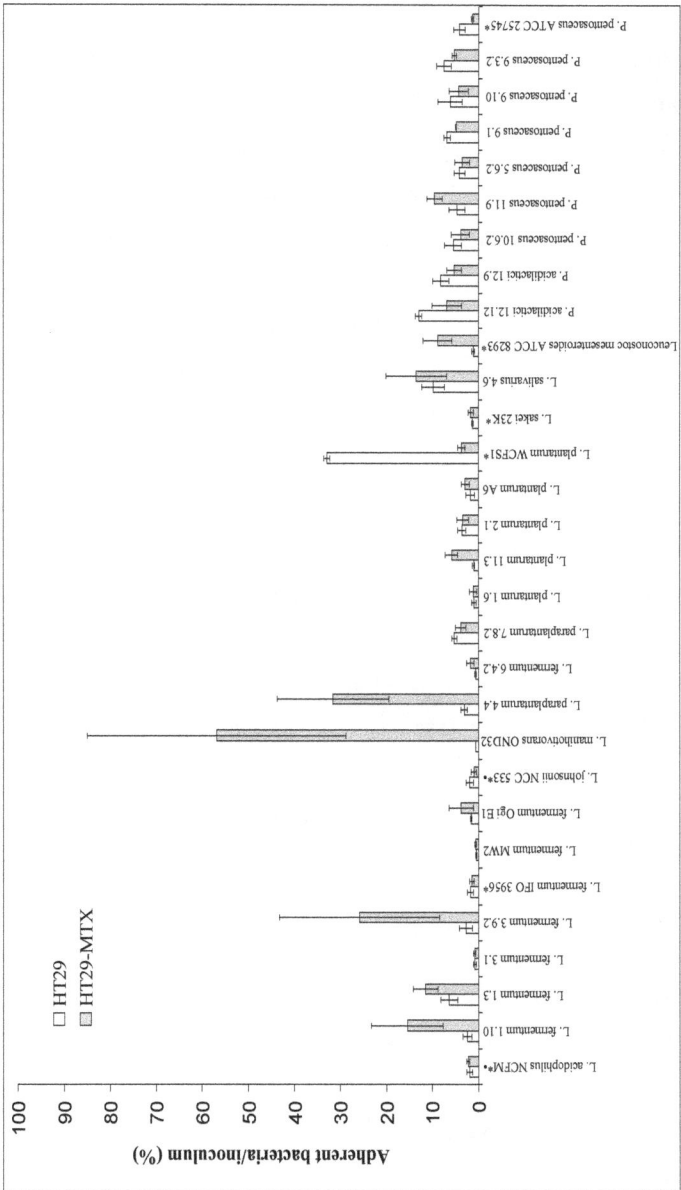

Figure 12 : Percentage of adherent bacteria compared to inoculums of LAB to HT29 and HT29-MTX cells after 2 h incubation at 37 °C. Results are the means ± SD of three independent assays. In white is reported the rate of bacteria bound to non mucus secreting cells (HT29). In grey is reported the rate of bacteria bound to mucus secreting cells (HT29-MTX). The asterisk indicated sequenced strains of LAB and a circle the strains used as probiotics.

235

Expression of genes involved in binding mechanism

The expression of genes involved in binding were analyzed in *L. paraplantarum* 4.4, *L. plantarum* 1.6, and *L. plantarum* WCFS1, three strains with different binding capacities on both cell lines. *L. plantarum* WCFS1 bound more on HT29 cells than in HT29-MTX cells, *L. paraplantarum* 4.4 exhibited an inverse phenotype, while *L. plantarum* 1.6 bound poorly on both models. Standard curves were obtained on DNA extracted from pure culture and allowed the calculation of PCR efficiencies that were comprised between 56 and 114% (Table 21). Genes *cbsA, gtf,* and *slpA* were not tested for their expression as they were not detected in these three isolates. Unfortunately gene expression of the low binding *L. plantarum* 1.6 could not be analyzed as only a low amount of bacterial RNA (estimated by measurement of 16S rRNA encoding genes) was obtained due probably to the extremely low ratio of adherent bacteria and consequently the poor recovery of nucleic material. The other LAB expressed most of the genes involved in binding mechanism but with different profiles depending on the species and/or the cellular model (Figure 20). *L. plantarum* WCFS1 expressed the genes *ef-Tu, eno, groEl, srtA, apf, cnb* and *mub2* when bound to HT29 cells. Additionally, in HT29-MTX cells, the strain expressed the genes *fpbA* and *mapA*. The transcripts of the genes *gap* and *mub1* were not detected with both tested cell models. *L. paraplantarum* 4.4 lacking the gene *mub1* expressed the genes *eno, groEl, srtA, apf, cnb* and *mapA* when bound to HT29 cells. In the mucus secreting cells, it exhibited an expression of *eno, groEl, apf, cnb* and *mapA* genes but *srtA* gene transcript was no more detected while *mub2* was expressed. The gene transcripts *ef-Tu, gap* and *fpbA* were not detected in both cells lines.

Figure 13 : Expression of binding related gene in *L. plantarum* WCFS1 (A) and *L. paraplantarum 4.4* that lack mub1 gene (B). In white is reported the logarithmic copy number of transcript on HT29 cells, and in black the logarithmic copy number of transcript on HT29-MTX cells

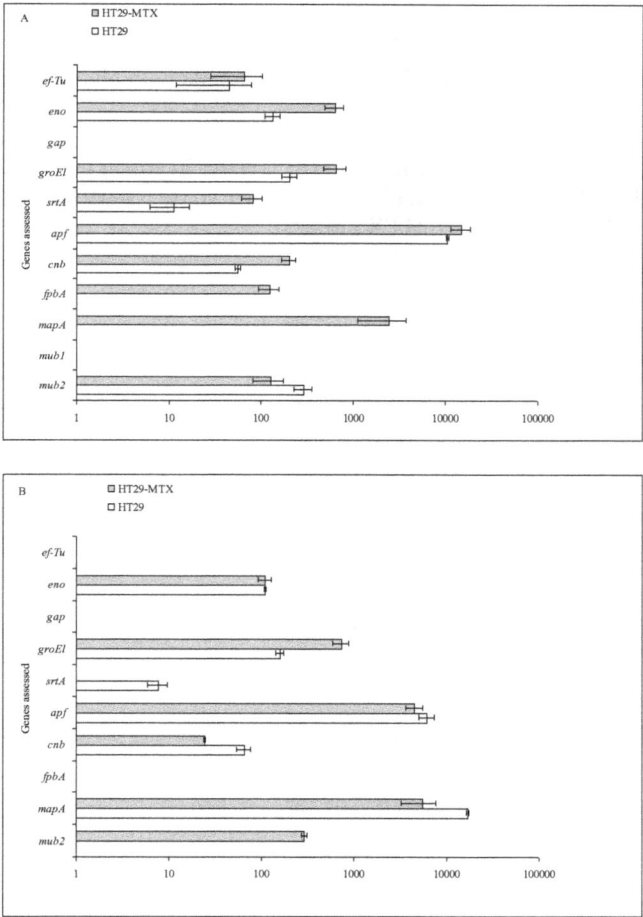

Expression of *MUC2* genes in HT29 and HT29-MTX cell lines

The expression of *MUC2* genes were measured in HT29 and HT29-MTX cells after incubation during two hours with *L. paraplantarum* 4.4, *L. plantarum* 1.6, and *L. plantarum* WCFS1 (Figure 21). All strains were able to induce *MUC2* gene in HT29 cell lines in a similar manner. However no such inductions were observed in HT29-MTX cells with all tested bacteria.

Figure 14 : Relative expression of *MUC2* gene in the HT29 and HT29-MTX after bacterial co incubation compared to *GAPDH* expression from the HT29 and HT29-MTX alone

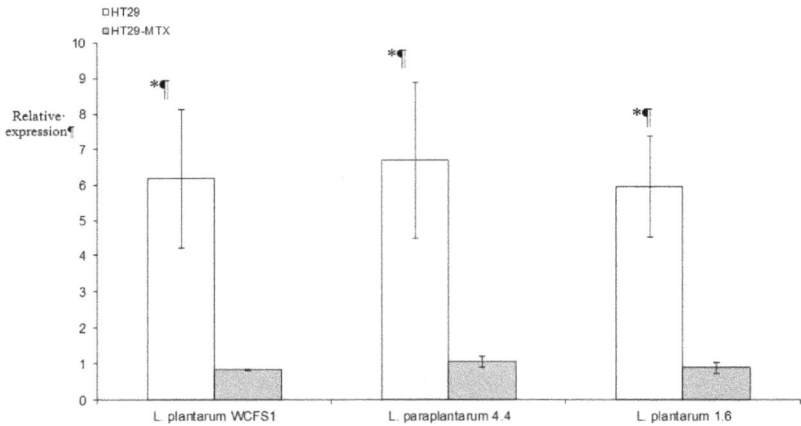

In white is indicated the relative expression of *MUC2* in the HT29 and in grey in the HT29-MTX. The asterisk indicates a significant difference with the corresponding control without bacteria (p<0.05, Dunnett's test).

DISCUSSION

Our objective was to identify the binding potential of a collection of 162 LAB isolated mainly from traditional starchy fermented foods completed by species from other origins including those having probiotic properties. Genetic screening was chosen as this technique seems very attractive for a fast identification of LAB potentially able to bind to the digestive tract compared to cell culture that is, more time consuming if applied to a large set of bacterial isolates. The genetic screening has been previously used as a strategy to select potentially probiotic strains of *L. plantarum*, but with a reduced number of target genes (*msa, mub,* and *fpbA*) and only one species [283; 645] compared to our study that included 14 binding related genes in 7 different species.

In silico analysis showed that most of the genes involved in adhesion were present in *Lactobacillus* sequenced strains such as *L. acidophilus* NCFM, *L. gasseri* ATCC 33323, *L. johnsonii* NCC 533, *L. plantarum* WCFS1, *L. salivarius* UCC118. As expected, the five housekeeping genes (*gap, ef-tu, eno, groel,* and *srtA*) were found in all isolates, and so their screening was useless for determining the binding potential of bacteria but could be considered to some extend as positive controls of gene detection. Among the other genes always found in the bacterial collection, the non essential gene *fpba,* encoding for a fibronectin binding protein has been reported to be present in various pathogens species. Its sequence alignment analysis reveals that it is found in numerous LAB species [109; 206]. This suggests that LAB and pathogens may share similar binding mechanisms involving proteins with similar functions, supporting the fact that some LAB are able to inhibit pathogen adhesion to intestinal cells by exclusive competition [398]. No large conserved domains were identified in the aggregation promoting protein LBA0493, but the wide distribution of the corresponding *apf* gene among *Lactobacillus* species and the existence of a small conserved sequence confined mostly to the C-terminal region of the protein [213] could explain the detection of this gene in all the bacteria.

Genes *cnb*, *mapA*, *mub1*, and *mub2*, were detected in 94.5, 86.5, 96.5, 95.5 % of the strains, respectively. Indeed Cnb and mapA are closely related homologues [494; 249] both are hypothesized to be adhesion factors by their probable interaction with teichoic acids [585]. The gene encoding for mucus binding protein has been shown to be involved in the adhesion to HT29 cells, Caco-2 cells, mucus and mucin in *L. reuteri* 1063, *L. acidophilus* NCFM, and *L. salivarius* UCC118 [498; 73; 605]. The genes *msa* and *mub* genes also contain MucBP domains. However *msa* gene is the less detected binding related gene in our collection. Its detection ratio (20%) in *L. plantarum* isolates was even lower than the one reported for strains of a *L. plantarum* collection in which this gene was detected in 40% of isolates [645]. This could be explained by the high nucleic variability due to large deleted sequences found in this gene among *L. plantarum* strains [474; 60]. Even if several sequences were selected to design the corresponding primer set, it can be hypothesized that in some cases this primer could have failed to detect *msa* if the targeted sequence corresponded to a deleted region in some *L. plantarum* genes. This could lead to an underestimation of the presence of this gene among the LAB genomes tested in our collection. Finally, genes *cbsA* and *slpA* that are closely distributed among *L. acidophilus* and *L. brevis* phylogenetic group were not detected.

Most of binding related genes have been studied separately by functional analysis that mainly consisted in a comparison of the phenotypes observed between one strain of a single species compared to its mutant. These studies revealed that a single gene was able to mediate the binding of

240

a strain [358]. To our knowledge, no study dealt with strains containing several simultaneous deletions of genes involved in binding mechanisms so we cannot classified the relative functional importance of each binding related genes with the exception of pili encoding gene, reported to participate more prominently to intestinal mucus adhesion than mucus binding factor [616]. Indeed, recent studies revealed that because the *L. rhamnosus* GG and LC705 genomes only encode a limited set of strain-specific adhesins, it was speculated that the prolonged intestinal persistence of strain GG found during an intervention study may be attributed to the mucus binding capacity of pili proteins encoded by *spaCBA* cluster [279; 614].

The adhesion tests performed on a selected subset of 30 LAB showed different binding abilities (0 to 57%) depending on the cell model and the LAB. This is consistent with other studies which showed that cell model can influence the binding properties of LAB [114; 216; 562], and that binding is strain specific [279]. For 17 LAB harbouring different genetic equipment, the adhesion was similar in both models suggesting that the mucus layer did not influence the binding and that there was no apparent correlation with the genetic equipment. For nine LAB, binding was more efficient on the mucus secreting cells and for the remaining four strains it was better on HT29 cells. In those cases the mucus layer seems to play a critical role in the binding mechanism.

The binding ability of LAB to mucus may confer them an ecological advantage through an easier interaction with glycoproteins from the mucus and their utilization. Nonetheless, none of the 30 tested LAB were able to grow with a commercial mucin as sole carbon source, or to degrade the protein of the same mucin (data not shown). The different binding abilities of the 30 selected LAB cannot be explained by the use of mucus;

furthermore the genetic profile did not seem related to the binding capacity to one of the two cell lines. It should be possible that the differences between the LAB are due to newly described genes involved in binding functions such as as *spa* genes [614], *mbf* [616], *mcrA* [432], *mabA* [608], *lam29* [625], *p40* [44], or *cbp* [518] that were not included in this study because they were published after the completion of this work. But also, as discussed below, different mechanisms linked to differential expression of the same set of genes among different strains or species might also modulate the adhesion capacity and or the presence of pseudogenes might false the view of the real binding potential.

The comparison of the genomes of the control strains, *L. plantarum* WCFS1, *L. acidophilus* NCFM, *L. johnsonii* NCC 533, *L. sakei* 23K, *P. pentosaceus* ATCC 25745 and *Leuconostoc mesenteroides* ATCC 8293 suggests that the explanation of such differences is complex. Indeed, *L. plantarum* WCFS1, which exhibits 42 binding related domains, was effectively the most adherent strain on HT29 cells, but it was not adherent to mucus secreting cells. Furthermore, the five other strains showed an equivalent number of binding related domains, but with different types. *L. johnsonii* NCC 533 has 8 proteins with mucus associated domain while *Leuconostoc mesenteroides* ATCC 8293 has only one protein with this domain but they had different adhesion profiles (1% on HT29-MTX compared to 9% respectively). Such an explanation might also apply for the other LAB tested.

To our knowledge, gene expression of LAB bound to cell models is not frequently reported in the literature [244; 289]. The adhesion differences between LAB strains could also be due to the differential expression of the binding related genes. Indeed, it is important to take into account that the genetic screening has its own limitation due to possible false positive such

242

as amplification of pseudogenes by PCR or false negative due to nucleic sequence variability as for the *msa* gene. However, most of the genes screened in *L. plantarum* WCFS1 and *L. paraplantarum* 4.4 that displayed different binding capacities were expressed during the adhesion tests depending on the strain and the cell line. The transcripts of *gap* and *mub1* were not detected in *L. plantarum* WCFS1 and neither *gap* in *L. paraplantarum* 4.4 (that lacks *mub1*) suggesting that both genes did not play an important role in binding to these cell lines. The genes *eno*, *groEl*, *apf* and *cnb* were expressed in both strains when bound to both cellular models, but as *eno* and *groEl* being house-keeping genes, it could be suspected that *apf* and *cnb* play a more determinant role in cell binding. *fpbA*, *srtA*, *mapA* and *mub2* were expressed depending on the bacteria and the cell line. However no relation could be established between the expression of these genes and the binding ability of the tested LAB, despite previous works showing the functional role of each of these genes in cell binding [73; 89] For instance, for strain WCFS1, which bound more on HT29 cells, *mapA* was only induced on HT29-MTX cells whereas it was induced with both cell models in *L. paraplantarum* 4.4 that bound more tightly on HT29-MTX cells. On the contrary, *srtA* was induced with both cell lines in strain WCFS1 whereas it was only induced with HT29 cells in *L. paraplantarum* 4.4. And finally, *mub 2* was only expressed with the HT29-MTX cells for *L. paraplantarum* 4.4 whereas it was expressed with both cell lines for the lower binding strain WCFS1. Therefore these results suggest that the cell type influence gene expression, however this expression is variable depending on the LAB strain and cannot be related to their binding ability, suggesting that more specific markers, if any, have to be investigated.

Finally, we searched if the adhesion ability were linked to a tighter cross talk between bacteria and eukaryotic cells by measuring the expression of the gel forming gene *MUC2* that has previously been reported to be induced by probiotics [373; 79; 288]. Strains *L. plantarum* WCFS1, 1.6 and *L. paraplantarum* 4.4 that exhibit quite different phenotypes were able to induce the expression of this gene after two hours of incubations with HT29. No such inductions were observed in HT29-MTX cells with all strains. Indeed the HT29-MTX cells is known to express *MUC2* at a high level without bacteria due to methotrexate treatment and this may explain why the bacteria failed to modulate the expression of MUC2 genes [342]. Contrarily to the expression of *MUC3* that was reported to depend on the binding properties of *Lactobacillus*, the expression of *MUC2* does not seem to be upon such dependence, suggesting a different mechanism of induction [372].

In conclusion, genetic screening provides the opportunity to evaluate in wild isolates and reference strains the distribution of genes known to be involved in cell binding. It could be prerequisite tool to assess the potential of bacterial adhesion but it appeared to be not sufficient since there is a gap between the potential displayed by the screening and the results obtained by the functional analysis. For many strains the importance of the mucus layer in the binding mechanism is highlighted since different adhesion patterns were obtained according to the production or not of mucus. This analysis showed also that wild LAB from tropical amylaceous fermented food may displayed much higher binding capacity than LAB currently known as probiotics. These food niches can be the source of new probiotics that would deserve an increased attention for investigating into more details their properties. Although many strains were shown to possess the researched genes, it remains necessary to better understand how these genes are regulated in cells models and during the passage into the gastrointestinal tract, and also to evaluate whether the expressed enzymes are active in this environment.

ACKNOWLEDGEMENTS

We thank Dr Michiel Kleerebezem, Dr Stéphane Duboux, Dr Marie Champommier Vergès for the strains. We also thank Joseph Ly-vu for technical assistance. Williams Turpin acknowledges a PhD grant from the French Ministry of Education and Research.

III Effet d'un cocktail de trois lactobacilles sur la maturation du tube digestif de rats initialement axéniques.

1) Résumé

Les études sur le potentiel probiotique *in vivo* concernent principalement la maturation du système immunitaire, et seules quelques rares études s'intéressent à la maturation du tube digestif induite par les bactéries [103; 510]. Les souches représentatives du microbiote du *ben-saalga*, différenciables par PCR en temps en réel et les mieux équipées génétiquement et phénotypiquement pour leur survie et leur adhésion sur HT29 et HT29-MTX ont été choisies pour des études plus approfondies *in vivo*. Les souches *L. paraplantarum* 4.4, *Lb. salivarius* 4.6, et *Lb. fermentum* 3.9.2, ont été inoculées à des rats initialement sans germes afin d'estimer leur survie *in vivo* ainsi que l'expression de certains gènes d'intérêt. Leur effet sur la physiologie du tractus digestif a été évalué par l'intermédiaire de certaines protéines impliquées dans la maturation de l'épithélium intestinal et par la mesure des transcrits du gène *MUC2*. Les expérimentations ont été réalisées dans l'équipe « Interactions des bactéries commensales et probiotiques avec l'hôte » et dans l'animalerie de rongeurs à microbiote contrôlé (INRA, MICALIS, Pôle écosystèmes, Jouy en Josas) où j'ai bénéficié des installations nécessaires aux manipulations sur rats gnotobiotiques et de l'expérience de cette équipe concernant la maturation de l'épithélium intestinal.

Des rats initialement axéniques ont été inoculés par un cocktail bactérien comprenant les souches *L. paraplantarum* 4.4, *Lb. salivarius* 4.6, et *Lb. fermentum* 3.9.2 et sacrifiés 2 j (n=4) ou 30 j (n=4) après gavage. Les contenus caecaux ont été utilisés pour analyser l'expression des gènes bactériens impliqués dans l'adhésion. Les cellules issues de l'intestin grêle et du côlon ont été utilisées pour mesurer l'expression du gène MUC2, ainsi que pour quantifier l'expression des protéines impliquées dans l'arrêt du cycle cellulaire p27^{kip1}, et dans la prolifération : PCNA et cyclin D2.

Les trois espèces présentes dans le cocktail bactérien sont retrouvées dans le caecum de rats 2 et 30 jours après gavage à hauteur de 10^8 UFC/mL pour *Lb. salivarius* 4.6, 10^7 UFC/mL pour *Lb. paraplantarum* 4.4, et à de 10^5 UFC/mL pour *Lb. fermentum* 3.9.2. De plus les bactéries sont métaboliquement actives puisqu'elles expriment tous les gènes impliqués dans l'adhésion bactérienne ainsi que le gène *odc* impliqué dans la synthèse d'un facteur de croissance, la putrescine. En revanche, la présence de ce cocktail bactérien ne permet pas d'induire le gène *MUC2* impliqué dans la synthèse du mucus, dans le côlon ou dans l'iléon des rats inoculés par comparaison aux rats axéniques. Les analyses par western blot montrent que 30 j après l'inoculation, la protéine p27^{kip1} est exprimée de façon équivalente à celle retrouvé chez les animaux conventionnels ou axéniques. Cependant 2 j après le gavage, une diminution de l'intensité de la bande correspondant à cette protéine, par rapport à celle issue des rats axéniques est observée, suggérant une augmentation de la prolifération suite à l'inoculation. En revanche, la quantité de PCNA est augmentée chez les rats 2 j après le gavage pour atteindre un niveau équivalent à celui des rats conventionnels après 30 jours de gavage, suggérant là aussi une augmentation de prolifération en présence de bactérie. Cependant aucune différence n'est observée pour la cyclin D2 entre les différents groupes de rats. A notre connaissance, c'est la première fois qu'un cocktail bactérien est capable de provoquer une augmentation de PCNA chez des rats initialement axéniques puisqu'aucun effet n'était observé chez des rats monoxéniques [103; 510]. En revanche la quantité de p27^{kip1} 30 j après le gavage est semblable à celle observée pour *B. thetaiotaomicron* [103]. Ces mesures seraient utilement complétées par des analyses histologiques afin de nous renseigner sur l'effet morphologiques réel induit par ce cocktail bactérien. Des échantillons ont été collectés dans ce but et les analyses sont prévues dans les prochains mois.

Les analyses *in vivo* nous ont permis de relativiser les résultats obtenus *in vitro*. En effet la présence des trois souches dans le caecum de rats indique que ces dernières ont survécu au passage du tractus digestif. Les résultats *in vitro* indiquaient pourtant que la souche de *Lb. salivarius* 4.6 ne pouvait pas survivre une heure à pH 2 alors que son dénombrement montre que cette souche est la plus abondante dans le caecum. A l'inverse la souche de *Lb. fermentum* 3.9.2, qui survit 4 heures à pH 2, est la moins abondante. Les transcrits des gènes *ef-Tu*, *gap*, *fpbA* analysés à partir de l'ARN total bactérien extrait du contenu caecal, non détectés lorsque la souche *Lb. paraplantarum* 4.4 adhère aux cellules HT29 et HT29-MTX, sont exprimés *in vivo*. Ce résultat est cohérent avec la littérature, mais les deux autres bactéries présentes dans ce consortium et non testées lors des expériences en culture cellulaire peuvent être responsables de cette synthèse [381; 510]. Nous avons également montré que le gène *odc* codant pour l'ornithine decarboxylase responsable de la formation de putrescine est exprimé dans le caecum. Des études précédentes ont montré que la souche *Lb. paraplantarum* 4.4 possède cette capacité *in vitro* [545], ce qui suggère que ce gène est fonctionnel. Il serait intéressant de réaliser les mêmes tests avec la souche *Lb. salivarius* 4.6 qui possède également ce gène. Des études supplémentaires sont nécessaires pour savoir si la transcription du gène *odc* conduit effectivement à une synthèse de putrescine dans le caecum.

Les résultats décrits dans cette partie sont rédigés sous la forme d'un projet d'article et présenté dans la partie 2).

2) Lactobacilli from a tropical pearl millet fermented slurry are able to set up in the gut of gnotobiotic rats and to influence the expression of maturation markers of intestinal cells.

(En préparation)

Williams Turpin
Christèle Humblot
Marie-Louise Noordine[1]
Laura Wrozeck[1]
Julie Tomas[1]
Claire Cherbuy[1]
Jean-Pierre Guyot
Muriel Thomas[1]

Institut de recherche pour le développement, NUTRIPASS, UMR204, " Prévention des malnutritions et des pathologies associées ", Montpellier, France.

[1] Institut national de la recherche agronomique, Micalis, UMR1319, " Interactions des bactéries commensales et probiotiques avec l'hôte ", Domaine de Vilvert, 78352 Jouy-en-Josas, France.

Lactobacilli from a tropical pearl millet fermented slurry are able to set up in the gut of gnotobiotic rats and to influence the expression of maturation markers of intestinal cells.

Williams Turpin[1], Christèle Humblot*[1], Marie-Louise Noordine[2], Laura Wrozeck[2], Julie Tomas[2], Claire Cherbuy[2], Jean-Pierre Guyot[1], and Muriel Thomas[2]

[1]*IRD, UMR NUTRIPASS, IRD/Montpellier2/Montpellier1, F-34394 Montpellier*
[2]*INRA, Micalis, UMR1319, "Pôle écosystèmes" Domaine de Vilvert, 78352 Jouy-en-Josas Cedex, France*

* Corresponding author. Mailing address: IRD, UMR Nutripass, B.P. 64501, 911
Avenue Agropolis, 34394 Montpellier Cedex 5, France. Phone: 33467416466. Fax: 33467416157. E-mail: Christele.Humblot@ird.fr.

Abstract: The probiotics effect on host physiology are various from the immunostimulation to the enhancement of intestinal barrier. However a few studies dealt with the effect of probiotic on digestive tracts maturation. Furthermore lactobacilli are among the first colonizer of the gut, thus their presence may be crucial for development of the gut. Herein we tested the effect of three lactobacilli species representative of the microbiota of a fermented pearl millet slurries called *ben-saalga* for their effect on host digestive tract maturation. The three species were able to establish in the caecum two and thirty days after a single oral inoculation. Furthemore they were metabolically active as they expressed genes involved in binding mechanism. The *odc* gene involved in the synthesis of the growth factor was also express. The markers of proliferation PCNA were induced in the presence of the bacterial cocktail while the cyclin D2 remains stable compared to germ free or conventional rats. The amount of p27^{kip1} thirty days after the inoculation was comparable to the conventional rats. The cocktail of lactobacilli was responsible for a modification of host protein involved in maturation, but further studies are needed to evaluate the consequences of these lactobacilli on host digestive tract morphology.

Short title: Cross talk among lactobacilli and initially axenic rats

INTRODUCTION

Lactobacillus has a long history of safety, and many strains have been investigated for their beneficial effects [586]. According to its definition, probiotics is "a live microorganism that, when administered in adequate amounts, confers a health benefit on the host" [178]. Most studies focus on a single strain such as *L. rhamnosus* GG or *L. plantarum* 299v [407; 328]. A few other studies use a mix of several bacteria such as VSL#3, which contains 8 bacterial strains belonging to *Bifidobacterium, Lactobacillus* and *Streptococcus* genus, to evaluate its beneficial effect on the host [209]. Herein we investigated the probiotic potential of a cocktail of three *Lactobacillus* strains: *L. paraplantarum* 4.4, *L. salivarius* 4.6, and *L. fermentum* 3.9.2. They were isolated from a traditional African pearl millet based fermented slurry (*ben-saalga*) and was among the dominant species of this food niche [579; 545; 256]. A genetic screening showed that the three strains harbor at least 21 out of the 35 genes involved in the survival to the digestive tract conditions and in the adhesion to the intestinal epithelium [587; 588]. Survival to the gastrointestinal tract (GIT) conditions is a prerequisite for the selection of probiotics and adhesion is the base of durable health beneficial effects such as exclusion of pathogen, immunomodulation and the increase of the duration of the beneficial bacterial molecules production [533]. A functional analysis showed that these strains are able to bind to mucus and to non mucus secreting cells HT29-MTX and HT29, respectively [588]. In addition transcriptional analysis showed that during cell adhesion tests, *L. paraplantarum* 4.4 was also able to express 7 out of 10 genes involved in cell binding [588].

The bacteria present in our digestive tract are able to communicate with the host. However little is known in regard to the possible mechanisms involved, but extracellular signals such as growth factors, hormones, nutrients are implicated in postnatal gut maturation of human [458]. The intestinal microbiota is also particularly involved in the proliferation and maturation of the GIT [340; 523; 14; 72]. However most of these studies dealt with the maturation of the immune system [633; 620] and only a few of them [103; 510] investigated the morphological maturation of the digestive tract despite its importance for the prevention of injury, inflammation, protection against pathogen infection, digestion and absorption of nutrient [423]. The maturation is a phenomenon initiated by an hyperproliferation of epithelial cells and an increase of proliferation markers such as the proliferating cell nuclear antigen (PCNA), then there is an increase in the production of cell cycle arrest protein (p21^{cip1} and p27^{kip1}) and a decrease of antiapoptotic markers (Bcl2). At birth, the *Lactobacillus* genus, together with bifidobacteria, is among the first colonizer of the GIT because it has been detected in infant feces and breast milk [387; 323]. Thus, *Lactobacillus*, as pioneer bacteria colonizing a yet immature GIT, may impact the maturation and homeostasis of the intestinal epithelium after birth.

The maturation of the digestive tract may also implicate polyamines as suggested by several studies [242; 41; 361; 57]. A part of the polyamine pool found in the digestive tract is produced by bacteria. This is the case of spermidine and putrescine which are produced by *Bacteroides thetaiotaomicron* and *Fusobacterium varium* [428]. Lactic acid bacteria are also able to produce putrescine in food [28]. Since the ornithine decarboxylase (*odc*) gene involved in putrescine synthesize was detected in *L. paraplantarum* 4.4 and *L. salivarius* 4.6, it could be hypothesized that this gene may be expressed *in vivo* and help in the maturation of the digestive tract.

The objective of this work was to study the influence of a mix of *L. paraplantarum* 4.4, *L. salivarius* 4.6, and *L. fermentum* 3.9.2 on the maturation of the intestinal epithelium of germ-free rats and conversely the behavior of these LAB strains in this gut environment. Therefore, the ability of the three LAB to become established in the digestive tract of the rats was investigated in relation with the expression of their binding related genes. As an estimation of the host response to the presence of the bacteria, we measured the *MUC2* gene transcripts as well as the production of cells cycle related proteins.

MATERIALS AND METHODS

Animals and experimental design. All procedures were carried out according to European guidelines for the care and use of laboratory animals and with permission 78–122 of the French Veterinary Services. The following groups of male, Fisher 344 rats were used: germ-free (GF, n=4); conventional (CV, n=4); GF inoculated with the mix of lactobacilli (BSL, n=8) containing *L. fermentum* 3.9.2, *L. paraplantarum* 4.4 and *L. salivarius* 4.6. To obtain BSL rats, GF rats were inoculated by a single oral gavage with 1 ml inoculum containing 333μl of each strain. Animals were born and bred at the Centre de Recherches, Institut National de la Recherche Agronomique (Jouy-en-Josas, France). The GF and BSL rats were reared in Trexler-type isolators (La Calhène, Vélizy, France). The CV batches were reared in standard conditions. All groups of rat received the same standard diet (UAR, Villemoisson, France), sterilized by gamma irradiation (45 kGy). All rats were euthanized at the age of 3 month. In the group BSL, rats were euthanized 2 or 30 days after the inoculation and were named

BSL-2d (n=4) and BSL-30d (n=4), respectively. At 9 AM, rats were anesthetized with isoflurane. The colons and ileum were removed and immediately used either for cell isolation or for histological procedure. The caecum content was frozen in liquid nitrogen and kept at -80°C until RNA extraction.

Cell isolation procedure. Epithelial cells from colon and ileum were isolated according to the method described by Cherbuy et al. [102]. The cell pellet was immediately used for protein extraction.

Protein extraction. Protein extraction was made on freshly isolated cells according to Leschelle et al. [339]. Briefly, the cell pellet was resuspended in a lysis buffer containing 0.1% Triton X-100 and a cocktail of protease inhibitor (Roche). Lysis was performed for 1 h on a continuous rotation at 4°C. During lysis, cells were homogenized twice through a 26-gauge needle. The lysate was centrifugated (10 000 × g, 4°C, 20 min), the supernatant was removed, aliquoted, and stored at -80°C until analysis. Proteins were measured according to Lowry et al. [362].

Western blot analysis. Proteins were resuspended in Laemmli solution heated 5 min at 90°C and electrophoresis was run on a 12 or 15% SDS-PAGE. After electrophoresis, proteins were transferred onto polyvinylidene difluoride membrane (Amersham Biosciences, Saclay, France). After blocking by TBS-T/5% milk, membranes were incubated overnight at 4°C with the primary antibody, followed by incubation with appropriate peroxidase conjugated secondary antibodies (Jackson ImmunoResearch Laboratories, West Grove, PA). The signal was detected using the ECL + kit (Amersham Biosciences). Proteins were analyzed using anti-PCNA

(GeneTex; diluted 1/1,000), anti-p27[kip1] (Santa Cruz Biotechnology; 1/200), anti cyclin D2 (Acris ; 1/500) and anti-cullin (Santa Cruz Biotechnology; 1/400).

Total RNA extraction from eukaryotic cells. Total RNA was extracted from isolated colonic epithelial cells by the guanidinium thiocyanate method [106]. RNA concentration and purity were determined by absorbance measurement using a nanodrop and RNA Integrity Number (RIN) was checked with the Agilent 2100 bioanalyzer and the RNA 6000 nano labChip kit (Agilent technologies). All RNA had a RIN between 8.5 to 9.5, indicating a high RNA quality in all samples.

Total RNA extraction from bacteria. The RNA extraction procedure was adapted from Turpin et al. [588]. Briefly, 3 g of caecum content were diluted three times in 0.9 % (wt/vol) NaCl solution and centrifuged twice for 10 min at 1 000 × g 4 °C to eliminate the caecum content and then for 10 min at 10 000 × g 4 °C to pellet the bacteria. The final pellet was then washed one more time in 0.9% (wt/vol) NaCl. The pellet was resuspended in 400 μl buffer (EDTA 1mM, Tris 10 mM, pH 7, Promega) and the resulting suspension was submited to a Tissue Lyser (Quiagen, Rheinische, Germnay) in the acid phenol pH 4 (Eurobio, Ulysse, France) and with zirconium beads (VWR, Fontenay-sous-Bois, France) to allow cells and bacteria disruption. After centrifugation, the aqueous phase was transferred in TRIzol® Reagent (Invitrogen, Carlsbad, USA) and incubated five minutes at room temperature. After addition of chloroform (Carlo Erba, Val de Reuil, France), the solution was centrifuged (10 000 × g, 15 min) and the nucleic acid was precipitated by the addition of isopropanol (Sigma, St Louis, USA). The pellet was washed by 70% ethanol (Carlo

Erba, Val de Reuil, France), resuspended in nuclease free water (Promega, Madison, USA), and kept one night at -80°C. The RNA quality was check using nanodrop ND-1000 (Thermo Scientific) and bioanalyser 2100 (Agilent technologies) at PICT platform (INRA, Jouy-en-Josas, France). All RNA had a RIN between 8.0 to 9.5, indicating a high RNA quality in all samples.

Dnase treatment and Reverse transcription. The DNA was removed with RQ1 RNase-Free DNase (Promega, Charbonnières, France) and the cDNA was obtained from the Reverse Transcription System (Promega, Charbonnières, France) following manufacturer instructions. The absence of genomic DNA in treated bacterial RNA samples was checked by semi-quantitative PCR using the primers 338f, 5'-CCTACGGGAGGCAGCAG-3' and 518r 5'-ATTACCGCGGCTGCTGG-3' [420] specific of the 16S rRNA gene sequence of bacteria. For treated eukaryotic RNA samples, the absence of genomic DNA was checked by semi-quantitative PCR using the primers rGAPDH: 5'-TGACAACTCCCTCAAGATTGTCA-3' and 5'-GGCATGGACTGTGGTCATGA-3' [148].

Semi-quantitative PCR. All experiments were performed in triplicate using the QPCR system (Stratagene, Mx3005p ™) and Syber green technology (Eurogentec, Angers, France). For each reaction, 1 μL of the cDNA template was added to 15 μL of PCR mix containing 1X Mesa green q-PCR Master Mix Plus (Eurogentec, Angers, France) and 0.3 μM of each primer (Table 23). The PCR conditions used were 10 min at 95°C and 40 cycles of 30 s at 95°C, then 30 s at 50°C or 55°C depending on the melting temperature of primer, then 30 s at 72°C, followed by a dissociation curve from 55°C to 95°C. Absolute quantification of bacterial transcripts copy number was done by a standard curve method based on known bacterial concentration.

For eukaryote, the *gapdh* RNA was considered as the reference gene. The primers rMUC2 were used for MUC2 quantification : 5'-GCCAGATCCCGAAACCA-3' and 5'-TATAGGAGTCTCGGCAGTCA-3' [148]. Results obtained on MUC2 were normalized to *gapdh* RNA and compared with the means target gene expression of CV rats as calibrator sample. The following formula was used: fold change = $2^{-\Delta\Delta Ct}$, where $\Delta\Delta Ct$ threshold cycle (Ct) equals (target Ct - reference Ct) of sample minus (target Ct - reference Ct) of the calibrator. Data were analyzed using MxPro QPCR software 2007 Stratagene version 4.10.

Bacterial counts. Before being euthanized, the total count of bacteria in fresh feces of groups BSL-2d and BSL-30d rats was determined by plating on MRS agar after serial decimal dilutions in 0.9 % (wt/vol) NaCl solution. For species determination, the transcripts of the 16S rRNA coding gene were determined in parallel for each sample using specific primer (Table 23). Absolute quantification of transcripts copy number was done by a standard curve method based on known bacterial concentration.

Presentation and analysis of data. Results are presented as means ± SEM for the number of animals indicated. Comparisons of group data were performed using one-way analysis of variance (ANOVA) followed by Dunnett's test (StatView v5.0) when the ANOVA revealed differences among the groups. Differences were considered statistically significant at P <0.05.

Tableau 23: list of primers used for semi-quantitative PCR

Gene	Name	Sequence 5' 3'	References
ef-Tu	ef-TuF	F_ TCGATGCTGCTCCAGAAGAAA	588
	ef-TuR	R_ TGGCATAGGACCATCAGTTGC	588
eno	enoF	F_ CTACCTTGGCGGATTCAACG	588
	enoR	R_ CGCAAAACCACCTTCGTCAC	588
gap	GDPH 423F	F_ ACTGAAATTAGTTGCTATCTTAGAC	483
	GDPH 423R	R_ GAAAGTAGTACCGATAACATCAGA	483
groEl	groElF	F_ TTCCATGGCkTCAGCrATCA	588
	groElR	R_ GCTAAyCCwGTTGGCATTCG	588
srtA	srtAF	F_ ATGGGCArGGTAACTACGC	588
	srtAR	R_ GCCCCGGTmTyATCACAGT	588
apf	apfF	F_yAGCAACACGTTCTTGGTTAGCA	587
	apfR	R_GAATCTGGTTCATAywCAGC	587
cnb	cnbF	F_ CGTGGAGAAGTCGGTGGATG	588
	cnbR	R_ CATTGCTATGACCGCCGAAC	588
fpbA	fpbAF	F_ wGCyAAyCGGAAGAATCACC	588
	fpbAR	R_ ACCGAGTTCGTyCGGGTCr	588
mapA	Map 423F	F_ TGGATTCTGCTTGAGGTAAG	483
	Map 423R	R_ GACTAGTAATAACGCGACCG	483
mub1	Mub 423F	F_ GTAGTTACTCAGTGACGATCAATG	483
	Mub 423R	R_ TAATTGTAAAGGTATAATCGGAGG	483
mub2	mub2F	F_ ACGCGTATTGCGGGTAATGA	588
	mub2R	R_ CGCCCCTGAAGTGGGATAGT	588
odc	odcF	F_ TmTwCCAAChGATCGwAATGC	587
	odcR	R_ CrCCCCAwGCACAfTcAA	587
16S rRNA for L. paraplantarum	338r*	F_ CTGCTGCCTCCCGTAGGAGT*	420
	Lpla72f	R_ ATCATGATTTACATTTGAGTG	92
16S rRNA for L. fermentum	338r*	F_ CTGCTGCCTCCCGTAGGAGT*	420
	Lferm72f	R_ CCTGATTGATTTTGGTCGC	49
16S rRNA for L. salivarius	616 V	F_ AGAGTTTGATCCTGGCTCAG	166
	spz292R	R_GAATGCAAGCATTCGGTGTA	166
16S rRNA for bacteria	338f	ACTCCTACGGGAGGCAGCAG	420
	518r	ATTACCGCGGCTGCTGG	420

* The primers from the literature were converted into their reverse complement

RESULTS

Survival and implantation of lactobacilli

Total counts of bacteria in rat feces were of $2.8 \pm 1.3 \ 10^8$ CFU/g feces for BSL-2d and $3.9 \pm 0.6 \ 10^8$ CFU/ml for BSL-30d. These results were consistent with those revealed by semi quantitative PCR (Figure 22) of 16 rRNA gene transcripts extracted from the caecum. *L. salivarius* was present in ceacum in higher number in both groups of rats ($1.3 \pm 0.2 \ 10^8$ bacteria/g caecum and $1.1 \pm 0.2 \ 10^8$ bacteria/g caecum for BSL-2d and BSL-30d respectively). *L. plantarum* was ten times less represented while only $2.5 \pm 0.4 \ 10^5$ bacteria/g caecum and $2.7 \pm 0.8 \ 10^5$ bacteria/g caecum for BSL-2d and BSL-30d, respectively, were found for *L. fermentum*.

Figure 15 : Enumeration of LAB species present 2 days and 30 days after inoculation as measured by real time PCR based on the transcripts of the 16S rRNA gene extracted from caecum of the gnotobiotic rats.

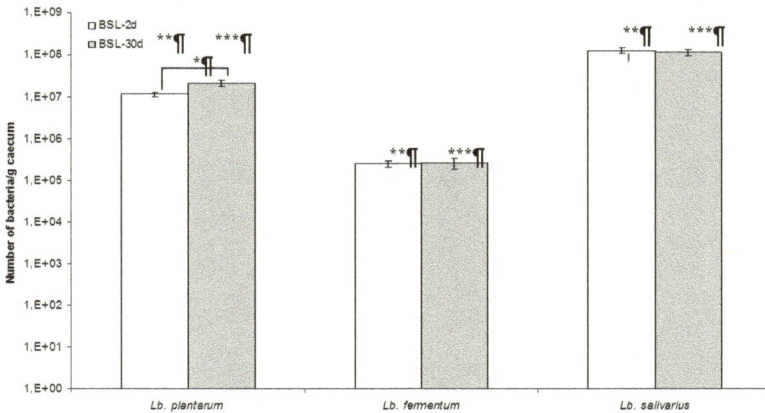

The y-axis corresponds to a logarithmic scale. *: significant differences between the concentrations of *L. plantarum* among BSL-2d and BSL-30d rats. **: significant differences between the concentrations of *L. plantarum*, *L. fermentum*, *L. salivarius* among BSL-2d rats. ***: significant differences between the concentrations of *L. plantarum*, *L. fermentum*, *L. salivarius* among BSL-30d rats.

Expression of bacterial genes involved in binding mechanism

The bacteria present in BSL-2d and BSL-30d were metabolically active in the caecum since all the genes involved in the binding mechanism were expressed, including the house keeping genes and those more specifically involved in the binding function (Figure 23). Most of the genes were expressed at the same level in the BSL-2d and BSL-30d groups of rats. However, some of them (*gap, groEL, srtA, mub1* and *mub2*) were significantly more expressed in the BSL-30d group. The *odc* gene involved in putrescine synthesis was also expressed in both groups of rats.

Figure 16 : Expression of bacterial binding related genes and *odc* gene in the bulk of lactic acid bacteria present in the gnotobiotic rat caecum after two days (BSL-2d) and thirty days (BSL-30d) of inoculation with a mix of three lactobacilli.

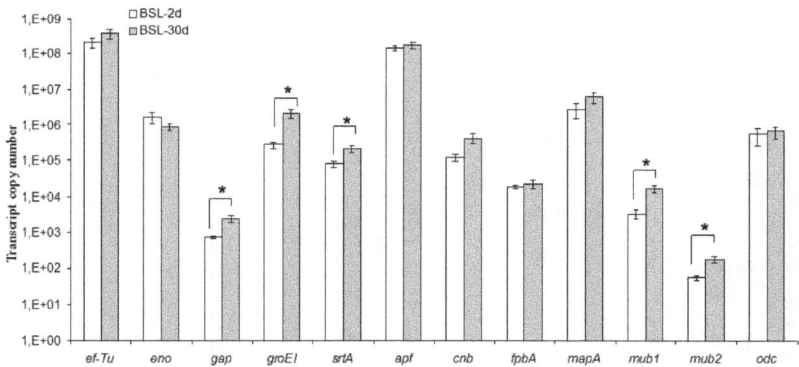

The y-axis corresponds to a logarithmic scale. The asterisk indicates a significant difference between BSL-2d and BSL-30 d groups.

264

Expression of the gene MUC2 in the epithelium of rats

The results of the expression of the gene MUC2 in BSL and GF rats are presented in the Figure 24. All the calculations were made with CV rats, harboring a mature epithelium, as the reference condition. No significant differences in MUC2 expression in colonocytes and enterocytes were obtain among the BSL and GF group of rats.

Production of proteins involved in cell cycle regulation

The response of the epithelium to the BSL presence was evaluated by measuring the amount of proteins involved in cell proliferation (PCNA and cyclin D2) and cell differentiation (p27^{kip1}) (Figure 25). The quantity of cyclin D2 remained unchanged in the four groups of rats while the level of p27^{kip1} decreased only in the BSL-2d group. PCNA was detected in increasing amounts following this group rats order: GF< BSL-2d< BLS-30d< CV.

Figure 17 : Relative expression of *MUC2* gene in the ileum and colon compared to *gapdh* expression from the conventional rat group

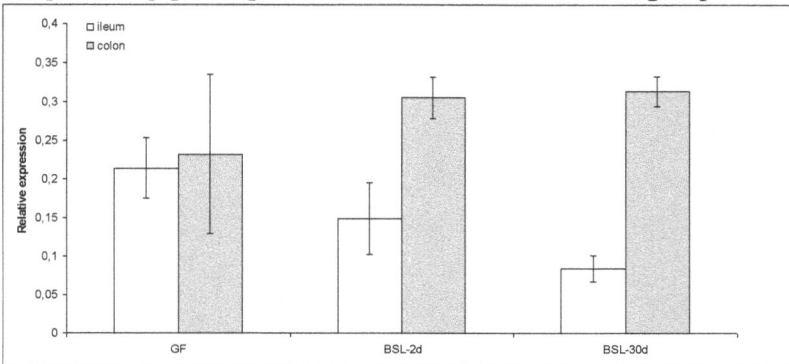

In white is indicated the relative expression of MUC2 in the ileum and in grey in the colon.

They were no statistical differences among groups of rats.

265

Figure 18 : Western blot analysis of PCNA, p27^{kip} and cyclin D2 in colonic epithelial cells of GF, BSL-2d, BSL-30d and CV rats. Representative Western blot autoradiography obtained with total proteins of colonic epithelial cells isolated from GF, BSL-2d, BSL-30d and CV rats. Total proteins, 2.5 μg or 15 μg or 30 μg respectively, for PCNA (A), cyclin D2 (B), and p27^{kip1} (C) analysis, were size fractionated and blotted with adequate primary antibodies. Cullin proteins were used as internal controls.

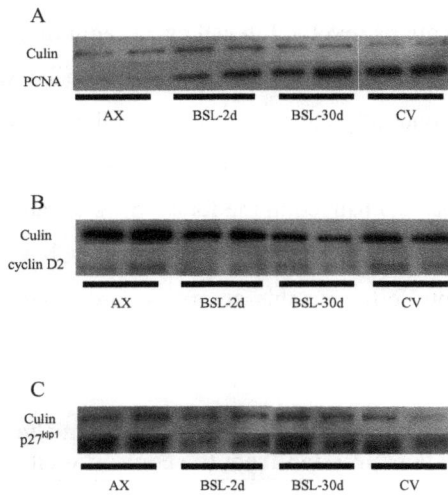

DISCUSSION

L. paraplantarum, *L. salivarius*, and *L. fermentum* have been selected for their genetic equipment, their phenotype attribute favorable to their survival in the gastrointestinal tract and their high potential for binding to the epithelial cells of the intestinal tract. Several studies have used a single species or a cocktail of bacteria for their probiotic potential on the host [79; 643], however, only a few of them focused on the host response, particularly to the maturation of the epithelium that occurred in the presence of bacteria [103; 510].

The concentration of bacteria in the caecum is in accordance with previous studies using single *Lactobacillus* strains [40; 104; 163]. The three strains were considered as tolerant to bile salts but had different survival abilities at low pH [587]. The high concentrations of the three strains in the caecum of the gnotobiotic rats two and thirty days after a single inoculation demonstrate their ability to survive the conditions prevailing in the proximal part of the digestive tract and to rapidly and durably set up in the large intestine. *L. fermentum* 3.9.2 was the strain with the higher survival rate at low pH [587] but was detected at the lower amount. On the contrary, *L. salivarius* 4.6 did not survive at pH 2 for one hour but was found in higher amount two and 30 days after inoculation. Those results would suggest that the phenotypic *in vitro* tests could have strong limitations in predicting *in vivo* survival of LAB strains and their colonization ability of the intestine. However, the condition of the *in vitro* test is rather drastic since it was performed at a very low pH, while it is now generally admitted that the gastric pH is around 4 during feeding [121; 587]. In the case of *L. fermentum* 3.9.2, it should also be considered that survival at low pH does not necessarily mean a high ability to thrive under conditions prevailing in the intestinal tract and to outcompete the other LAB.

The binding ability could also influence the implantation of these strains. In regard to their *in vitro* binding ability measured individually on cell lines, *L. fermentum* 3.9.2, *L. paraplantarum* 4.4 and *L. salivarius* 4.6 bound to mucus secreting cells (HT29-MTX) at ratio of 25, 32 and 13% compared to initial inoculum, respectively, and at ratio of 3, 3 and 10%, respectively, to non mucus secreting cells (HT29). These *in vitro* binding phenotypes were at least equivalent or higher than those of the probiotic strains *L. johnsonii* NCC 533 and *L. acidophilus* NCFM [588] and might explain their durable establishment in the rat's caecum. In addition, it is known that the use of a combination of strains instead of a single strain could enhance the overall binding of bacteria [115].

The bacteria were alive and metabolically active in the caecum of rats as shown by agar plate counts and by the analysis of transcripts by real time PCR. The primers used in this study allowed specific amplification of the targeted genes in each of the three *Lactobacillus* strains, as revealed by dissociations curves (data not shown). Consequently, from the mRNA extracted from the caecum we were not able to distinguish the transcript for each strain, therefore the transcriptional analysis corresponded to the general expression of the gene pool investigated. Herein we showed that all housekeeping and binding related genes were expressed *in vivo* similarly to other results showing in gnotobiotic rodents the expression of *L. plantarum* WCFS1 genes in a large transcriptomic analysis [381] and of *ef-Tu*, *gap* and *fpbA* in *Streptococcus thermophilus* LMD9 [510]. The *in vivo* expression of genes related to the adhesion function can be considered as important for the gut colonization by LAB.

The expression of the *odc* gene encoding for the ornithine decarboxylase in the caecum of BSL rats is interesting in relation with the maturation of the intestinal tract. This gene is involved in survival at low pH as well as in the production of putrescine [34; 618]. As shown by a transcriptional analysis [381] in *L. plantarum* WCFS1, the caecum is not a stressful compartment of the digestive tract for the bacteria. Therefore, the transcription of *odc* gene in this compartment may be related to the production of putrescine rather than to a survival mechanism. We did not investigate the effective *in situ* production of putrescine in caecum by ornithine decarboxylase activity from the strains tested. However, functionality of the *odc* gene was shown *in vitro* in an activity tests with *L. paraplantarum* 4.4 that exhibits a decarboxylase activity [545]. Further studies are required to measure the effective production of bacterial ornithine decarboxylase *in vivo* considering the importance of putrescine production in the maturation of the digestive tract [532; 361].

The colon epithelium is covered by two layers of mucus built around the MUC2 mucin, that act as a protective barrier against various aggressions such as bile salts, toxins, pollutants, and as a binding site of bacteria [285; 604; 322; 290]. The expression of *MUC2* gene in the presence of bacteria was previously reported to be increased in cells model or in rats [373; 24; 79; 288]. However, contrasting with these results, *L. paraplantarum* 4.4 strains was not able to induce *MUC2* expression in HT29-MTX cells but induce an expression in HT29 cells [588]. Herein, the *MUC2* expression were not induced in gnotobiotic rats harbouring a caecum colonized by the LAB mix, suggesting that the HT29-MTX cells are more celose to in vivo models than HT29 cells.

The production of three proteins involved in the regulation of the cellular cycle, and so in the maturation of the digestive tract [307; 442; 4; 103] was also measured. The cell cycle arrest protein p27[kip1] level detected by Western blot analysis was similar between intestinal cells from germ-free rats, BSL-30d rat group and the mature epithelium of conventional rats. In contrast, PCNA protein was not detected in germ-free rats but was detected at similar level in gnotobiotic rats (BSL-30d) and CV rats indicating that the LAB mix was able to promote the production of PCNA. In addition, a progressive increase in the production of PCNA from 2 days (BSL-2d) to 30 days (BSL-30d) after rat inoculation suggests an adaptive response to the presence of the LAB cocktail. No such results were observed in rats inoculated with single strains of common inhabitant of the gut such as *Bacteroides thetaiotaomicron*, *Ruminococcus gnavus*, *Clostridium paraputrificum* or *S. thermophilus* [103; 510]. More research are needed to explain whether the production of PCNA is due to the presence of several species in the same mix, i.e. the consortium formed by *L. fermentum*, *L. paraplantarum*, *L. salivarius*, or to a single species within the consortium. Regarding cyclin D2, also involved in proliferation, to our knowledge this factor has never been measured in germ-free rats. This protein was poorly produced and no differences were observed among the GF, BSL-2d, BSL-30d and CV groups suggesting that the LAB mix did not play a role in its production.

The three LAB species from a traditional African food could potentially be candidates as probiotics since their colonization capacity of the intestinal tract of rats over a long period that exceeds the turn-over of intestinal cells. Indeed, the establishment of LAB in the intestinal tract depends on the ability of the bacterial species to promote various factors. Results obtained here are consistent with some results of the literature but also make apparent differences that prevent any sweeping generalizations since effects are strain dependent. Notwithstanding, an interesting complement to this work would be a histological analysis to ascertain the role of our LAB mix on the maturation of the intestinal epithelium.

ACKNOWLEDGEMENTS

We thank Chantal Bridonneau and Pascal Guillaume for their precious help in animal manipulations. Williams Turpin acknowledges a PhD grant from the French Ministry of Education and Research.

Chapitre 6. Discussion et conclusion

L'objectif de ma thèse était de rechercher si les bactéries lactiques des aliments fermentés amylacés des pays du Sud possèdent un équipement génétique susceptible de leur permettre d'avoir certaines propriétés fonctionnelles d'intérêt en santé, tant probiotique que nutritionnel. Dans un premier temps nous nous sommes intéressés à des fonctions complexes que sont l'adhésion bactérienne au tractus digestif, et la survie des bactéries au passage du tractus digestif. Nous avons ensuite appliqué cette méthode sur des fonctions d'intérêt nutritionnel plus simples.

Nous avons utilisé l'approche génétique pour étudier la survie des bactéries au passage du tractus digestif, ou plus précisément à pH acide et à la présence de sels biliaires. Ce critère a été choisi principalement à cause de la définition des probiotiques qui n'inclut que les microorganismes vivants. Cependant des études ont montrés que des effets bénéfiques peuvent être obtenus avec des bactéries mortes notamment grâce aux motifs CpG non méthylés de l'ADN bactérien [305; 43]. Néanmoins des bactéries vivantes, métaboliquement actives dans le tractus digestif peuvent exercer des effets bénéfiques pour l'hôte comme la synthèse de bactériocines ou de vitamines [117]. Nous avons inclus dans cette étude la recherche de 12 gènes impliqués dans la survie à pH acide. Le choix des gènes s'est focalisé sur les fonctions permettant aux bactéries de diminuer directement le stress acide et les régulateurs transcriptionnels n'ont pas été retenus. Malheureusement nous n'avons pas réussi à relier l'équipement génétique des souches à un phénotype de résistance en milieu acide. Ce qui témoigne des limites du criblage génétique qui ne renseigne pas sur la fonctionnalité des gènes qui peuvent être mutés (délétion, mutation ponctuelle, insertion) dans leur phase ouverte de lecture ou dans leur région régulatrice. Des analyses de transcrits permettraient de nous éclairer.

Une étude de comparaison des génomes de deux souches de la même espèce ayant des phénotypes d'adhésion distincts ont permis de mettre en évidence l'ensemble des gènes responsables de ces différences [279]. On pourrait s'inspirer de ce travail et comparer les génomes et la résistance au pH de différentes souches de la même espèce pour identifier les îlots génomiques responsable de la résistance de certaines souches face au stress acide. Les tests phénotypiques ont aussi montrés que l'espèce *Lb. fermentum* était la plus résistante comparée aux espèces *Lb. plantarum*, *Pe. pentosaceus* ou *Pe. acidilactici*. Cependant aucun gène inclut dans cette étude n'est spécifique de l'espèce *Lb. fermentum*. Des comparaisons génomiques inter espèces permettraient aussi de dévoiler l'origine moléculaire de la résistance de cette espèce face au stress acide.

Nous avons également estimé la résistance des souches à la présence de sels biliaires par cette approché génétique. Nos résultats ont permis d'identifier le gène de la *bsh* codant pour la bile salts hydrolase comme étant le plus important pour la survie en présence de sels biliaires. En effet son absence est corrélée à une sensibilité aux sels biliaires, ce qui en fait le meilleur gène marqueur de souches résistantes aux sels biliaires. Cependant la présence de gène annoté comme *bsh* dans un génome ne signifie pas obligatoirement que la souche est résistante. En effet, il existe de nombreux gènes annotés comme *bsh*, et des analyses fonctionnelles montrent que la délétion de l'un ou de plusieurs d'entre-eux n'a pas forcément de conséquences phénotypiques [319; 320].

Nous avons aussi utilisé l'approche génétique pour étudier l'autre caractère complexe qu'est l'adhésion bactérienne au tractus digestif. Elle fait intervenir de nombreuses protéines qui peuvent être groupés en cinq classes : les protéines de la couche S (S-layer), les protéines ancrées à la paroi, les gènes de ménages, les protéines de transport et les autres protéines impliquées dans l'adhésion. Malheureusement la majorité des études disponibles analysent les gènes un à un et de ce fait il est impossible de connaître l'importance relative de chacun des gènes. Il existe néanmoins quelques rares études qui montrent, par exemple, que les gènes codant pour les pili de *Lb. rhamnosus* GG sont plus importants que les gènes codant pour des protéines Mub [279; 616]. Au lieu de réaliser des analyses fonctionnelles lourdes portant sur un grand nombre de gènes, nous avons opté pour la recherche de souches sauvages possédant des équipements génétiques différents. Les souches sélectionnées pour ces différences génétiques ont alors été testées sur deux modèles cellulaires : le modèle HT29, le plus couramment utilisé avec le modèle Caco-2, ne produisant pas de mucus, et le modèle HT29-MTX très rarement employé mais produisant une couche de mucus similaire à celui retrouvé dans le tractus digestif [342]. Il est bien connu que la couche de mucus permet d'inhiber l'adhésion bactérienne mais dans notre étude nous avons également observé l'effet inverse ou bien une absence d'effet pour certaines souches [285; 604; 322]. Par ailleurs les données générées par SPRi montrent que selon leurs origines (coliques, intestinales, ou provenant de cellules HT29-MTX), les protéines du mucus jouent un rôle primordial dans l'adhésion bactérienne cohérent avec les phénotypes d'adhésion observés sur cellules. Le mucus et son origine devrait être pris plus souvent en compte pour les analyses de ce type.

Malheureusement, comme pour la résistance au pH acide, les résultats d'adhésion bactérienne aux cellules ne nous ont pas permis d'identifier clairement les gènes d'adhésion les plus importants. Outre la détection par PCR de gènes non fonctionnels ce résultat peut aussi être expliqué par le nombre insuffisant de gène codant pour l'adhésion bactérienne inclus dans cette étude. En effet, au début de cette thèse seule une dizaine d'analyses fonctionnelles permettant de relier la présence d'un gène à un phénotype d'adhésion étaient décrites dans la littérature, aujourd'hui on en dénombre plus d'une vingtaine. Les conditions expérimentales utilisées, notamment les conditions de culture ou la préparation des bactéries (milieux, lavages, etc.) peuvent aussi influencer les phénotypes d'adhésion [519; 139] (Sarah Lebeer, communication personnelle Biomicro world 2011).

Dans cette thèse j'ai approfondi l'utilisation du criblage génétique pour étudier des fonctions complexes, mais nous avons aussi montré que cet outil est efficace pour des fonctions plus simples dans lesquels un nombre restreint de gènes sont impliqués et une voie métabolique est bien identifiée. Par exemple pour la synthèse de caroténoïdes, le criblage génétique permet le plus souvent d'éliminer les bactéries ne possédant pas tous les gènes recherchés et ainsi réduire le nombre de dosages biochimiques. D'autres fonctions plus simples comme la synthèse de riboflavine, de folate, ou de tannase pourront également être étudiées en suivant des approches similaires.

En revanche nous avons choisi de ne pas étendre cette étude sur les aspects immunologiques. En effet c'est un domaine dont nous ne sommes pas spécialistes au laboratoire qui plus est difficile à valider simplement par des dosages de marqueurs immunologiques. Au vu des résultats obtenus pour la survie et à l'adhésion bactérienne, il est peu probable de pouvoir identifier les gènes les plus important impliqués dans la réponse pro ou anti inflammatoire.

Nous aurions pu étudier certaines propriétés nutritionnelles des bactéries probiotiques comme la dégradation de phytate. Cependant, bien que de nombreuse BL possèdent une activité phytasique, aucun gène codant pour une phytase n'a été identifié à ce jour chez ces bactéries empêchant ainsi l'utilisation de cette méthode. Certaines souches de lactobacilles peuvent promouvoir l'absorption de minéraux en favorisant leur solubilité ou en induisant l'expression de certains transporteurs de l'hôte mais aucun gène bactérien impliqué dans ces mécanismes n'a pu être identifié.

Au contraire, vis-à-vis des maladies cancéreuses, il existe certains gènes bactériens pouvant être impliqués dans les processus de carcinogénèse. Cependant il n'y a pas d'études démontrant clairement que les lactobacilles possèdent des propriétés anticancéreuses *in vivo*. En effet les expériences nécessaires sont souvent très longues et les effets difficiles à démontrer sur une population où la cancérogénèse n'a pas été induite par des molécules chimiques.

Certaines souches de BL possèdent des activités intéressantes en matière de prévention des risques de maladies cardiovasculaires. Cependant les gènes impliqués dans la production des peptides associés sont pour le moment non identifiés chez les BL malgré le séquençage de génomes de souches capables de produire ce type de peptides [541].

Un critère souvent étudié pour la recherche de souches d'intérêt consiste à mesurer l'effet antibactérien de souches d'intérêt sur l'inhibition de la croissance de souches pathogènes. Nous n'avons pas choisi d'explorer ce volet qui a déjà été initié par la méthode classique de mesure de halos d'inhibition sur boite de Pétri mais aussi par la recherche de gènes impliqués par exemple dans la synthèse de plantaricine [438]. Des études similaires auraient pu être réalisées sur plusieurs types de bactériocines, cependant, l'inhibition des bactéries pathogènes est un mécanisme qui peut se révéler complexe de par la nature des activités antimicrobiennes (acide lactique, peroxyde d'hydrogène etc.).

Certains syndromes liés à des infections intestinales, diarrhées et vomissements, peuvent être la conséquence de l'ingestion de bactéries toxinogènes (ou de leur toxines) fréquentes dans les pays en développement [137]. Certaines souches probiotiques sont capables de diminuer cette toxicité en dégradant la toxine, en la fixant à leur paroi, ou en inhibant la synthèse des toxines. Certaines souches comme *Lb. rhamnosus* GG sont peuvent produire des EPS capables d'annuler l'effet de toxines de *Bacillus cereus* sur modèles cellulaires [509]. Dans cette optique nous aurions pu étendre notre criblage génétique à la recherche des gènes impliqués dans la synthèse d'EPS à l'exception de la glucane synthase (déjà recherché pour les mécanismes d'adhésion et de survie bactérienne).

Les études d'innocuité sont une phase essentielle de la sélection de souches probiotiques. Peu de souches ont fait l'objet de ce type d'étude, alors que certain lactobacilles et bifidobactéries ont été associés à de très rares cas de bactériémie chez des patients immunodéprimés. Bien que notre étude ne se soit pas focalisée sur l'innocuité du microbiote du *ben-saalga* nous avons montré que ce dernier est majoritairement constitué de bactéries lactiques [256], considérées comme sans danger pour l'homme [225]. Nos analyses *in vivo* réalisées en inoculant trois souches isolées du *ben-saalga* à des rats initialement axéniques n'ont pas montré d'effet délétère notable sur les rats suggérant l'innocuité de ces souches. Par ailleurs, l'absence de résistance aux antibiotiques est aussi un critère de sélection de souches probiotiques. Dans cette optique il aurait été possible de rechercher les gènes impliqués dans la résistance aux antibiotiques (relativement bien connus). En effet les souches dotées d'un pool de gènes de résistance aux antibiotiques présentent un risque de transmission de ce caractère vers la microflore endogène [54]. La recherche de ces gènes et le criblage phénotypiques des souches ne possédant pas ces gènes permettrait de valider la méthode de criblage génétique dans le but de sélectionner des souches dépourvues de gènes de résistance. Dans notre étude nous n'avons pas étudié la résistance des souches du *ben-saalga* face aux antibiotiques, mais l'origine des souches (naturelle et provenant de l'aliment), rend peu probable le fait qu'elles représentent un risque. De plus, il est considéré que s'ils sont présents, les gènes de résistance des BL sont difficilement transmissibles [98].

Cette étude a également montré que les souches isolées du *ben-saalga* sont originales puisqu'elles possèdent un équipement génétique particulier. En effet, dans notre collection de bactéries lactiques certains gènes comme *cbiD*, *gtf*, *tanlpl*, *crtN* et *crtM* ont été retrouvés chez des espèces qui n'ont jamais été décrites pour cela. Leur présence dans certaines souches était donc inattendue et ouvre des perspectives intéressantes d'un point de vue écologique. Ces données permettent aussi de conforter l'hypothèse de Makarova et. al (2007) pour qui l'isolement de souches à partir d'aliments traditionnels à base de matrices végétales pourrait permettre l'identification d'équipements génétiques spécifiques et différents des souches laitières [377; 379]. Les amorces décrites dans ce travail pourraient être utilisées sur des collections de bactéries lactiques isolées d'environnements différents (boissons, produits laitiers, levain, etc.) pour étayer cette hypothèse.

Au cours de cette thèse nous avons estimé le potentiel génétique probiotique et nutritionnel de souches individuelles. Cet outil peut être utilisé pour l'analyse de métagénomes d'aliments fermentés à base de végétaux. Nous avons ainsi montré qu'il existait une variabilité de l'équipement génétique du microbiote au sein de cinq échantillons de *ben-saalga*. Une analyse à plus grande échelle sur un plus grand nombre d'échantillons issus de préparations différentes (céréales, tubercules, procédés, temps de fermentation etc.) pourrait nous permettre d'évaluer plus finement le potentiel du microbiote d'un aliment donné. Par ailleurs nous avons étudié l'expression des gènes codant pour l'adhésion bactérienne sur des modèles *in vitro* et *in vivo*. Les résultats obtenus *in vivo* sont très prometteurs puisque malgré la présence de trois espèces de lactobacilles les courbes de dissociation indiquent une amplification spécifique des gènes recherchés. Bien entendu il faudrait étendre ce travail à l'ensemble des gènes étudiés (synthèse de vitamines, caroténoïdes, tannases, amylases etc.) pour vérifier si toutes les amorces dessinées sont utilisables en PCR en temps réel sur un mélange de souches. Par la suite, il pourrait être envisagé d'utiliser ces amorces pour l'analyse d'un métatranscriptome d'aliments fermentés afin de préciser la fonctionnalité des potentiels probiotique et nutritionnel naturels du microbiote de ces aliments. Des études supplémentaires pourraient être envisagées chez l'animal comme chez l'Homme afin de valider ce potentiel.

En conclusion, il est important de rappeler que le *ben-saalga* comme d'autres bouillies de ce type est consommé après cuisson. Ces pratiques peuvent être perçues comme négatives puisque la cuisson élimine la majorité du microbiote et ses potentiels propriétés probiotiques. Cependant il est nécessaire de rappeler que la cuisson permet d'éliminer la plupart des bactéries pathogènes. Chez les jeunes enfants consommateur de ce type de bouillie, cela réduit ainsi le risque d'exposition. Il serait intéressant de proposer des modifications permettant de consommer les bactéries vivantes en vue d'utiliser le potentiel probiotique du *ben-saalga*. Par exemple, on pourrait imaginer une cuisson des pâtes de céréales avant inoculation bactérienne (pied de cuve ou culture starter), ce qui ferait du *ben-saalga* un aliment fonctionnel. Par ailleurs, l'étude de l'expression de gènes d'intérêt en nutrition selon différentes conditions en culture discontinue et/ou continue, mais aussi au sein des matrices alimentaires, nous permettrait de mieux comprendre l'influence de certains facteurs sur la modulation de cette expression au sein de l'écosystème alimentaire, et d'initier une démarche qui permettrait d'évoluer vers une autre approche de la sélection de souches à des fins d'utilisation comme culture starter.

Chapitre 7. Webographie et références bibliographiques

Webographie

Acronyme	Site internet	Utilisation
KEGG	http://www.genome.jp/kegg	Analyse des voies métaboliques
ERGO	https://ergo.integratedgenomics.com/ERGO/	Analyse de génome
MetaCyc	http://metacyc.org/	Analyse de génome
Brenda	http://www.brenda-enzymes.info/	Analyse de génome
Pubmed	http://www.ncbi.nlm.nih.gov/pubmed	Bibliographie
Sciencedirect	http://www.sciencedirect.com/	Bibliographie
Primer3	http://frodo.wi.mit.edu/primer3/	Dessin d'amorce
Bibiserv	http://bibiserv.techfak.uni-bielefeld.de/genefisher2/	Dessin d'amorce
Expasy translation	http://web.expasy.org/translate/	Analyse de séquences
Blastn	http://blast.ncbi.nlm.nih.gov/Blast.cgi?PAGE=Nucleotides&PROGRAM=blastn&MEGABLAST=on&BLAST_PROGRAMS=megaBlast&PAGE_TYPE=BlastSearch&SHOW_DEFAULTS=on&LINK_LOC=blasthome	Analyse de séquences
Blastp	http://blast.ncbi.nlm.nih.gov/Blast.cgi?PROGRAM=blastp&BLAST_PROGRAMS=blastp&PAGE_TYPE=BlastSearch&SHOW_DEFAULTS=on&BLAST_SPEC=&LINK_LOC=blasttab&LAST_PAGE=blastn	Analyse de séquences
Blastx	http://blast.ncbi.nlm.nih.gov/Blast.cgi?PROGRAM=blastx&BLAST_PROGRAMS=blastx&PAGE_TYPE=BlastSearch&SHOW_DEFAULTS=on&BLAST_SPEC=&LINK_LOC=blasttab&LAST_PAGE=blastp	Analyse de séquences
Primer design tool	http://www.ncbi.nlm.nih.gov/tools/primer-blast/index.cgi?LINK_LOC=BlastHome	Dessin d'amorce
Sequence manipulation	http://www.bioinformatics.org/sms2/rev_trans.html	Analyse de séquences
Sequin submission tool	http://www.ncbi.nlm.nih.gov/Sequin/index.html	Soumission de séquences
Mage	https://www.genoscope.cns.fr/agc/microscope/home/index.php	Analyse de génome
Manipulate a DNA sequence	http://www.vivo.colostate.edu/molkit/manip/	Analyse de séquences
In silico PCR amplification	http://insilico.ehu.es/PCR/	Dessin d'amorce
Melting temperature calculation	http://www.biophp.org/minitools/melting_temperature/demo.php	Dessin d'amorce
RdpII	http://rdp.cme.msu.edu/index.jsp	Analyse de séquences
Muliexperiment viewer	http://www.tm4.org/mev	Analyse de matrice
EMBL	http://www.ebi.ac.uk/embl	Soumission de séquences

285

Bibliographie

1. Abratt VR & Reid SJ (2010) Oxalate-degrading bacteria of the human gut as probiotics in the management of kidney stone disease. *Adv Appl Microbiol* **72**, 63-87.
2. Abriouel H, Ben Omar N, Lucas Lopez R *et al.* (2007) Differentiation and characterization by molecular techniques of *Bacillus cereus* group isolates from poto poto and degue, two traditional cereal-based fermented foods of Burkina Faso and Republic of Congo. *J Food Prot* **70**, 1165-1173.
3. Abriouel H, Benomar N, Perez Pulido R *et al.* (2011) Annotated genome sequence of *Lactobacillus pentosus* MP-10 with probiotic potential from naturally-fermented Alorena green table olives. *J. Bacteriol.*, JB.05171-05111.
4. Abukhdeir AM & Park BH (2008) P21 and p27: roles in carcinogenesis and drug resistance. *Expert Rev Mol Med* **10**, e19.
5. Adamowicz M, Kelley PM & Nickerson KW (1991) Detergent (sodium dodecyl sulfate) shock proteins in *Escherichia coli*. *J Bacteriol* **173**, 229-233.
6. Adlerberth I, Ahrne S, Johansson ML *et al.* (1996) A mannose-specific adherence mechanism in *Lactobacillus plantarum* conferring binding to the human colonic cell line HT-29. *Appl Environ Microbiol* **62**, 2244-2251.
7. AFSSA (2005) Effets des probiotiques et prébiotiques sur la flore et l'immunité de l'homme adulte.
8. Agati V, Guyot JP, Morlon-Guyot J *et al.* (1998) Isolation and characterization of new amylolytic strains of *Lactobacillus fermentum* from fermented maize doughs (mawè and ogi) from Benin. *J. Appl. Microbiol.* **85**, 512-520.
9. Aguilar CN, Rodriguez R, Gutierrez-Sanchez G *et al.* (2007) Microbial tannases: advances and perspectives. *Appl Microbiol Biotechnol* **76**, 47-59.
10. Aiba Y, Suzuki N, Kabir AM *et al.* (1998) Lactic acid-mediated suppression of *Helicobacter pylori* by the oral administration of *Lactobacillus salivarius* as a probiotic in a gnotobiotic murine model. *Am J Gastroenterol* **93**, 2097-2101.
11. Akingbala JO, Rooney LW & Faubion JM (1981) A Laboratory Procedure for the Preparation of Ogi, A Nigerian Fermented Food, pp. 1523-1526: Blackwell Publishing Ltd.
12. Akingbala JO, Rooney LW & Faubion JM (1981) Physical, Chemical, and Sensory Evaluation of Ogi from Sorghum of Differing Kernel Characteristics, pp. 1532-1536: Blackwell Publishing Ltd.
13. Alakomi HL, Skytta E, Saarela M *et al.* (2000) Lactic acid permeabilizes gram-negative bacteria by disrupting the outer membrane. *Appl Environ Microbiol* **66**, 2001-2005.
14. Alam M, Midtvedt T & Uribe A (1994) Differential cell kinetics in the ileum and colon of germfree rats. *Scand J Gastroenterol* **29**, 445-451.
15. Alander M, Korpela R, Saxelin M *et al.* (1997) Recovery of *Lactobacillus rhamnosus* GG from human colonic biopsies. *Lett Appl Microbiol* **24**, 361-364.
16. Alberto MR, Arena ME & Manca de Nadra MC (2007) Putrescine production from agmatine by *Lactobacillus hilgardii*: Effect of phenolic compounds. *Food Control* **18**, 898-903.
17. Aleljung P, Paulsson M, Emödy L *et al.* (1991) Collagen binding by lactobacilli. *Current Microbiology* **23**, 33-38.

18. Allaart JG, van Asten AJ, Vernooij JC *et al.* (2011) Effect of *Lactobacillus fermentum* on Beta2 Toxin Production by *Clostridium perfringens*. *Appl Environ Microbiol* **77**, 4406-4411.

19. Allen SJ, Okoko B, Martinez E *et al.* (2004) Probiotics for treating infectious diarrhoea. *Cochrane Database Syst Rev*, CD003048.

20. Altermann E, Russell WM, Azcarate-Peril MA *et al.* (2005) Complete genome sequence of the probiotic lactic acid bacterium *Lactobacillus acidophilus* NCFM. *Proc Natl Acad Sci USA* **102**, 3906-3912.

21. Ampe F, ben Omar N, Moizan C *et al.* (1999) Polyphasic study of the spatial distribution of microorganisms in Mexican pozol, a fermented maize dough, demonstrates the need for cultivation-independent methods to investigate traditional fermentations. *Appl Environ Microbiol* **65**, 5464-5473.

22. Anastasio M, Pepe O, Cirillo T *et al.* (2010) Selection and use of phytate-degrading LAB to improve cereal-based products by mineral solubilization during dough fermentation. *J Food Sci* **75**, M28-35.

23. Anderson RC, Cookson AL, McNabb WC *et al.* (2010) *Lactobacillus plantarum* MB452 enhances the function of the intestinal barrier by increasing the expression levels of genes involved in tight junction formation. *BMC Microbiol* **10**, 316.

24. Andrianifahanana M, Moniaux N & Batra SK (2006) Regulation of mucin expression: Mechanistic aspects and implications for cancer and inflammatory diseases. *Biochimica et Biophysica Acta (BBA) - Reviews on Cancer* **1765**, 189-222.

25. Annuk H, Shchepetova J, Kullisaar T *et al.* (2003) Characterization of intestinal lactobacilli as putative probiotic candidates. *J Appl Microbiol* **94**, 403-412.

26. Antikainen J, Kuparinen V, Lahteenmaki K *et al.* (2007) pH-dependent association of enolase and glyceraldehyde-3-phosphate dehydrogenase of Lactobacillus crispatus with the cell wall and lipoteichoic acids. *J Bacteriol* **189**, 4539-4543.

27. Anwar MA, Kralj S, van der Maarel MJ *et al.* (2008) The probiotic *Lactobacillus johnsonii* NCC 533 produces high-molecular-mass inulin from sucrose by using an inulosucrase enzyme. *Appl Environ Microbiol* **74**, 3426-3433.

28. Arena ME & Manca de Nadra MC (2001) Biogenic amine production by Lactobacillus. *J Appl Microbiol* **90**, 158-162.

29. Arena ME, Manca de Nadra MC & Munoz R (2002) The arginine deiminase pathway in the wine lactic acid bacterium *Lactobacillus hilgardii* X1B: structural and functional study of the *arcABC* genes. *Gene* **301**, 61-66.

30. Armougom F, Henry M, Vialettes B *et al.* (2009) Monitoring bacterial community of human gut microbiota reveals an increase in *Lactobacillus* in obese patients and Methanogens in anorexic patients. *PLoS One* **4**, e7125.

31. Aronsson L, Huang Y, Parini P *et al.* (2010) Decreased fat storage by *Lactobacillus paracasei* is associated with increased levels of angiopoietin-like 4 protein (ANGPTL4). *PLoS One* **5**.

32. Asahara T, Shimizu K, Nomoto K *et al.* (2004) Probiotic *Bifidobacteria* protect mice from lethal infection with Shiga toxin-producing *Escherichia coli* O157:H7. *Infect Immun* **72**, 2240-2247.

33. Avall-Jaaskelainen S, Lindholm A & Palva A (2003) Surface display of the receptor-binding region of the *Lactobacillus brevis* S-layer protein in *Lactococcus lactis* provides nonadhesive lactococci with the ability to adhere to intestinal epithelial cells. *Appl Environ Microbiol* **69**, 2230-2236.

34. Azcarate-Peril MA, Altermann E, Hoover-Fitzula RL *et al.* (2004) Identification and inactivation of genetic loci involved with *Lactobacillus acidophilus* acid tolerance. *Appl Environ Microbiol* **70**, 5315-5322.

35. Azcarate-Peril MA, Bruno-Barcena JM, Hassan HM *et al.* (2006) Transcriptional and functional analysis of oxalyl-coenzyme A (CoA) decarboxylase and formyl-CoA transferase genes from *Lactobacillus acidophilus. Appl Environ Microbiol* **72**, 1891-1899.

36. Bae JW, Rhee SK, Park JR *et al.* (2005) Development and evaluation of genome-probing microarrays for monitoring lactic acid bacteria. *Appl Environ Microbiol* **71**, 8825-8835.

37. Baehler P, Baenziger O, Belli D *et al.* (2008) Recommandations pour l'alimentation du nourrisson. *Paediatrica 2008* **19**, 22-24.

38. Baik HW & Russell RM (1999) Vitamin B12 deficiency in the elderly. *Annu Rev Nutr* **19**, 357-377.

39. Bailey LB (1998) Dietary reference intakes for folate: the debut of dietary folate equivalents. *Nutr Rev* **56**, 294-299.

40. Bambirra FH, Lima KG, Franco BD *et al.* (2007) Protective effect of *Lactobacillus sakei* 2a against experimental challenge with *Listeria monocytogenes* in gnotobiotic mice. *Lett Appl Microbiol* **45**, 663-667.

41. Bardocz S, Grant G, Brown DS *et al.* (1998) Putrescine as a source of instant energy in the small intestine of the rat. *Gut* **42**, 24-28.

42. Barrett E, Stanton C, Zelder O *et al.* (2004) Heterologous expression of lactose- and galactose-utilizing pathways from lactic acid bacteria in *Corynebacterium glutamicum* for production of lysine in whey. *Appl Environ Microbiol* **70**, 2861-2866.

43. Bauer S, Pigisch S, Hangel D *et al.* (2008) Recognition of nucleic acid and nucleic acid analogs by Toll-like receptors 7, 8 and 9. *Immunobiology* **213**, 315-328.

44. Bauerl C, Perez-Martinez G, Yan F *et al.* (2010) Functional analysis of the p40 and p75 proteins from *Lactobacillus casei* BL23. *J Mol Microbiol Biotechnol* **19**, 231-241.

45. Begley M, Hill C & Gahan CG (2006) Bile salt hydrolase activity in probiotics. *Appl Environ Microbiol* **72**, 1729-1738.

46. Begley TP, Downs DM, Ealick SE *et al.* (1999) Thiamin biosynthesis in prokaryotes. *Arch Microbiol* **171**, 293-300.

47. Bekaert S, Storozhenko S, Mehrshahi P *et al.* (2008) Folate biofortification in food plants. *Trends Plant Sci* **13**, 28-35.

48. Ben Omar N, Abriouel H, Keleke S *et al.* (2008) Bacteriocin-producing *Lactobacillus* strains isolated from poto poto, a Congolese fermented maize product, and genetic fingerprinting of their plantaricin operons. *Int J Food Microbiol* **127**, 18-25.

49. ben Omar N & Ampe F (2000) Microbial community dynamics during production of the Mexican fermented maize dough pozol. *Appl Environ Microbiol* **66**, 3664-3673.

50. Bentley SD & Parkhill J (2004) Comparative genomic structure of prokaryotes. *Annu Rev Genet* **38**, 771-792.

51. Bergogne-bérézin E (1999) Impact intestinal de l'antibiothérapie. *Phase5*.

52. Bergonzelli GE, Granato D, Pridmore RD *et al.* (2006) GroEL of *Lactobacillus johnsonii* La1 (NCC 533) is cell surface associated: potential role in interactions with the host and the gastric pathogen *Helicobacter pylori. Infect Immun* **74**, 425-434.

53. Bergqvist SW, Andlid T & Sandberg AS (2006) Lactic acid fermentation stimulated iron absorption by Caco-2 cells is associated with increased soluble iron content in carrot juice. *Br J Nutr* **96**, 705-711.

54. Bernardeau M, Vernoux JP, Henri-Dubernet S *et al.* (2008) Safety assessment of dairy microorganisms: the *Lactobacillus* genus. *Int J Food Microbiol* **126**, 278-285.

55. Bernasconi NL, Onai N & Lanzavecchia A (2003) A role for Toll-like receptors in acquired immunity: up-regulation of TLR9 by BCR triggering in naive B cells and constitutive expression in memory B cells. *Blood* **101**, 4500-4504.

56. Beuchat LR (1997) Traditional fermented foods *Food Microbiology: Fundamentals and Frontiers. (M. P. Doyle, L. R. Beuchat and T. J. Montville, ed.) Am. Soc. Microbiology, Washington, D.C.*, 629-648.

57. Biol-N'Garagba MC, Greco S, George P *et al.* (2002) Polyamine participation in the maturation of glycoprotein fucosylation, but not sialylation, in rat small intestine. *Pediatr Res* **51**, 625-634.

58. Blanck HM, Bowman BA, Serdula MK *et al.* (2002) Angular stomatitis and riboflavin status among adolescent Bhutanese refugees living in southeastern Nepal. *Am J Clin Nutr* **76**, 430-435.

59. Blandino A, Al-Aseeri ME, Pandiella SS *et al.* (2003) Cereal-based fermented foods and beverages. *Food Res. Int.* **36**, 527-543.

60. Boekhorst J, Helmer Q, Kleerebezem M *et al.* (2006) Comparative analysis of proteins with a mucus-binding domain found exclusively in lactic acid bacteria. *Microbiology* **152**, 273-280.

61. Boekhorst J, Siezen RJ, Zwahlen MC *et al.* (2004) The complete genomes of *Lactobacillus plantarum* and *Lactobacillus johnsonii* reveal extensive differences in chromosome organization and gene content. *Microbiology* **150**, 3601-3611.

62. Bohle LA, Brede DA, Diep DB *et al.* (2010) The mucus adhesion promoting protein (MapA) of *Lactobacillus reuteri* is specifically degraded to an antimicrobial peptide. *Appl Environ Microbiol.*

63. Bolotin A, Wincker P, Mauger S *et al.* (2001) The complete genome sequence of the lactic acid bacterium *Lactococcus lactis* ssp. *lactis* IL1403. *Genome Res* **11**, 731-753.

64. Borthakur A, Gill RK, Tyagi S *et al.* (2008) The probiotic *Lactobacillus acidophilus* stimulates chloride/hydroxyl exchange activity in human intestinal epithelial cells. *J Nutr* **138**, 1355-1359.

65. Bossi A, Rinalducci S, Zolla L *et al.* (2007) Effect of tannic acid on *Lactobacillus hilgardii* analysed by a proteomic approach. *J Appl Microbiol* **102**, 787-795.

66. Bourne DG, Jones GJ, Blakeley RL *et al.* (1996) Enzymatic pathway for the bacterial degradation of the cyanobacterial cyclic peptide toxin microcystin LR. *Appl Environ Microbiol* **62**, 4086-4094.

67. Bowman WC & DeMoll E (1993) Biosynthesis of biotin from dethiobiotin by the biotin auxotroph *Lactobacillus plantarum*. *J Bacteriol* **175**, 7702-7704.

68. Bravo L (1998) Polyphenols: chemistry, dietary sources, metabolism, and nutritional significance. *Nutr Rev* **56**, 317-333.

69. Broadbent JR, Larsen RL, Deibel V *et al.* (2010) Physiological and transcriptional response of *Lactobacillus casei* ATCC 334 to acid stress. *J Bacteriol* **192**, 2445-2458.

70. Bron PA, Grangette C, Mercenier A *et al.* (2004) Identification of *Lactobacillus plantarum* genes that are induced in the gastrointestinal tract of mice. *J Bacteriol* **186**, 5721-5729.

71. Brosius J, Palmer ML, Kennedy PJ *et al.* (1978) Complete nucleotide sequence of a 16S ribosomal RNA gene from *Escherichia coli*. *Proc Natl Acad Sci U S A* **75**, 4801-4805.

72. Bry L, Falk PG, Midtvedt T *et al.* (1996) A model of host-microbial interactions in an open mammalian ecosystem. *Science* **273**, 1380-1383.

73. Buck BL, Altermann E, Svingerud T *et al.* (2005) Functional analysis of putative adhesion factors in *Lactobacillus acidophilus* NCFM. *Appl Environ Microbiol* **71**, 8344-8351.

74. Buisine M-P, Desreumaux P, Leteurtre E *et al.* (2001) Mucin gene expression in intestinal epithelial cells in Crohn's disease. *Gut* **49**, 544-551.

75. Burgess C, O'Connell-Motherway M, Sybesma W *et al.* (2004) Riboflavin production in *Lactococcus lactis*: potential for *in situ* production of vitamin-enriched foods. *Appl Environ Microbiol* **70**, 5769-5777.

76. Burgess CM, Smid EJ, Rutten G *et al.* (2006) A general method for selection of riboflavin-overproducing food grade micro-organisms.

77. Burgess CM, Smid EJ & van Sinderen D (2009) Bacterial vitamin B2, B11 and B12 overproduction: An overview. *Int J Food Microbiol* **133**, 1-7.

78. Buts JP (1998) Bioactive factors in milk. *Arch Pediatr* **5**, 298-306.

79. Caballero-Franco C, Keller K, De Simone C *et al.* (2007) The VSL#3 probiotic formula induces mucin gene expression and secretion in colonic epithelial cells. *Am J Physiol Gastrointest Liver Physiol* **292**, G315-322.

80. Calder PC, Krauss-Etschmann S, de Jong EC *et al.* (2006) Early nutrition and immunity - progress and perspectives. *Br J Nutr* **96**, 774-790.

81. Calderon M, Loiseau G & Guyot JP (2003) Fermentation by *Lactobacillus fermentum* Ogi E1 of different combinations of carbohydrates occurring naturally in cereals: consequences on growth energetics and alpha-amylase production. *Int J Food Microbiol* **80**, 161-169.

82. Calderon Santoyo M, Loiseau G, Rodriguez Sanoja R *et al.* (2003) Study of starch fermentation at low pH by *Lactobacillus fermentum* Ogi E1 reveals uncoupling between growth and alpha-amylase production at pH 4.0. *Int J Food Microbiol* **80**, 77-87.

83. Callanan MJ, Beresford TP & Ross RP (2005) Genetic diversity in the lactose operons of *Lactobacillus helveticus* strains and its relationship to the role of these strains as commercial starter cultures. *Appl Environ Microbiol* **71**, 1655-1658.

84. Campbell-Platt G (1994) Fermented foods : a world perspective. *Food Research International* **27**, 253-257.

85. Capozzi V, Menga V, Digesu AM *et al.* (2011) Biotechnological Production of Vitamin B2-Enriched Bread and Pasta. *J Agric Food Chem.*

86. Cappa F, Cattivelli D & Cocconcelli PS (2005) The uvrA gene is involved in oxidative and acid stress responses in *Lactobacillus helveticus* CNBL1156. *Res Microbiol* **156**, 1039-1047.

87. Carey CM, Kostrzynska M, Ojha S *et al.* (2008) The effect of probiotics and organic acids on Shiga-toxin 2 gene expression in enterohemorrhagic *Escherichia coli* O157:H7. *J Microbiol Methods* **73**, 125-132.

88. Castagliuolo I, Galeazzi F, Ferrari S *et al.* (2005) Beneficial effect of auto-aggregating *Lactobacillus crispatus* on experimentally induced colitis in mice. *FEMS Immunology and Medical Microbiology* **43**, 197-204.

89. Castaldo C, Vastano V, Siciliano RA *et al.* (2009) Surface displaced alfa-enolase of *Lactobacillus plantarum* is a fibronectin binding protein. *Microb Cell Fact* **8**, 14.

90. Cecconi D, Cristofoletti M, Milli A *et al.* (2009) Effect of tannic acid on *Lactobacillus plantarum* wine strain during starvation: A proteomic study. *Electrophoresis* **30**, 957-965.

91. Cesena C, Morelli L, Alander M *et al.* (2001) *Lactobacillus crispatus* and its Nonaggregating Mutant in Human Colonization Trials. *Journal of Dairy Science* **84**, 1001-1010.

92. Chagnaud P, Machinis K, Coutte LA *et al.* (2001) Rapid PCR-based procedure to identify lactic acid bacteria: application to six common *Lactobacillus* species. *J Microbiol Methods* **44**, 139-148.

93. Chaillou S, Champomier-Verges MC, Cornet M *et al.* (2005) The complete genome sequence of the meat-borne lactic acid bacterium *Lactobacillus sakei* 23K. *Nat Biotechnol* **23**, 1527-1533.

94. Champomier-Verges MC, Chaillou S, Cornet M *et al.* (2002) *Lactobacillus sakei*: recent developments and future prospects. *Res Microbiol* **152**, 839-848.

95. Champomier-Verges MC, Maguin E, Mistou MY *et al.* (2002) Lactic acid bacteria and proteomics: current knowledge and perspectives. *J Chromatogr B Analyt Technol Biomed Life Sci* **771**, 329-342.

96. Champomier Verges MC, Zuniga M, Morel-Deville F *et al.* (1999) Relationships between arginine degradation, pH and survival in *Lactobacillus sakei. FEMS Microbiol Lett* **180**, 297-304.

97. Chander H, Batish VK, Babu S *et al.* (1989) Factors Affecting Amine Production by a Selected Strain of *Lactobacillus bulgaricus*, pp. 940-942: Blackwell Publishing Ltd.

98. Charteris WP, Kelly PM, Morelli L *et al.* (1998) Antibiotic susceptibility of potentially probiotic *Lactobacillus* species. *J Food Prot* **61**, 1636-1643.

99. Chavan JK & Kadam SS (1989) Nutritional improvement of cereals by fermentation. *Crit Rev Food Sci Nutr* **28**, 349-400.

100. Chen J-L, Chiang M-L & Chou C-C (2009) Survival of the acid-adapted *Bacillus cereus* in acidic environments. *Int J Food Microbiol* **128**, 424-428.

101. Cheon S, Lee KW, Kim KE *et al.* (2011) Heat-killed *Lactobacillus acidophilus* La205 enhances NK cell cytotoxicity through increased granule exocytosis. *Immunol Lett* **136**, 171-176.

102. Cherbuy C, Darcy-Vrillon B, Morel M-T *et al.* (1995) Effect of germfree state on the capacities of isolated rat colonocytes to metabolize n-Butyrate, glucose, and glutamine. *Gastroenterology* **109**, 1890-1899.

103. Cherbuy C, Honvo-Houeto E, Bruneau A *et al.* (2010) Microbiota matures colonic epithelium through a coordinated induction of cell cycle-related proteins in gnotobiotic rat. *Am J Physiol Gastrointest Liver Physiol* **299**, G348-357.

104. Chiaramonte F, Blugeon S, Chaillou S *et al.* (2009) Behavior of the meat-borne bacterium *Lactobacillus sakei* during its transit through the gastrointestinal tracts of axenic and conventional mice. *Appl Environ Microbiol* **75**, 4498-4505.

105. Cho MH, Park SE, Lee MH *et al.* (2007) Extracellular secretion of a maltogenic amylase from *Lactobacillus gasseri* ATCC33323 in *Lactococcus lactis* MG1363 and its application on the production of branched maltooligosaccharides. *J Microbiol Biotechnol* **17**, 1521-1526.

106. Chomczynski P & Sacchi N (1987) Single-step method of RNA isolation by acid guanidinium thiocyanate-phenol-chloroform extraction. *Analytical Biochemistry* **162**, 156-159.

107. Chow J, Lee SM, Shen Y *et al.* (2010) Host-bacterial symbiosis in health and disease. *Adv Immunol* **107**, 243-274.

108. Christiansson A & Hubert R (2002) *Bacillus cereus*. In *Encyclopedia of Dairy Sciences*, pp. 123-128. Oxford: Elsevier.

109. Christie J, McNab R & Jenkinson HF (2002) Expression of fibronectin-binding protein FbpA modulates adhesion in *Streptococcus gordonii*. *Microbiology* **148**, 1615-1625.

110. Cibik R, Lepage E & Talliez P (2000) Molecular diversity of *Leuconostoc mesenteroides* and *Leuconostoc citreum* isolated from traditional french cheeses as revealed by RAPD fingerprinting, 16S rDNA sequencing and 16S rDNA fragment amplification. *Syst Appl Microbiol* **23**, 267-278.

111. Claesson MJ, Li Y, Leahy S *et al.* (2006) Multireplicon genome architecture of *Lactobacillus salivarius*. *Proc Natl Acad Sci U S A* **103**, 6718-6723.

112. Clement BG, Kehl LE, DeBord KL *et al.* (1998) Terminal restriction fragment patterns (TRFPs), a rapid, PCR-based method for the comparison of complex bacterial communities. *Journal of Microbiological Methods* **31**, 135-142.

113. Cocolin L & Ercolini D (2008) Molecular Techniques in the Microbial Ecology of Fermented Foods. Springer, New York. ISBN: 978-0-387-74519-0.

114. Coconnier MH, Klaenhammer TR, Kerneis S *et al.* (1992) Protein-mediated adhesion of Lactobacillus acidophilus BG2FO4 on human enterocyte and mucus-secreting cell lines in culture. *Appl Environ Microbiol* **58**, 2034-2039.

115. Collado MC, Meriluoto J & Salminen S (2007) Development of new probiotics by strain combinations: is it possible to improve the adhesion to intestinal mucus? *J Dairy Sci* **90**, 2710-2716.

116. Collado MC, Surono I, Meriluoto J *et al.* (2007) Indigenous Dadih Lactic Acid Bacteria: Cell-Surface Properties and Interactions with Pathogens, pp. M89-M93: Blackwell Publishing Inc.

117. Corr SC, Li Y, Riedel CU *et al.* (2007) Bacteriocin production as a mechanism for the antiinfective activity of *Lactobacillus salivarius* UCC118. *Proc Natl Acad Sci U S A* **104**, 7617-7621.

118. Corsetti A, Gobbetti M, Rossi J *et al.* (1998) Antimould activity of sourdough lactic acid bacteria: identification of a mixture of organic acids produced by *Lactobacillus sanfrancisco* CB1. *Appl Microbiol Biotechnol* **50**, 253-256.

119. Corsetti A & Settanni L (2007) Lactobacilli in sourdough fermentation. *Food Research International* **40**, 539-558.

120. Coton M, Romano A, Spano G *et al.* (2010) Occurrence of biogenic amine-forming lactic acid bacteria in wine and cider. *Food Microbiol* **27**, 1078-1085.

121. Cotter PD & Hill C (2003) Surviving the acid test: responses of gram-positive bacteria to low pH. *Microbiol Mol Biol Rev* **67**, 429-453, table of contents.

122. Coudray C, Rambeau M, Feillet-Coudray C *et al.* (2005) Dietary inulin intake and age can significantly affect intestinal absorption of calcium and magnesium in rats: a stable isotope approach. *Nutr J* **4**, 29.

123. Cremonini F & Talley NJ (2005) Irritable bowel syndrome: epidemiology, natural history, health care seeking and emerging risk factors. *Gastroenterol Clin North Am* **34**, 189-204.

124. Cristfaro EH, Mattu F & Wurhmann JJ (1974) Involment of the raffinose family oligosaccharides in flatulence. In: Sipple HL, McNatt KW (eds) Sugar in nutrition. *Academic Press, New York*, 313.

125. Crittenden RG, Martinez NR & Playne MJ (2003) Synthesis and utilisation of folate by yoghurt starter cultures and probiotic bacteria. *International Journal of Food Microbiology* **80**, 217-222.

126. Cunin R, Glansdorff N, Pierard A *et al.* (1986) Biosynthesis and metabolism of arginine in bacteria. *Microbiol Rev* **50**, 314-352.

127. Curiel JA, Rodriguez H, de Las Rivas B *et al.* (2011) Response of a *Lactobacillus plantarum* human isolate to tannic acid challenge assessed by proteomic analyses. *Mol Nutr Food Res.*

128. Dalpke A, Frank J, Peter M *et al.* (2006) Activation of toll-like receptor 9 by DNA from different bacterial species. *Infect Immun* **74**, 940-946.

129. Daniel C, Poiret S, Goudercourt D *et al.* (2006) Selecting lactic acid bacteria for their safety and functionality by use of a mouse colitis model. *Appl Environ Microbiol* **72**, 5799-5805.

130. De Angelis M, Gallo G, Corbo MR *et al.* (2003) Phytase activity in sourdough lactic acid bacteria: purification and characterization of a phytase from *Lactobacillus sanfranciscensis* CB1. *Int J Food Microbiol* **87**, 259-270.

131. de Crecy-Lagard V, El Yacoubi B, de la Garza RD *et al.* (2007) Comparative genomics of bacterial and plant folate synthesis and salvage: predictions and validations. *BMC Genomics* **8**, 245.

132. de Jong A, van Hijum SA, Bijlsma JJ *et al.* (2006) BAGEL: a web-based bacteriocin genome mining tool. *Nucleic Acids Res* **34**, W273-279.

133. De Man JC, Rogosa M & Sharpe ME (1960) A medium for the cultivation of lactobacilli. *Journal of Applied Microbiology* **23**, 130-135.

134. de Palencia PF, Werning ML, Sierra-Filardi E *et al.* (2009) Probiotic properties of the 2-substituted (1,3)-beta-D-glucan-producing bacterium *Pediococcus parvulus* 2.6. *Appl Environ Microbiol* **75**, 4887-4891.

135. de Vrese M, Stegelmann A, Richter B *et al.* (2001) Probiotics: compensation for lactase insufficiency. *Am J Clin Nutr* **73**, 421S-429S.

136. de Vries MC, Vaughan EE, Kleerebezem M *et al.* (2006) *Lactobacillus plantarum* survival, functional and potential probiotic properties in the human intestinal tract. *Int. Dairy J.* **16**, 1018-1028.

137. de Wit MA, Koopmans MP, Kortbeek LM *et al.* (2001) Sensor, a population-based cohort study on gastroenteritis in the Netherlands: incidence and etiology. *Am J Epidemiol* **154**, 666-674.

138. Deegan LH, Cotter PD, Hill C *et al.* (2005) Bacterlocins: Biological tools for bio-preservation and shelf-life extension. *4th NIZO Conference on Prospects for Health, Well-Being and Safety*, 1058-1071.

139. Deepika G, Rastall RA & Charalampopoulos D (2011) Effect of Food Models and Low-Temperature Storage on the Adhesion of *Lactobacillus rhamnosus* GG to Caco-2 Cells. *J Agric Food Chem.*

140. Del Re B, Sgorbati B, Miglioli M *et al.* (2000) Adhesion, autoaggregation and hydrophobicity of 13 strains of *Bifidobacterium longum*. *Letters in Applied Microbiology* **31**, 438-442.

141. Dellaglio F, Felis GE & Germond JE (2004) Should names reflect the evolution of bacterial species? *Int J Syst Evol Microbiol* **54**, 279-281.

142. Delzenne N & Reid G (2009) No causal link between obesity and probiotics. *Nat Rev Microbiol* **7**, 901; author reply 901.

143. Denou E, Berger B, Barretto C *et al.* (2007) Gene expression of commensal *Lactobacillus johnsonii* strain NCC533 during *in vitro* growth and in the murine gut. *J Bacteriol* **189**, 8109-8119.

144. Denou E, Pridmore RD, Berger B *et al.* (2008) Identification of genes associated with the long-gut-persistence phenotype of the probiotic *Lactobacillus johnsonii* strain NCC533 using a combination of genomics and transcriptome analysis. *J Bacteriol* **190**, 3161-3168.

145. Derrien M, van Passel MW, van de Bovenkamp JH *et al.* (2010) Mucin-bacterial interactions in the human oral cavity and digestive tract. *Gut Microbes* **1**, 254-268.

146. Desmond C, Ross RP, Fitzgerald G *et al.* (2005) Sequence analysis of the plasmid genome of the probiotic strain *Lactobacillus paracasei* NFBC338 which includes the plasmids pCD01 and pCD02. *Plasmid* **54**, 160-175.

147. Dharmani P, Srivastava V, Kissoon-Singh V *et al.* (2009) Role of intestinal mucins in innate host defense mechanisms against pathogens. *J Innate Immun* **1**, 123-135.

148. Dharmani P, Strauss J, Ambrose C *et al.* (2011) *Fusobacterium nucleatum* infection of colonic cells stimulates MUC2 mucin and tumor necrosis factor-alpha. *Infect Immun* **79**, 2597-2607.

149. Diaz-Ruiz G, Guyot JP, Ruiz-Teran F *et al.* (2003) Microbial and physiological characterization of weakly amylolytic but fast-growing lactic acid bacteria: a functional role in supporting microbial diversity in pozol, a Mexican fermented maize beverage. *Appl Environ Microbiol* **69**, 4367-4374.

150. Dillon JK, Fuerst JA, Hayward AC *et al.* (1986) A comparison of five methods for assaying bacterial hydrophobicity. *Journal of Microbiological Methods* **6**, 13-19.

151. Djouzi Z, Andrieux C, Degivry MC *et al.* (1997) The association of yogurt starters with *Lactobacillus casei* DN 114.001 in fermented milk alters the composition and metabolism of intestinal microflora in germ-free rats and in human flora-associated rats. *J Nutr* **127**, 2260-2266.

152. Dobrindt U, Hochhut B, Hentschel U *et al.* (2004) Genomic islands in pathogenic and environmental microorganisms. *Nat Rev Micro* **2**, 414-424.

153. Donkor ON, Henriksson A, Singh TK *et al.* (2007) ACE-inhibitory activity of probiotic yoghurt. *Int. Dairy J.* **17**, 1321-1331.

154. Donkor ON, Henriksson A, Vasiljevic T *et al.* (2007) [alpha]-Galactosidase and proteolytic activities of selected probiotic and dairy cultures in fermented soymilk. *Food Chemistry* **104**, 10-20.

155. Donkor ON & Shah NP (2008) Production of beta-glucosidase and hydrolysis of isoflavone phytoestrogens by *Lactobacillus acidophilus*, *Bifidobacterium lactis*, and *Lactobacillus casei* in soymilk. *J Food Sci* **73**, M15-20.

156. Dop MC & Benbouzid D (1999) Regional features of complementary feeding in Africa and Middle East. *In* Dop M.C., Benbouzid D., Trèche S., de Benoist B., Verster A., Delpeuch F., éd: *Complementary feeding of young children in Africa and the middle East,* Geneva, World Health Organization. Pp 43-58.Cornu, A., Trèche, S., Massamba,J., Delpeuch, F. 1993. Alimentation de sevrage et interventions nutritionnelles au Congo. **3**, 168-177.

157. Duchmann R, Kaiser I, Hermann E *et al.* (1995) Tolerance exists towards resident intestinal flora but is broken in active inflammatory bowel disease (IBD). *Clin Exp Immunol* **102**, 448-455.

158. Dufour C, Dandrifosse G, Forget P *et al.* (1988) Spermine and spermidine induce intestinal maturation in the rat. *Gastroenterology* **95**, 112-116.

159. Duncan SH, Richardson AJ, Kaul P *et al.* (2002) *Oxalobacter formigenes* and its potential role in human health. *Appl Environ Microbiol* **68**, 3841-3847.

160. Duncker SC, Wang L, Hols P *et al.* (2008) The D-alanine content of lipoteichoic acid is crucial for *Lactobacillus plantarum*-mediated protection from visceral pain perception in a rat colorectal distension model. *Neurogastroenterol Motil* **20**, 843-850.
161. Dunne C, O'Mahony L, Murphy L *et al.* (2001) In vitro selection criteria for probiotic bacteria of human origin: correlation with in vivo findings. *Am J Clin Nutr* **73**, 386S-392.
162. Dykstra NS, Hyde L, Adawi D *et al.* (2011) Pulse probiotic administration induces repeated small intestinal Muc3 expression in rats. *Pediatr Res* **69**, 206-211.
163. Eaton KA, Honkala A, Auchtung TA *et al.* (2011) Probiotic *Lactobacillus reuteri* ameliorates disease due to enterohemorrhagic *Escherichia coli* in germfree mice. *Infect Immun* **79**, 185-191.
164. EFSA (2010) EFSA delivers advice on further 808 health claims
165. Ehrlich SD (2009) Probiotics : little evidence for a link to obesity. *Nat Rev Microbiol* **7**, 901; author reply 901.
166. Ehrmann MA, Kurzak P, Bauer J *et al.* (2002) Characterization of lactobacilli towards their use as probiotic adjuncts in poultry. *J Appl Microbiol* **92**, 966-975.
167. Eisenhardt SU, Thiele JR, Bannasch H *et al.* (2009) C-reactive protein: how conformational changes influence inflammatory properties. *Cell Cycle* **8**, 3885-3892.
168. El-Nezami H, Polychronaki N, Salminen S *et al.* (2002) Binding rather than metabolism may explain the interaction of two food-Grade *Lactobacillus* strains with zearalenone and its derivative (')alpha-earalenol. *Appl Environ Microbiol* **68**, 3545-3549.
169. Eom HJ, Moon JS, Seo EY *et al.* (2009) Heterologous expression and secretion of Lactobacillus amylovorus alpha-amylase in Leuconostoc citreum. *Biotechnol Lett* **31**, 1783-1788.
170. Ercolini D (2004) PCR-DGGE fingerprinting: novel strategies for detection of microbes in food. *J Microbiol Methods* **56**, 297-314.
171. Eutamene H, Lamine F, Chabo C *et al.* (2007) Synergy between *Lactobacillus paracasei* and its bacterial products to counteract stress-induced gut permeability and sensitivity increase in rats. *J Nutr* **137**, 1901-1907.
172. Fadda S, Vignolo G & Oliver G (2001) Tyramine degradation and tyramine/histamine production by lactic acid bacteria and Kocuria strains. *Biotechnology Letters* **23**, 2015-2019.
173. Fakhry S, Manzo N, D'Apuzzo E *et al.* (2009) Characterization of intestinal bacteria tightly bound to the human ileal epithelium. *Res Microbiol* **160**, 817-823.
174. Falk PG, Hooper LV, Midtvedt T *et al.* (1998) Creating and maintaining the gastrointestinal ecosystem: what we know and need to know from gnotobiology. *Microbiol Mol Biol Rev* **62**, 1157-1170.
175. Fang F, Li Y, Bumann M *et al.* (2009) Allelic variation of bile salt hydrolase genes in *Lactobacillus salivarius* does not determine bile resistance levels. *J Bacteriol* **191**, 5743-5757.
176. FAO (1995) *Sorghum and Millets in Human Nutrition*. FAO, Rome.
177. FAO/CIRAD (1996) Étude de cas sur les pratiques d'approvisionnement alimentaire des consommateurs de Ouagadougou. *GCP/RAF/309/BEL-FRA Approvisionnement et distribution alimentaires des villes de l'Afrique francophone*.
178. FAO/WHO (2001) Evaluation of health and nutritional properties of powder milk and live lactic acid bacteria. In *Food and Agriculture Organization of the United Nations and World Health Organization expert consultation report*. FAO, Rome, Italy.

179. FAO/WHO (2006) Probiotics in Food. Health and Nutritional Properties and Guidelines for Evaluation. . *In: FAO Food and Nutrition Paper 85 Roma, 2006.*
180. FAOSTAT (2003) FAO Statiscal databases. Food and Agriculture. Organisation of the United Nations/Rome, Italy/ Website://faostat.fao.org.
181. Farquhar MG & Palade GE (1963) Junctional complexes in various epithelia. *J Cell Biol* 17, 375-412.
182. Fazeli MR, Hajimohammadali M, Moshkani A *et al.* (2009) Aflatoxin B1 binding capacity of autochthonous strains of lactic acid bacteria. *J Food Prot* 72, 189-192.
183. Feleszko W, Jaworska J, Rha RD *et al.* (2007) Probiotic-induced suppression of allergic sensitization and airway inflammation is associated with an increase of T regulatory-dependent mechanisms in a murine model of asthma. *Clin Exp Allergy* 37, 498-505.
184. Felis GE, Dellaglio F, Mizzi L *et al.* (2001) Comparative sequence analysis of a *recA* gene fragment brings new evidence for a change in the taxonomy of the *Lactobacillus casei* group. *Int J Syst Evol Microbiol* 51, 2113-2117.
185. Ferraz RR, Marques NC, Froeder L *et al.* (2009) Effects of *Lactobacillus casei* and *Bifidobacterium breve* on urinary oxalate excretion in nephrolithiasis patients. *Urol Res* 37, 95-100.
186. Florencio JA, Eiras-Stofella DR, Soccol CR *et al.* (2000) *Lactobacillus plantarum* amylase acting on crude starch granules. Native isoforms and activity changes after limited proteolysis. *Appl Biochem Biotechnol* 84-86, 721-730.
187. Fons M, Hege T, Ladire M *et al.* (1997) Isolation and characterization of a plasmid from *Lactobacillus fermentum* conferring erythromycin resistance. *Plasmid* 37, 199-203.
188. Foster JW & Hall HK (1991) Inducible pH homeostasis and the acid tolerance response of *Salmonella typhimurium*. *J Bacteriol* 173, 5129-5135.
189. Fozo EM & Quivey RG, Jr. (2004) Shifts in the membrane fatty acid profile of *Streptococcus mutans* enhance survival in acidic environments. *Appl Environ Microbiol* 70, 929-936.
190. Francavilla R, Miniello V, Magista AM *et al.* (2010) A randomized controlled trial of *Lactobacillus* GG in children with functional abdominal pain. *Pediatrics* 126, e1445-1452.
191. Freitas M, Tavan E, Cayuela C *et al.* (2003) Host-pathogens cross-talk. Indigenous bacteria and probiotics also play the game. *Biol Cell* 95, 503-506.
192. Freitas M, Tavan E, Thoreux K *et al.* (2003) *Lactobacillus casei* DN-114 001 and *Bacteroides thetaitaomicrom* VPI-5482 inhibit rotavirus infection by modulating apical glycosylation pattern of cultured human intestinal HT29-MTX cells. *Gastroenterology* 124, A475-A476.
193. Fuchs S, Sontag G, Stidl R *et al.* (2008) Detoxification of patulin and ochratoxin A, two abundant mycotoxins, by lactic acid bacteria. *Food Chem. Toxicol.* 46, 1398-1407.
194. Fuglsang A, Rattray FP, Nilsson D *et al.* (2003) Lactic acid bacteria: inhibition of angiotensin converting enzyme in *vitro* and *in vivo*. *Antonie Van Leeuwenhoek* 83, 27-34.
195. Funari E & Testai E (2008) Human health risk assessment related to cyanotoxins exposure. *Crit Rev Toxicol* 38, 97-125.

196. Garcia-Godoy F & Hicks MJ (2008) Maintaining the integrity of the enamel surface: the role of dental biofilm, saliva and preventive agents in enamel demineralization and remineralization. *J Am Dent Assoc* **139 Suppl**, 25S-34S.

197. Garcia-Ruiz A, Gonzalez-Rompinelli EM, Bartolome B *et al.* (2011) Potential of wine-associated lactic acid bacteria to degrade biogenic amines. *Int J Food Microbiol* **148**, 115-120.

198. Garcia MJ, Zuniga M & Kobayashi H (1992) Energy production from L-malic acid degradation and protection against acidic external pH in *Lactobacillus plantarum* CECT 220. *Journal of General Microbiology* **138**, 2519-2524.

199. Gardini F, Zaccarelli A, Belletti N *et al.* (2005) Factors influencing biogenic amine production by a strain of *Oenococcus oeni* in a model system. *Food Control* **16**, 609-616.

200. Garrido-Fernandez J, Maldonado-Barragan A, Caballero-Guerrero B *et al.* (2010) Carotenoid production in *Lactobacillus plantarum*. *Int J Food Microbiol* **140**, 34-39.

201. Gevers D, Huys G & Swings J (2001) Applicability of rep-PCR fingerprinting for identification of *Lactobacillus* species. *FEMS Microbiol Lett* **205**, 31-36.

202. Ghadimi D, Folster-Holst R, de Vrese M *et al.* (2008) Effects of probiotic bacteria and their genomic DNA on TH1/TH2-cytokine production by peripheral blood mononuclear cells (PBMCs) of healthy and allergic subjects. *Immunobiology* **213**, 677-692.

203. Ghadimi D, Hassan M, Njeru PN *et al.* (2011) Suppression subtractive hybridization identifies bacterial genomic regions that are possibly involved in hBD-2 regulation by enterocytes. *Mol Nutr Food Res.*

204. Gibson GR, Beatty ER, Wang X *et al.* (1995) Selective stimulation of bifidobacteria in the human colon by oligofructose and inulin. *Gastroenterology* **108**, 975-982.

205. Giegerich R, Meyer F & Schleiermacher C (1996) GeneFishe:software support for the detection of postulated genes. *Proc Int Conf Intell Syst Mol Biol* **4**, 68-77.

206. Gil R, Silva FJ, Pereto J *et al.* (2004) Determination of the core of a minimal bacterial gene set. *Microbiol Mol Biol Rev* **68**, 518-537.

207. Gilliland SE, Staley TE & Bush LJ (1984) Importance of bile tolerance of *Lactobacillus acidophilus* used as a dietary adjunct. *J Dairy Sci* **67**, 3045-3051.

208. Gilman J & Cashman KD (2006) The effect of probiotic bacteria on transepithelial calcium transport and calcium uptake in human intestinal-like Caco-2 cells. *Curr Issues Intest Microbiol* **7**, 1-5.

209. Gionchetti P, Lammers KM, Rizzello F *et al.* (2005) VSL#3: An Analysis of Basic and Clinical Contributions in Probiotic Therapeutics. *Gastroenterology Clinics of North America* **34**, 499-513.

210. Giraud E, Brauman A, Keleke S *et al.* (1991) Isolation and physiological study of an amylolytic strain of *Lactobacillus plantarum*. *Appl Microbiol Biotechnol* **36**.

211. Giraud E, Gosselin L & Raimbault M (1992) Degradation of cassava linamarin by lactic acid bacteria. *Biotechnology Letters* **14**, 593-598.

212. Glynn AA, O'Donnell ST, Molony DC *et al.* (2008) Hydrogen peroxide induced repression of icaADBC transcription and biofilm development in *Staphylococcus epidermidis*. *J Orthop Res* **27**, 627-630.

213. Goh YJ & Klaenhammer TR (2010) Functional roles of aggregation-promoting-like factor in stress tolerance and adherence of *Lactobacillus acidophilus* NCFM. *Appl Environ Microbiol* **76**, 5005-5012.

214. Goldin BR & Gorbach SL (1984) The effect of milk and *Lactobacillus* feeding on human intestinal bacterial enzyme activity. *Am J Clin Nutr* **39**, 756-761.

215. Goldin BR, Gorbach SL, Saxelin M *et al.* (1992) Survival of *Lactobacillus species* (strain GG) in human gastrointestinal tract. *Dig Dis Sci* **37**, 121-128.

216. Gopal PK, Prasad J, Smart J *et al.* (2001) In vitro adherence properties of *Lactobacillus rhamnosus* DR20 and *Bifidobacterium lactis* DR10 strains and their antagonistic activity against an enterotoxigenic *Escherichia coli. Int J Food Microbiol* **67**, 207-216.

217. Gourbeyre P, Denery S & Bodinier M (2011) Probiotics, prebiotics, and synbiotics: impact on the gut immune system and allergic reactions. *J Leukoc Biol* **89**, 685-695.

218. Granato D, Bergonzelli GE, Pridmore RD *et al.* (2004) Cell surface-associated elongation factor Tu mediates the attachment of *Lactobacillus johnsonii NCC533* (La1) to human intestinal cells and mucins. *Infect Immun* **72**, 2160-2169.

219. Grangette C, Nutten S, Palumbo E *et al.* (2005) Enhanced antiinflammatory capacity of a *Lactobacillus plantarum* mutant synthesizing modified teichoic acids. *Proc Natl Acad Sci U S A* **102**, 10321-10326.

220. Grases F, Costa-Bauza A & Prieto RM (2006) Renal lithiasis and nutrition. *Nutr J* **5**, 23.

221. Gratz S, Taubel M, Juvonen RO *et al.* (2006) *Lactobacillus rhamnosus* strain GG modulates intestinal absorption, fecal excretion, and toxicity of aflatoxin B(1) in rats. *Appl Environ Microbiol* **72**, 7398-7400.

222. Griswold AR, Jameson-Lee M & Burne RA (2006) Regulation and physiologic significance of the agmatine deiminase system of *Streptococcus mutans* UA159. *J Bacteriol* **188**, 834-841.

223. Grootaert C, Boon N, Zeka F *et al.* (2011) Adherence and viability of intestinal bacteria to differentiated Caco-2 cells quantified by flow cytometry. *J Microbiol Methods* **86**, 33-41.

224. Grossman H, Duggan E, McCamman S *et al.* (1980) The dietary chloride deficiency syndrome. *Pediatrics* **66**, 366-374.

225. Gueimonde M, Ouwehand AC & Salminen S (2004) Safety of probiotics. *Scand J Nutr* **48**, 42-49.

226. Gueimonde M, Jalonen L, He F *et al.* (2006) Adhesion and competitive inhibition and displacement of human enteropathogens by selected lactobacilli. *Food Research International* **39**, 467-471.

227. Gupta P, Andrew H, Kirschner BS *et al.* (2000) Is *Lactobacillus* GG helpful in children with Crohn's disease? Results of a preliminary, open-label study. *J Pediatr Gastroenterol Nutr* **31**, 453-457.

228. Gupta U, Rudramma, Rati ER *et al.* (1998) Nutritional quality of lactic fermented bitter gourd and fenugreek leaves. *Int J Food Sci Nutr* **49**, 101-108.

229. Guyot J-P (2010) Fermented Cereal Products. In *Fermented Foods and Beverages of the World*, pp. 247-261: CRC Press.

230. Guzzo J, Delmas F, Pierre F *et al.* (1997) A small heat shock protein from *Leuconostoc oenos* induced by multiple stresses and during stationary growth phase. *Lett Appl Microbiol* **24**, 393-396.

231. Halász A, Baráth Á, Simon-Sarkadi L *et al.* (1994) Biogenic-amines and their production by microorganisms in food. *Trends Food Sci Technol* **5**, 42-49.

232. Hammami R, Zouhir A, Ben Hamida J *et al.* (2007) BACTIBASE: a new web-accessible database for bacteriocin characterization. *BMC Microbiol* **7**, 89.

233. Hammes WP & Tichaczek PS (1994) The potential of lactic acid bacteria for the production of safe and wholesome food. *Z Lebensm Unters Forsch* **198**, 193-201.

234. Hamon E, Horvatovich P, Izquierdo E *et al.* (2011) Comparative proteomic analysis of *Lactobacillus plantarum* for the identification of key proteins in bile tolerance. *BMC Microbiol* **11**, 63.

235. Hanauer SB (2002) New steroids for IBD: progress report. *Gut* **51**, 182-183.

236. Hanna MN, Ferguson RJ, Li YH *et al.* (2001) *uvrA* is an acid-inducible gene involved in the adaptive response to low pH in *Streptococcus mutans*. *J Bacteriol* **183**, 5964-5973.

237. Harty DWS, M. Patrikakis & Knox. KW (1993) Identification of *Lactobacillus* strains isolated from patients with infective endocarditis and comparison of their surface-associated properties with those of other strains of the same species. *Microb. Ecol. Health Dis.* **6**.

238. Hatakka K, Holma R, El-Nezami H *et al.* (2008) The influence of *Lactobacillus rhamnosus* LC705 together with *Propionibacterium freudenreichii* ssp. *shermanii* JS on potentially carcinogenic bacterial activity in human colon. *Int. J. Food Microbiol* **128**, 406-410.

239. Haukioja A, Loimaranta V & Tenovuo J (2008) Probiotic bacteria affect the composition of salivary pellicle and streptococcal adhesion in vitro. *Oral Microbiol Immunol* **23**, 336-343.

240. Hay ED (1981) Cell biology of extracellular matrix. New York Plenum Press. 21.

241. Hazrati E, Galen B, Lu W *et al.* (2006) Human alpha- and beta-defensins block multiple steps in herpes simplex virus infection. *J Immunol* **177**, 8658-8666.

242. Heby O (1981) Role of polyamines in the control of cell proliferation and differentiation. *Differentiation* **19**, 1-20.

243. Hessle C, Hanson LA & Wold AE (1999) Lactobacilli from human gastrointestinal mucosa are strong stimulators of IL-12 production. *Clin Exp Immunol* **116**, 276-282.

244. Hinton JCD, Hautefort I, Eriksson S *et al.* (2004) Benefits and pitfalls of using microarrays to monitor bacterial gene expression during infection. *Curr Opin Biotechnol* **7**, 277-282.

245. Hochrein H, Schlatter B, O'Keeffe M *et al.* (2004) Herpes simplex virus type-1 induces IFN-alpha production via Toll-like receptor 9-dependent and -independent pathways. *Proc Natl Acad Sci U S A* **101**, 11416-11421.

246. Holt PR, Moss SF, Kapetanakis AM *et al.* (1997) Is Ki-67 a better proliferative marker in the colon than proliferating cell nuclear antigen? *Cancer Epidemiol Biomarkers Prev* **6**, 131-135.

247. Holzapfel WH (2002) Appropriate starter culture technologies for small-scale fermentation in developing countries. *Int J Food Microbiol* **75**, 197-212.

248. Hong W-S, Chen H-C, Chen Y-P *et al.* (2009) Effects of kefir supernatant and lactic acid bacteria isolated from kefir grain on cytokine production by macrophage. *Int J Food Microbiol* **19**, 244-251.

249. Hsueh HY, Yueh PY, Yu B *et al.* (2010) Expression of *Lactobacillus reuteri* Pg4 Collagen-Binding Protein Gene in *Lactobacillus casei* ATCC 393 Increases Its Adhesion Ability to Caco-2 Cells. *J Agric Food Chem.*

250. Huang H, Shi P, Wang Y *et al.* (2009) Diversity of beta-propeller phytase genes in the intestinal contents of grass carp provides insight into the release of major phosphorus from phytate in nature. *Appl Environ Microbiol* **75**, 1508-1516.

251. Hufner E, Britton RA, Roos S *et al.* (2008) Global transcriptional response of *Lactobacillus reuteri* to the sourdough environment. *Syst Appl Microbiol* **31**, 323-338.

252. Hugenholtz J (1993) Citrate metabolism in lactic acid bacteria. *FEMS Microbiology Reviews* **12**, 165-178.

253. Hugenholtz P, Goebel BM & Pace NR (1998) Impact of culture-independent studies on the emerging phylogenetic view of bacterial diversity. *J Bacteriol* **180**, 4765-4774.

254. Hughes D (2000) Evaluating genome dynamics: the constraints on rearrangements within bacterial genomes. *Genome Biol* **1**.

255. Humblot C, Combourieu B, Vaisanen M-L *et al.* (2005) 1H Nuclear Magnetic Resonance Spectroscopy-Based Studies of the Metabolism of Food-Borne Carcinogen 2-Amino-3-Methylimidazo[4,5-f]Quinoline by Human Intestinal Microbiota. *Appl. Environ. Microbiol.* **71**, 5116-5123.

256. Humblot C & Guyot JP (2009) Pyrosequencing of tagged 16S rRNA gene amplicons for rapid deciphering of the microbiomes of fermented foods such as pearl millet slurries. *Appl Environ Microbiol* **75**, 4354-4361.

257. Humblot C, Turpin W, Chevalier F *et al.* (2010) The mRNA of the genes encoding for 5 enzymes implicated in the starch metabolism are expressed during the fermentation by *Lactobacillus plantarum* A6 of a cereal dough. *17e Colloque du CLUB des BACTERIES LACTIQUES. CBL2010.*

258. Humpage AR, Hardy SJ, Moore EJ *et al.* (2000) Microcystins (cyanobacterial toxins) in drinking water enhance the growth of aberrant crypt foci in the mouse colon. *J Toxicol Environ Health A* **61**, 155-165.

259. Hurmalainen V, Edelman S, Antikainen J *et al.* (2007) Extracellular proteins of Lactobacillus crispatus enhance activation of human plasminogen. *Microbiology* **153**, 1112-1122.

260. Ibnou-Zekri N, Blum S, Schiffrin EJ *et al.* (2003) Divergent patterns of colonization and immune response elicited from two intestinal *Lactobacillus* strains that display similar properties in vitro. *Infect Immun* **71**, 428-436.

261. INSD MI (2004) Enquête Démographique et de Santé (EDS), Burkina Faso. Allaitement et Etat Nutritionnel. Ed. G. S. Mariko. 145-172.

262. Ivec M, Botic T, Koren S *et al.* (2007) Interactions of macrophages with probiotic bacteria lead to increased antiviral response against vesicular stomatitis virus. *Antiviral Res* **75**, 266-274.

263. Iwamoto K, Tsuruta H, Nishitaini Y *et al.* (2008) Identification and cloning of a gene encoding tannase (tannin acylhydrolase) from *Lactobacillus plantarum* ATCC 14917(T). *Syst Appl Microbiol* **31**, 269-277.

264. Iyer R & Tomar SK (2009) Folate: a functional food constituent. *J Food Sci* **74**, R114-122.

265. Jacobsen CN, Rosenfeldt Nielsen V, Hayford AE *et al.* (1999) Screening of probiotic activities of forty-seven strains of *Lactobacillus* spp. by in vitro techniques and evaluation of the colonization ability of five selected strains in humans. *Appl Environ Microbiol* **65**, 4949-4956.

266. Jarvenpaa S, Tahvonen RL, Ouwehand AC *et al.* (2007) A probiotic, *Lactobacillus fermentum* ME-3, has antioxidative capacity in soft cheese spreads with different fats. *J Dairy Sci* **90**, 3171-3177.
267. Jeun J, Kim S, Cho SY *et al.* (2009) Hypocholesterolemic effects of *Lactobacillus plantarum* KCTC3928 by increased bile acid excretion in C57BL/6 mice. *Nutrition* **26**, 321-330.
268. Jeyaram K, Romi W, Singh TA *et al.* (2010) Bacterial species associated with traditional starter cultures used for fermented bamboo shoot production in Manipur state of India. *Int. J. Food Microbiol.* **143**, 1-8.
269. Jiang J, Hang X, Zhang M *et al.* (2010) Diversity of bile salt hydrolase activities in different lactobacilli toward human bile salts. 81-88.
270. Johansson ML, Molin G, Jeppsson B *et al.* (1993) Administration of different *Lactobacillus* strains in fermented oatmeal soup: in vivo colonization of human intestinal mucosa and effect on the indigenous flora. *Appl Environ Microbiol* **59**, 15-20.
271. Johansson ML, Sanni A, Lönner C *et al.* (1995) Phenotypically based taxonomy using API 50CH of lactobacilli from Nigerian ogi, and the occurrence of starch fermenting strains. *International Journal of Food Microbiology* **25**, 159-168.
272. John LJ, Fromm M & Schulzke JD (2011) Epithelial Barriers in Intestinal Inflammation. *Antioxid Redox Signal.*
273. Jones G, Steketee RW, Black RE *et al.* (2003) How many child deaths can we prevent this year? *The Lancet* **362**, 65-71.
274. Kadooka Y, Sato M, Imaizumi K *et al.* (2010) Regulation of abdominal adiposity by probiotics (*Lactobacillus gasseri* SBT2055) in adults with obese tendencies in a randomized controlled trial. *Eur J Clin Nutr* **64**, 636-643.
275. Kalliomaki M, Salminen S, Arvilommi H *et al.* (2001) Probiotics in primary prevention of atopic disease: a randomised placebo-controlled trial. *Lancet* **357**, 1076-1079.
276. Kandler O (1983) Carbohydrate metabolism in lactic acid bacteria. *Antonie Van Leeuwenhoek* **49**, 209-224.
277. Kanehisa M & Goto S (2000) KEGG: kyoto encyclopedia of genes and genomes. *Nucleic Acids Res* **28**, 27-30.
278. Kankainen M, Paulin L, Tynkkynen S *et al.* (2009) Comparative genomic analysis of *Lactobacillus rhamnosus* GG reveals pili containing a human- mucus binding protein. *Proc Natl Acad Sci U S A* **106**, 17193-17198.
279. Kankainen M, Paulin L, Tynkkynen S *et al.* (2009) Comparative genomic analysis of *Lactobacillus rhamnosus* GG reveals pili containing a human- mucus binding protein. *Proc Natl Acad Sci USA* **106**, 17193-17198.
280. Karahan AG, Cakmakci ML, Cicioglu-Aridogan B *et al.* (2005) Nitric Oxide (NO) and Lactic Acid Bacteria-Contributions to Health, Food Quality, and Safety. *Food Rev Int* **21**, 313 - 329.
281. Kariluoto S, Aittamaa M, Korhola M *et al.* (2006) Effects of yeasts and bacteria on the levels of folates in rye sourdoughs. *Int J Food Microbiol* **106**, 137-143.
282. Karp PD, Paley S & Romero P (2002) The Pathway Tools software. *Bioinformatics* **18**, S225-S232.
283. Kaushik JK, Kumar A, Duary RK *et al.* (2009) Functional and probiotic attributes of an indigenous isolate of *Lactobacillus plantarum*. *PLoS ONE* **4**, e8099.
284. Kawamura Y, Itoh Y, Mishima N *et al.* (2005) High genetic similarity of *Streptococcus agalactiae* and *Streptococcus difficilis*: *S. difficilis* Eldar et al. 1995 is a

later synonym of *S. agalactiae* Lehmann and Neumann 1896 (Approved Lists 1980). *Int J Syst Evol Microbiol* **55**, 961-965.

285. Kerneis S, Bernet MF, Coconnier MH *et al.* (1994) Adhesion of human enterotoxigenic *Escherichia coli* to human mucus secreting HT-29 cell subpopulations in culture. *Gut* **35**, 1449-1454.

286. Kim JH, Sunako M, Ono H *et al.* (2008) Characterization of gene encoding amylopullulanase from plant-originated lactic acid bacterium, *Lactobacillus plantarum* L137. *J Biosci Bioeng* **106**, 449-459.

287. Kim JH, Sunako M, Ono H *et al.* (2009) Characterization of the C-terminal truncated form of amylopullulanase from *Lactobacillus plantarum* L137. *Journal of Bioscience and Bioengineering* **107**, 124-129.

288. Kim Y, Kim SH, Whang KY *et al.* (2008) Inhibition of *Escherichia coli* O157:H7 attachment by interactions between lactic acid bacteria and intestinal epithelial cells. *J Microbiol Biotechnol* **18**, 1278-1285.

289. Kim Y, Oh S, Park S *et al.* (2009) Interactive transcriptome analysis of enterohemorrhagic *Escherichia coli* (EHEC) O157:H7 and intestinal epithelial HT-29 cells after bacterial attachment. *Int J Food Microbiol* **131**, 224-232.

290. Kim YS & Ho SB (2010) Intestinal goblet cells and mucins in health and disease: recent insights and progress. *Curr Gastroenterol Rep* **12**, 319-330.

291. Kinoshita H, Uchida H, Kawai Y *et al.* (2008) Cell surface *Lactobacillus plantarum* LA 318 glyceraldehyde-3-phosphate dehydrogenase (GAPDH) adheres to human colonic mucin. *J Appl Microbiol* **104**, 1667-1674.

292. Kinoshita H, Wakahara N, Watanabe M *et al.* (2008) Cell surface glyceraldehyde-3-phosphate dehydrogenase (GAPDH) of *Lactobacillus plantarum* LA 318 recognizes human A and B blood group antigens. *Res Microbiol* **159**, 685-691.

293. Kirjavainen PV, Ouwehand AC, Isolauri E *et al.* (1998) The ability of probiotic bacteria to bind to human intestinal mucus. *FEMS Microbiology Letters* **167**, 185-189.

294. Kitagaki K, Jain VV, Businga TR *et al.* (2002) Immunomodulatory effects of CpG oligodeoxynucleotides on established th2 responses. *Clin Diagn Lab Immunol* **9**, 1260-1269.

295. Kitazawa H, Ueha S, Itoh S *et al.* (2001) AT oligonucleotides inducing B lymphocyte activation exist in probiotic *Lactobacillus gasseri*. *Int J Food Microbiol* **65**, 149-162.

296. Klaenhammer TR, Barrangou R, Buck BL *et al.* (2005) Genomic features of lactic acid bacteria effecting bioprocessing and health. *FEMS Microbiol Rev* **29**, 393-409.

297. Klaver FA & van der Meer R (1993) The assumed assimilation of cholesterol by lactobacilli and *Bifidobacterium bifidum* is due to their bile salt-deconjugating activity. *Appl Environ Microbiol* **59**, 1120-1124.

298. Kleerebezem M, Boekhorst J, van Kranenburg R *et al.* (2003) Complete genome sequence of *Lactobacillus plantarum* WCFS1. *Proc Natl Acad Sci USA* **100**, 1990-1995.

299. Klopfenstein CF & Hoseney RC (1995) Nutritional properties of sorghum and the millets. *Chemistry and Technology* (D.A.V. Dendy, ed.) AACC, St. Paul, MN.

300. Koll P, Mandar R, Marcotte H *et al.* (2008) Characterization of oral lactobacilli as potential probiotics for oral health. *Oral Microbiol Immunol* **23**, 139-147.

301. Komatsuzaki N, Shima J, Kawamoto S *et al.* (2005) Production of [gamma]-aminobutyric acid (GABA) by *Lactobacillus paracasei* isolated from traditional fermented foods. *Food Microbiology* **22**, 497-504.

302. Konikoff MR & Denson LA (2006) Role of fecal calprotectin as a biomarker of intestinal inflammation in inflammatory bowel disease. *Inflamm Bowel Dis* **12**, 524-534.
303. Koskenniemi K, Laakso K, Koponen J *et al.* (2011) Proteomics and transcriptomics characterization of bile stress response in probiotic *Lactobacillus rhamnosus* GG. *Mol Cell Proteomics* **10**, M110 002741.
304. Kravtsov EG, Yermolayev AV, Anokhina IV *et al.* (2008) Adhesion characteristics of *Lactobacillus* is a criterion of the probiotic choice. *Bull Exp Biol Med* **145**, 232-234.
305. Krieg AM, Yi AK, Matson S *et al.* (1995) CpG motifs in bacterial DNA trigger direct B-cell activation. *Nature* **374**, 546-549.
306. Krug A, Towarowski A, Britsch S *et al.* (2001) Toll-like receptor expression reveals CpG DNA as a unique microbial stimulus for plasmacytoid dendritic cells which synergizes with CD40 ligand to induce high amounts of IL-12. *Eur J Immunol* **31**, 3026-3037.
307. Kubben FJ, Peeters-Haesevoets A, Engels LG *et al.* (1994) Proliferating cell nuclear antigen (PCNA): a new marker to study human colonic cell proliferation. *Gut* **35**, 530-535.
308. Kubícková J & Grosch W (1997) Evaluation of potent odorants of Camembert cheese by dilution and concentration techniques. *International Dairy Journal* **7**, 65-70.
309. Kukkonen K, Savilahti E, Haahtela T *et al.* (2007) Probiotics and prebiotic galacto-oligosaccharides in the prevention of allergic diseases: a randomized, double-blind, placebo-controlled trial. *J Allergy Clin Immunol* **119**, 192-198.
310. Kullisaar T, Songisepp E, Mikelsaar M *et al.* (2003) Antioxidative probiotic fermented goats' milk decreases oxidative stress-mediated atherogenicity in human subjects. *Br J Nutr* **90**, 449-456.
311. Kunene NF, Geornaras I, von Holy A *et al.* (2000) Characterization and determination of origin of lactic acid bacteria from a sorghum-based fermented weaning food by analysis of soluble proteins and amplified fragment length polymorphism fingerprinting. *Appl Environ Microbiol* **66**, 1084-1092.
312. Kunze WA, Mao YK, Wang B *et al.* (2009) *Lactobacillus reuteri* enhances excitability of colonic AH neurons by inhibiting calcium dependent potassium channel opening. *J Cell Mol Med*.
313. Kuratsu M, Hamano Y & Dairi T (2010) Analysis of the *Lactobacillus* metabolic pathway. *Appl Environ Microbiol* **76**, 7299-7301.
314. Kwon HK, Lee CG, So JS *et al.* (2010) Generation of regulatory dendritic cells and CD4+Foxp3+ T cells by probiotics administration suppresses immune disorders. *Proc Natl Acad Sci U S A* **107**, 2159-2164.
315. La Gioia F, Rizzotti L, Rossi F *et al.* (2011) Identification of a Tyrosine Decarboxylase Gene (*tdcA*) in *Streptococcus thermophilus* 1TT45 and Analysis of Its Expression and Tyramine Production in Milk. *Appl. Environ. Microbiol.* **77**, 1140-1144.
316. Lahteinen T, Malinen E, Koort JM *et al.* (2009) Probiotic properties of *Lactobacillus* isolates originating from porcine intestine and feces. *Anaerobe*.
317. Lai Y & Gallo RL (2009) AMPed up immunity: how antimicrobial peptides have multiple roles in immune defense. *Trends Immunol* **30**, 131-141.
318. Laitila A, Alakomi HL, Raaska L *et al.* (2002) Antifungal activities of two *Lactobacillus plantarum* strains against *Fusarium* moulds in vitro and in malting of barley. *J Appl Microbiol* **93**, 566-576.

319. Lambert JM, Bongers RS, de Vos WM *et al.* (2008) Functional analysis of four bile salt hydrolase and penicillin acylase family members in *Lactobacillus plantarum* WCFS1. *Appl Environ Microbiol* **74**, 4719-4726.

320. Lambert JM, Siezen RJ, de Vos WM *et al.* (2008) Improved annotation of conjugated bile acid hydrolase superfamily members in Gram-positive bacteria. *Microbiology* **154**, 2492-2500.

321. Lamberti C Fau - Purrotti M, Purrotti M Fau - Mazzoli R, Mazzoli R Fau - Fattori P *et al.* (2011) ADI pathway and histidine decarboxylation are reciprocally regulated in *Lactobacillus hilgardii* ISE 5211: proteomic evidence. *Amino Acids.* **47(2)**, 517-527.

322. Laparra JM & Sanz Y (2009) Comparison of in vitro models to study bacterial adhesion to the intestinal epithelium. *Lett Appl Microbiol* **49**, 695-701.

323. Lara-Villoslada F, Olivares M, Sierra S *et al.* (2007) Beneficial effects of probiotic bacteria isolated from breast milk. *Br J Nutr* **98 Suppl 1**, S96-100.

324. Lavermicocca P, Valerio F, Evidente A *et al.* (2000) Purification and characterization of novel antifungal compounds from the sourdough *Lactobacillus plantarum* strain 21B. *Appl Environ Microbiol* **66**, 4084-4090.

325. Lavermicocca P, Valerio F, Lonigro SL *et al.* (2008) Antagonistic activity of potential probiotic lactobacilli against the ureolytic pathogen *Yersinia enterocolitica*. *Curr Microbiol* **56**, 175-181.

326. Le Jeune C, Lonvaud-Funel A, ten Brink B *et al.* (1995) Development of a detection system for histidine decarboxylating lactic acid bacteria based on DNA probes, PCR and activity test. *J Appl Bacteriol* **78**, 316-326.

327. Lebeer S, Vanderleyden J & De Keersmaecker SC (2008) Genes and molecules of lactobacilli supporting probiotic action. *Microbiol Mol Biol Rev* **72**, 728-764.

328. Lebeer S, Vanderleyden J & De Keersmaecker SC (2010) Adaptation factors of the probiotic *Lactobacillus rhamnosus* GG. *Benef Microbes* **1**, 335-342.

329. LeBlanc J, Fliss I & Matar C (2004) Induction of a humoral immune response following an *Escherichia coli* O157:H7 infection with an immunomodulatory peptidic fraction derived from *Lactobacillus helveticus*-fermented milk. *Clin Diagn Lab Immunol* **11**, 1171-1181.

330. LeBlanc JG, Burgess C, Sesma F *et al.* (2005) Ingestion of milk fermented by genetically modified *Lactococcus lactis* improves the riboflavin status of deficient rats. *J Dairy Sci* **88**, 3435-3442.

331. LeBlanc JG, Ledue-Clier F, Bensaada M *et al.* (2008) Ability of *Lactobacillus fermentum* to overcome host alpha-galactosidase deficiency, as evidenced by reduction of hydrogen excretion in rats consuming soya alpha-galacto-oligosaccharides. *BMC Microbiol* **8**, 22.

332. LeBlanc JG, Silvestroni A, Connes C *et al.* (2004) Reduction of non-digestible oligosaccharides in soymilk: application of engineered lactic acid bacteria that produce alpha-galactosidase. *Genet Mol Res* **3**, 432-440.

333. Lee HS, Han SY, Bae EA *et al.* (2008) Lactic acid bacteria inhibit proinflammatory cytokine expression and bacterial glycosaminoglycan degradation activity in dextran sulfate sodium-induced colitic mice. *Int Immunopharmacol* **8**, 574-580.

334. Lee K, Paek K, Lee HY *et al.* (2007) Antiobesity effect of trans-10,cis-12-conjugated linoleic acid-producing *Lactobacillus plantarum* PL62 on diet-induced obese mice. *J Appl Microbiol* **103**, 1140-1146.

335. Lee Y.K., Lim C.Y., Teng W.L. *et al.* (2000) Qualitative approach in the study of adhesion of lactic acid bacteria on intestinal cells and their competition with enterobacteria. *Appl Environ Microbiol* **66**, 3692-3697.

336. Lei V, Amoa-Awua WKA & Brimer L (1999) Degradation of cyanogenic glycosides by *Lactobacillus plantarum* strains from spontaneous cassava fermentation and other microorganisms. *Int J Food Microbiol* **53**, 169-184.

337. Lei V, Friis H & Michaelsen KF (2006) Spontaneously fermented millet product as a natural probiotic treatment for diarrhoea in young children: An intervention study in Northern Ghana. *International Journal of Food Microbiology* **110**, 246-253.

338. Lei V & Jakobsen M (2004) Microbiological characterization and probiotic potential of koko and koko sour water, African spontaneously fermented millet porridge and drink. *J Appl Microbiol* **96**, 384-397.

339. Leschelle X, Delpal S, Goubern M *et al.* (2000) Butyrate metabolism upstream and downstream acetyl-CoA synthesis and growth control of human colon carcinoma cells. *Eur J Biochem* **267**, 6435-6442.

340. Lesher S, Walburg HE, Jr. & Sacher GA, Jr. (1964) Generation cycle in the duadenal crypt cells of germ free and conventional mice. *Nature* **202**, 884-886.

341. Lestienne I, Icard-Vernière C, Mouquet C *et al.* (2005) Effects of soaking whole cereal and legume seeds on iron, zinc and phytate contents. *Food Chemistry* **89**, 421-425.

342. Lesuffleur T, Porchet N, Aubert JP *et al.* (1993) Differential expression of the human mucin genes MUC1 to MUC5 in relation to growth and differentiation of different mucus-secreting HT-29 cell subpopulations. *J Cell Sci* **106 (Pt 3)**, 771-783.

343. Lesuffleur T, Roche F, Hill AS *et al.* (1995) Characterization of a mucin cDNA clone isolated from HT-29 mucus-secreting cells. The 3' end of MUC5AC? *J Biol Chem* **270**, 13665-13673.

344. Leuschner RG, Heidel M & Hammes WP (1998) Histamine and tyramine degradation by food fermenting microorganisms. *Int J Food Microbiol* **39**, 1-10.

345. Li J, Wang W, Xu SX *et al.* (2011) *Lactobacillus reuteri*-produced cyclic dipeptides quench agr-mediated expression of toxic shock syndrome toxin-1 in staphylococci. *Proc Natl Acad Sci U S A* **108**, 3360-3365.

346. Li M, Wang B, Zhang M *et al.* (2008) Symbiotic gut microbes modulate human metabolic phenotypes. *Proc Natl Acad Sci U S A* **105**, 2117-2122.

347. Lim EM, Ehrlich SD & Maguin E (2000) Identification of stress-inducible proteins in *Lactobacillus delbrueckii* subsp. *bulgaricus*. *Electrophoresis* **21**, 2557-2561.

348. Lin MY & Chang FJ (2000) Antioxidative effect of intestinal bacteria *Bifidobacterium longum* ATCC 15708 and *Lactobacillus acidophilus* ATCC 4356. *Dig Dis Sci* **45**, 1617-1622.

349. Lindahl T & Nyberg B (1972) Rate of depurination of native deoxyribonucleic acid. *Biochemistry* **11**, 3610-3618.

350. Line T, Paulin A, Bjarne MH *et al.* (2011) Formation of cereulide and enterotoxins by *Bacillus cereus* in fermented African locust beans Full length paper. *Food Microbiol* **28**, 1441-1447

351. Linsalata M, Russo F, Berloco P *et al.* (2004) The influence of *Lactobacillus brevis* on ornithine decarboxylase activity and polyamine profiles in *Helicobacter pylori*-infected gastric mucosa. *Helicobacter* **9**, 165-172.

352. Linsalata M, Russo F, Berloco P *et al.* (2005) Effects of probiotic bacteria (VSL#3) on the polyamine biosynthesis and cell proliferation of normal colonic mucosa of rats. *In Vivo* **19**, 989-995.

353. Liong MT (2008) Safety of probiotics: translocation and infection. *Nutr Rev* **66**, 192-202.

354. Liu CF, Tung YT, Wu CL *et al.* (2011) Antihypertensive effects of *Lactobacillus*-fermented milk orally administered to spontaneously hypertensive rats. *J Agric Food Chem* **59**, 4537-4543.

355. Liu M, van Enckevort FHJ & Siezen RJ (2005) Genome update: lactic acid bacteria genome sequencing is booming. *Microbiology* **151**, 3811-3814.

356. Liu S, Pritchard GG, Hardman MJ *et al.* (1995) Occurrence of arginine deiminase pathway enzymes in arginine catabolism by wine lactic Acid bacteria. *Appl Environ Microbiol* **61**, 310-316.

357. Liu WT, Marsh TL, Cheng H *et al.* (1997) Characterization of microbial diversity by determining terminal restriction fragment length polymorphisms of genes encoding 16S rRNA. *Appl Environ Microbiol* **63**, 4516-4522.

358. Ljungh Å & Wadström T (2009) *Lactobacillus* Molecular Biology: From Genomics to Probiotics *Caister Academic Press.*

359. Lorca GL, Font de Valdez G & Ljungh A (2002) Characterization of the protein-synthesis dependent adaptive acid tolerance response in *Lactobacillus acidophilus. J Mol Microbiol Biotechnol* **4**, 525-532.

360. Lorrot M & Vasseur M (2007) Physiopathologie de la diarrhée à rotavirus. *Archives de Pédiatrie* **14**, S145-S151.

361. Loser C (2000) Polyamines in human and animal milk. *Br J Nutr* **84 Suppl 1**, S55-58.

362. Lowry OH, Rosebrough NJ, Farr AL *et al.* (1951) Protein measurement with the Folin phenol reagent. *J Biol Chem* **193**, 265-275.

363. Lucas P, Landete J, Coton M *et al.* (2003) The tyrosine decarboxylase operon of *Lactobacillus brevis* IOEB 9809: characterization and conservation in tyramine-producing bacteria. *FEMS Microbiol Lett* **229**, 65-71.

364. Lucas P & Lonvaud-Funel A (2002) Purification and partial gene sequence of the tyrosine decarboxylase of *Lactobacillus brevis* IOEB 9809. *FEMS Microbiol Lett* **211**, 85-89.

365. Lucas PM, Blancato VS, Claisse O *et al.* (2007) Agmatine deiminase pathway genes in *Lactobacillus brevis* are linked to the tyrosine decarboxylation operon in a putative acid resistance locus. *Microbiology* **153**, 2221-2230.

366. Lücke F-K (2000) Utilization of microbes to process and preserve meat. *Meat Science* **56**, 105-115.

367. Lücke FK (1998) Fermented sausages. In: Wood, B.J.B. (Ed.) *Microbiology of Fermented Foods. Blackie Academic and Professionnal, London*, 441-483.

368. Luckey TD (1972) Introduction to intestinal microecology. *Am J Clin Nutr* **25**, 1292-1294.

369. Lucock M (2000) Folic acid: nutritional biochemistry, molecular biology, and role in disease processes. *Mol Genet Metab* **71**, 121-138.

370. Lutter CK & Dewey KG (2003) Proposed nutrient composition for fortified complementary foods. *J Nutr* **133**, 3011S-3020S.

371. Macdonald TT & Monteleone G (2005) Immunity, inflammation, and allergy in the gut. *Science* **307**, 1920-1925.

372. Mack DR, Ahrne S, Hyde L *et al.* (2003) Extracellular MUC3 mucin secretion follows adherence of *Lactobacillus* strains to intestinal epithelial cells in vitro. *Gut* **52**, 827-833.

373. Mack DR, Michail S, Wei S *et al.* (1999) Probiotics inhibit enteropathogenic *E. coli* adherence in vitro by inducing intestinal mucin gene expression. *Am J Physiol* **276**, G941-950.

374. Macklaim JM, Gloor GB, Anukam KC *et al.* (2011) At the crossroads of vaginal health and disease, the genome sequence of *Lactobacillus iners* AB-1. *Proceedings of the National Academy of Sciences* **108**, 4688-4695.

375. Madhu AN, Giribhattanavar P, Narayan MS *et al.* (2010) Probiotic lactic acid bacterium from kanjika as a potential source of vitamin B12: evidence from LC-MS, immunological and microbiological techniques. *Biotechnol Lett* **32**, 503-506.

376. Magwamba C, Matsheka MI, Mpuchane S *et al.* (2010) Detection and quantification of biogenic amines in fermented food products sold in Botswana. *J Food Prot* **73**, 1703-1708.

377. Makarova K, Slesarev A, Wolf Y *et al.* (2006) Comparative genomics of the lactic acid bacteria. *Proc Natl Acad Sci USA* **103**, 15611-15616.

378. Makarova K, Slesarev A, Wolf Y *et al.* (2006) Comparative genomics of the lactic acid bacteria. *Proc Natl Acad Sci U S A* **103**, 15611-15616.

379. Makarova KS & Koonin EV (2007) Evolutionary Genomics of Lactic Acid Bacteria. *J. Bacteriol.* **189**, 1199-1208.

380. Manzoni P (2007) Use of *Lactobacillus casei* subspecies *rhamnosus* GG and gastrointestinal colonization by *Candida* species in preterm neonates. *J Pediatr Gastroenterol Nutr* **45 Suppl 3**, S190-194.

381. Marco ML, Peters TH, Bongers RS *et al.* (2009) Lifestyle of *Lactobacillus plantarum* in the mouse caecum. *Environ Microbiol.*

382. Margulies M, Egholm M, Altman WE *et al.* (2005) Genome sequencing in microfabricated high-density picolitre reactors. *Nature* **437**, 376-380.

383. Marraffini LA, Dedent AC & Schneewind O (2006) Sortases and the art of anchoring proteins to the envelopes of gram-positive bacteria. *Microbiol Mol Biol Rev* **70**, 192-221.

384. Marteau P, Pochart P, Flourie B *et al.* (1990) Effect of chronic ingestion of a fermented dairy product containing *Lactobacillus acidophilus* and *Bifidobacterium bifidum* on metabolic activities of the colonic flora in humans. *Am J Clin Nutr* **52**, 685-688.

385. Martens JH, Barg H, Warren MJ *et al.* (2002) Microbial production of vitamin B12. *Appl Microbiol Biotechnol* **58**, 275-285.

386. Martin FP, Wang Y, Sprenger N *et al.* (2008) Probiotic modulation of symbiotic gut microbial-host metabolic interactions in a humanized microbiome mouse model. *Mol Syst Biol* **4**, 157.

387. Martín R, Jiménez E, Olivares M *et al.* (2006) *Lactobacillus salivarius* CECT 5713, a potential probiotic strain isolated from infant feces and breast milk of a mother-child pair. *Int. J. Food Microbiol.* **112**, 35-43.

388. Mastromarino P, Cacciotti F, Masci A *et al.* (2011) Antiviral activity of *Lactobacillus brevis* towards herpes simplex virus type 2: Role of cell wall associated components. *Anaerobe.*

389. Mathara JM, Schillinger U, Guigas C *et al.* (2008) Functional characteristics of *Lactobacillus* spp. from traditional Maasai fermented milk products in Kenya. *Int J Food Microbiol* **126**, 57-64.

390. Matsumoto M & Benno Y (2004) Consumption of *Bifidobacterium lactis* LKM512 yogurt reduces gut mutagenicity by increasing gut polyamine contents in healthy adult subjects. *Mutat Res* **568**, 147-153.

391. Matsumoto M & Kurihara S (2011) Probiotics-induced increase of large intestinal luminal polyamine concentration may promote longevity. *Med Hypotheses* **77**, 469-472.

392. Matsumoto S, Hara T, Hori T *et al.* (2005) Probiotic *Lactobacillus*-induced improvement in murine chronic inflammatory bowel disease is associated with the down-regulation of pro-inflammatory cytokines in lamina propria mononuclear cells. *Clin Exp Immunol* **140**, 417-426.

393. McAuliffe O, Cano RJ & Klaenhammer TR (2005) Genetic analysis of two bile salt hydrolase activities in *Lactobacillus acidophilus* NCFM. *Appl Environ Microbiol* **71**, 4925-4929.

394. McCracken VJ, Chun T, Baldeon ME *et al.* (2002) TNF-alpha sensitizes HT-29 colonic epithelial cells to intestinal lactobacilli. *Exp Biol Med (Maywood)* **227**, 665-670.

395. McMahon LR, McAllister TA, Berg BP *et al.* (2000) A review of the effects of forage condensed tannins on ruminal fermentation and bloat in grazing cattle. *Canadian Journal of Plant Science* **80**, 469-485.

396. Meurman JH (2005) Probiotics: do they have a role in oral medicine and dentistry? *Eur J Oral Sci* **113**, 188-196.

397. Miambi E, Guyot J-P & Ampe F (2003) Identification, isolation and quantification of representative bacteria from fermented cassava dough using an integrated approach of culture-dependent and culture-independent methods. *Int J Food Microbiol* **82**, 111-120.

398. Michail S & Abernathy F (2002) *Lactobacillus plantarum* reduces the in vitro secretory response of intestinal epithelial cells to enteropathogenic *Escherichia coli* infection. *J Pediatr Gastroenterol Nutr* **35**, 350-355.

399. Miller S, Brooker J & Blackall L (1995) A feral goat rumen fluid inoculum improves nitrogen retention in sheep consuming a mulga (*Acacia aneura*) diet. *Australian Journal of Agricultural Research* **46**, 1545-1553.

400. Mira A, Ochman H & Moran NA (2001) Deletional bias and the evolution of bacterial genomes. *Trends in genetics : TIG* **17**, 589-596.

401. Miyauchi E, Morita H & Tanabe S (2009) *Lactobacillus rhamnosus* alleviates intestinal barrier dysfunction in part by increasing expression of zonula occludens-1 and myosin light-chain kinase in vivo. *J Dairy Sci* **92**, 2400-2408.

402. Miyoshi Y, Okada S, Uchimura T *et al.* (2006) A mucus adhesion promoting protein, MapA, mediates the adhesion of *Lactobacillus reuteri* to Caco-2 human intestinal epithelial cells. *Biosci Biotechnol Biochem* **70**, 1622-1628.

403. Mohammad MA, Molloy A, Scott J *et al.* (2006) Plasma cobalamin and folate and their metabolic markers methylmalonic acid and total homocysteine among Egyptian children before and after nutritional supplementation with the probiotic bacteria *Lactobacillus acidophilus* in yoghurt matrix. *Int J Food Sci Nutr* **57**, 470-480.

404. Mohan R, Koebnick C, Schildt J *et al.* (2008) Effects of *Bifidobacterium lactis* Bb12 supplementation on body weight, fecal pH, acetate, lactate, calprotectin, and IgA in preterm infants. *Pediatr Res* **64**, 418-422.

405. Moldovan G-L, Pfander B & Jentsch S (2007) PCNA, the Maestro of the Replication Fork. *Cell* **129**, 665-679.

406. Molenaar D, Bringel F, Schuren FH *et al.* (2005) Exploring *Lactobacillus plantarum* genome diversity by using microarrays. *J Bacteriol* **187**, 6119-6127.

407. Molin G (2001) Probiotics in foods not containing milk or milk constituents, with special reference to *Lactobacillus plantarum* 299v. *Am J Clin Nutr* **73**, 380S-385S.

408. Molina VC, Medici M, Taranto MP *et al.* (2009) *Lactobacillus reuteri* CRL 1098 prevents side effects produced by a nutritional vitamin B deficiency. *J Appl Microbiol* **106**, 467-473.

409. Moncada DM, Kammanadiminti SJ & Chadee K (2003) Mucin and Toll-like receptors in host defense against intestinal parasites. *Trends Parasitol* **19**, 305-311.

410. Moody CS & Hassan HM (1982) Mutagenicity of oxygen free radicals. *Proc Natl Acad Sci U S A* **79**, 2855-2859.

411. Morita H, Toh H, Fukuda S *et al.* (2008) Comparative genome analysis of *Lactobacillus reuteri* and *Lactobacillus fermentum* reveal a genomic island for reuterin and cobalamin production. *DNA Res* **15**, 151-161.

412. Morita H, Yoshikawa H, Sakata R *et al.* (1997) Synthesis of nitric oxide from the two equivalent guanidino nitrogens of L-arginine by *Lactobacillus fermentum*. *J Bacteriol* **179**, 7812-7815.

413. Morlon-Guyot J, Guyot JP, Pot B *et al.* (1998) *Lactobacillus manihotivorans* sp. nov., a new starch-hydrolysing lactic acid bacterium isolated during cassava sour starch fermentation. *Int J Syst Bacteriol* **48 Pt 4**, 1101-1109.

414. Moser SA & Savage DC (2001) Bile salt hydrolase activity and resistance to toxicity of conjugated bile salts are unrelated properties in lactobacilli. *Appl Environ Microbiol* **67**, 3476-3480.

415. Mouquet-Rivier C, Icard-Verniere C, Guyot JP *et al.* (2008) Consumption pattern, biochemical composition and nutritional value of fermented pearl millet gruels in Burkina Faso. *Int J Food Sci Nutr* **59**, 716-729.

416. Mtshali PS, Divol B, van Rensburg P *et al.* (2009) Genetic screening of wine-related enzymes in *Lactobacillus* species isolated from South African wines. *J Appl Microbiol* **108**, 1389-1397.

417. Mullaney EJ, Daly CB & Ullah AH (2000) Advances in phytase research. *Adv Appl Microbiol* **47**, 157-199.

418. Munoz-Provencio D, Llopis M, Antolin M *et al.* (2009) Adhesion properties of *Lactobacillus casei* strains to resected intestinal fragments and components of the extracellular matrix. *Arch Microbiol* **191**, 153-161.

419. Murphy C, Murphy S, O'Brien F *et al.* (2009) Metabolic activity of probiotics : Oxalate degradation. *Vet Microbiol.* **136**, 100-107.

420. Muyzer G, de Waal EC & Uitterlinden AG (1993) Profiling of complex microbial populations by denaturing gradient gel electrophoresis analysis of polymerase chain reaction-amplified genes coding for 16S rRNA. *Appl Environ Microbiol* **59**, 695-700.

421. Narva M, Collin M, Lamberg-Allardt C *et al.* (2004) Effects of long-term intervention with *Lactobacillus helveticus*-fermented milk on bone mineral density and bone mineral content in growing rats. *Ann Nutr Metab* **48**, 228-234.

422. Nes IF, Diep DB, Havarstein LS *et al.* (1996) Biosynthesis of bacteriocins in lactic acid bacteria. *Antonie Van Leeuwenhoek* **70**, 113-128.

423. Neu J (2007) Gastrointestinal maturation and implications for infant feeding. *Early Hum Dev* **83**, 767-775.

424. Nguyen TTT, Loiseau G, Icard-Vernière C *et al.* (2007) Effect of fermentation by amylolytic lactic acid bacteria, in process combinations, on characteristics of rice/soybean slurries: A new method for preparing high energy density complementary foods for young children. *Food Chem* **100**, 623-631.

425. Niderkorn V, Boudra H & Morgavi DP (2006) Binding of *Fusarium* mycotoxins by fermentative bacteria in vitro. *J Appl Microbiol* **101**, 849-856.

426. Niederhauser C, Hofelein C, Allmann M *et al.* (1994) Random amplification of polymorphic bacterial DNA: evaluation of 11 oligonucleotides and application to food contaminated with *Listeria monocytogenes*. *J Appl Bacteriol* **77**, 574-582.

427. Niku-Paavola ML, Laitila A, Mattila-Sandholm T *et al.* (1999) New types of antimicrobial compounds produced by *Lactobacillus plantarum*. *J Appl Microbiol* **86**, 29-35.

428. Noack J, Dongowski G, Hartmann L *et al.* (2000) The human gut bacteria Bacteroides thetaiotaomicron and Fusobacterium varium produce putrescine and spermidine in cecum of pectin-fed gnotobiotic rats. *Journal of Nutrition* **130**, 1225-1231.

429. Nout MJR (2009) Rich nutrition from the poorest - Cereal fermentations in Africa and Asia. *Food Microbiology* **26**, 685-692.

430. Nout MJR & Motarjemi Y (1997) Assessment of fermentation as a household technology for improving food safety: a joint FAO/WHO workshop. *Food Control* **8**, 221-226.

431. Nowak A & Libudzisz Z (2009) Ability of probiotic *Lactobacillus casei* DN 114001 to bind or/and metabolise heterocyclic aromatic amines in vitro. *Eur J Nutr* **48**, 419-427.

432. O'Flaherty SJ & Klaenhammer TR (2010) Functional and phenotypic characterization of a protein from *Lactobacillus acidophilus* involved in cell morphology, stress tolerance and adherence to intestinal cells. *Microbiology* **156**, 3360-3367.

433. O'Flaherty SJ, Saulnier D, Pot B *et al.* (2010) How can probiotics and prebiotics impact mucosal immunity? *Gut Microbes* **1**, 293-300.

434. Oberg CJ, Weimer BC, Moyes LV *et al.* (1991) Proteolytic Characterization of *Lactobacillus delbrueckii* ssp. *bulgaricus* Strains by the o-Phthaldialdehyde Test and Amino Acid Analysis. *Journal of Dairy Science* **74**, 398-403.

435. Odenyo AA, Osuji PO, Karanfil O *et al.* (1997) Microbiological evaluation of Acacia angustissima as a protein supplement for sheep. *Animal Feed Science and Technology* **65**, 99-112.

436. Okkers DJ, Dicks LM, Silvester M *et al.* (1999) Characterization of pentocin TV35b, a bacteriocin-like peptide isolated from *Lactobacillus pentosus* with a fungistatic effect on *Candida albicans*. *J Appl Microbiol* **87**, 726-734.

437. Oltersdorf T, Elmore SW, Shoemaker AR *et al.* (2005) An inhibitor of Bcl-2 family proteins induces regression of solid tumours. *Nature* **435(7042)**, 677-681.

438. Omar NB, Abriouel H, Lucas R *et al.* (2006) Isolation of bacteriocinogenic *Lactobacillus plantarum* strains from *ben saalga*, a traditional fermented gruel from Burkina Faso. *Int J Food Microbiol* **112**, 44-50.

439. OMS (2007) Salubrité des aliments et maladies d'origine alimentaire.

440. OMS (2008) Rapports de situation sur les questions techniques et sanitaires. 61ème assemblée mondiale de la santé.

441. Oppenheim JJ, Biragyn A, Kwak LW *et al.* (2003) Roles of antimicrobial peptides such as defensins in innate and adaptive immunity. *Ann Rheum Dis* **62 Suppl 2**, ii17-21.

442. Ortega S, Malumbres M & Barbacid M (2002) Cyclin D-dependent kinases, INK4 inhibitors and cancer. *Biochimica et Biophysica Acta (BBA) - Reviews on Cancer* **1602**, 73-87.

443. Osawa R, Kuroiso K, Goto S *et al.* (2000) Isolation of tannin-degrading lactobacilli from humans and fermented foods. *Appl Environ Microbiol* **66**, 3093-3097.

444. Otero MC & Nader-Macias ME (2006) Inhibition of *Staphylococcus aureus* by H2O2-producing *Lactobacillus gasseri* isolated from the vaginal tract of cattle. *Anim Reprod Sci* **96**, 35-46.

445. Ouoba LII, Diawara B, Annan NT *et al.* (2005) Volatile compounds of Soumbala, a fermented African locust bean (Parkia biglobosa) food condiment. *Journal of Applied Microbiology* **99**, 1413-1421.

446. Ouwehand AC, Kirjavainen PV, Shortt C *et al.* (1999) Probiotics: mechanisms and established effects. *Int Dairy J* **9**, 43-52.

447. Ouwehand AC, Salminen S, Tolkko S *et al.* (2002) Resected human colonic tissue: new model for characterizing adhesion of lactic acid bacteria. *Clin Diagn Lab Immunol* **9**, 184-186.

448. Oyewole OB (1997) Lactic fermented foods in Africa and their benefits. *Food Control* **8**, 289-297.

449. Ozimek LK, Kralj S, Kaper T *et al.* (2006) Single amino acid residue changes in subsite -1 of inulosucrase from *Lactobacillus reuteri* 121 strongly influence the size of products synthesized. *FEBS J* **273**, 4104-4113.

450. Pan D, Luo Y & Tanokura M (2005) Antihypertensive peptides from skimmed milk hydrolysate digested by cell-free extract of *Lactobacillus helveticus* JCM1004. *Food Chem.* **91**, 123-129.

451. Papadimitriou CG, Vafopoulou-Mastrojiannaki A, Silva SV *et al.* (2007) Identification of peptides in traditional and probiotic sheep milk yoghurt with angiotensin I-converting enzyme (ACE)-inhibitory activity. *Food Chem.* **105**, 647-656.

452. Papagianni M & Anastasiadou S (2009) Pediocins: The bacteriocins of pediococci. Sources, production, properties and applications. *Microbial Cell Factories* **8**, 16.

453. Parashar UD, Gibson CJ, Bresse JS *et al.* (2006) Rotavirus and severe childhood diarrhea. *Emerg Infect Dis* **12**, 304-306.

454. Park DY, Ahn YT, Huh CS *et al.* (2011) The Inhibitory Effect of *Lactobacillus plantarum* KY1032 Cell Extract on the Adipogenesis of 3T3-L1 Cells. *J Med Food* **14**, 670-675.

455. Park Y, Storkson JM, Albright KJ *et al.* (1999) Evidence that the trans-10,cis-12 isomer of conjugated linoleic acid induces body composition changes in mice. *Lipids* **34**, 235-241.

456. Park YH, Kim JG, Shin YW *et al.* (2007) Effect of dietary inclusion of *Lactobacillus acidophilus* ATCC 43121 on cholesterol metabolism in rats. *J Microbiol Biotechnol* **17**, 655-662.

457. Parkouda C, Thorsen L, Compaoré CS *et al.* (2010) Microorganisms associated with Maari, a Baobab seed fermented product. *Int J Food Microbiol* **142**, 292-301.

458. Patel RM & Lin PW (2011) Developmental biology of gut-probiotic interaction. *Gut Microbes* **1**, 186-195.

459. Paterson GK & Mitchell TJ (2004) The biology of Gram-positive sortase enzymes. *Trends Microbiol* **12**, 89-95.

460. Peltonen K, el-Nezami H, Haskard C *et al.* (2001) Aflatoxin B1 binding by dairy strains of lactic acid bacteria and bifidobacteria. *J Dairy Sci* **84**, 2152-2156.
461. Perea Velez M, Verhoeven TL, Draing C *et al.* (2007) Functional analysis of D-alanylation of lipoteichoic acid in the probiotic strain *Lactobacillus rhamnosus* GG. *Appl Environ Microbiol* **73**, 3595-3604.
462. Pereira CI, Matos D, San Romao MV *et al.* (2009) Dual role for the tyrosine decarboxylation pathway in *Enterococcus faecium* E17: response to an acid challenge and generation of a proton motive force. *Appl Environ Microbiol* **75**, 345-352.
463. Perlman D (1959) Microbial synthesis of cobamides. *Adv Appl Microbiol* **1**, 87-122.
464. Peulen O, Gharbi M, Powroznik B *et al.* (2004) Differential effect of dietary spermine on alkaline phosphatase activity in jejunum and ileum of unweaned rats. *Biochimie* **86**, 487-493.
465. Pfeiler EA, Azcarate-Peril MA & Klaenhammer TR (2007) Characterization of a novel bile-inducible operon encoding a two-component regulatory system in *Lactobacillus acidophilus*. *J Bacteriol* **189**, 4624-4634.
466. Pfeiler EA & Klaenhammer TR (2009) Role of transporter proteins in bile tolerance of *Lactobacillus acidophilus*. *Appl Environ Microbiol* **75**, 6013-6016.
467. Pigny P, Guyonnet-Duperat V, Hill AS *et al.* (1996) Human Mucin Genes Assigned to 11p15.5: Identification and Organization of a Cluster of Genes. *Genomics* **38**, 340-352.
468. Pillet F, Romera C, Trévisiol E *et al.* (2011) Surface plasmon resonance imaging (SPRi) as an alternative technique for rapid and quantitative screening of small molecules, useful in drug discovery. *Sensors and Actuators B: Chemical* **157**, 304-309.
469. Pillet F, Thibault C, Bellon S *et al.* (2010) Simple surface chemistry to immobilize DNA probes that significantly increases sensitivity and spots density of surface plasmon resonance imaging based microarray systems. *Sensors and Actuators B: Chemical* **147**, 87-92.
470. Plantefève G & Bleichner G (2001) Translocation bactérienne : mythe ou réalité ? *Réanimation* **10**, 550-561.
471. Poolman B, Molenaar D, Smid EJ *et al.* (1991) Malolactic fermentation: electrogenic malate uptake and malate/lactate antiport generate metabolic energy. *J Bacteriol* **173**, 6030-6037.
472. Powers HJ (2003) Riboflavin (vitamin B-2) and health. *Am J Clin Nutr* **77**, 1352-1360.
473. Presser KA, Ratkowsky DA & Ross T (1997) Modelling the growth rate of *Escherichia coli* as a function of pH and lactic acid concentration. *Appl Environ Microbiol* **63**, 2355-2360.
474. Pretzer G, Snel J, Molenaar D *et al.* (2005) Biodiversity-based identification and functional characterization of the mannose-specific adhesin of *Lactobacillus plantarum*. *J Bacteriol* **187**, 6128-6136.
475. Pridmore RD, Berger B, Desiere F *et al.* (2004) The genome sequence of the probiotic intestinal bacterium *Lactobacillus johnsonii* NCC 533. *Proc Natl Acad Sci USA* **101**, 2512-2517.
476. Pridmore RD, Pittet AC, Praplan F *et al.* (2008) Hydrogen peroxide production by *Lactobacillus johnsonii* NCC 533 and its role in anti-*Salmonella* activity. *FEMS Microbiol Lett* **283**, 210-215.

477. Prives C & Gottifredi V (2008) The p21 and PCNA partnership: a new twist for an old plot. *Cell Cycle* **7**, 3840-3846.

478. Prizont R (1982) Degradation of intestinal glycoproteins by pathogenic *Shigella flexneri*. *Infect Immun* **36**, 615-620.

479. Putman M, van Veen HW & Konings WN (2000) Molecular properties of bacterial multidrug transporters. *Microbiol Mol Biol Rev* **64**, 672-693.

480. Qin J, Li R, Raes J *et al.* (2010) A human gut microbial gene catalogue established by metagenomic sequencing. *Nature* **464**, 59-65.

481. Quaroni A, Tian JQ, Seth P *et al.* (2000) p27(Kip1) is an inducer of intestinal epithelial cell differentiation. *Am J Physiol Cell Physiol* **279**, C1045-1057.

482. Quigley EM (2008) The efficacy of probiotics in IBS. *J Clin Gastroenterol* **42 Suppl 2**, S85-90.

483. Ramiah K, van Reenen CA & Dicks LM (2007) Expression of the mucus adhesion genes Mub and MapA, adhesion-like factor EF-Tu and bacteriocin gene plaA of *Lactobacillus plantarum* 423, monitored with real-time PCR. *Int J Food Microbiol* **116**, 405-409.

484. Rampersaud R, Planet PJ, Randis TM *et al.* (2010) Inerolysin, a cholesterol-dependent cytolysin produced by *Lactobacillus iners*. *J Bacteriol* **193**, 1034-1041.

485. Rautava S, Kalliomaki M & Isolauri E (2002) Probiotics during pregnancy and breast-feeding might confer immunomodulatory protection against atopic disease in the infant. *J Allergy Clin Immunol* **109**, 119-121.

486. Renault P, Gaillardin C & Heslot H (1988) Role of malolactic fermentation in lactic acid bacteria. *Biochimie* **70**, 375-379.

487. Rescigno M (2011) The intestinal epithelial barrier in the control of homeostasis and immunity. *Trends Immunol* **32**, 256-264.

488. Rinckel LA & Savage DC (1990) Characterization of plasmids and plasmid-borne macrolide resistance from *Lactobacillus* sp. strain 100-33. *Plasmid* **23**, 119-125.

489. Rindi G (1996) Thiamin. In: Ziegler EE, Filer LJ, eds. *Present Knowledge in Nutrition. 7th ed. Washington D.C.: ILSI Press*, 160-166.

490. Riserus U, Smedman A, Basu S *et al.* (2003) CLA and body weight regulation in humans. *Lipids* **38**, 133-137.

491. Robert H, Gabriel V & Fontagne-Faucher C (2009) Biodiversity of lactic acid bacteria in French wheat sourdough as determined by molecular characterization using species-specific PCR. *Int J Food Microbiol* **135**, 53-59.

492. Rodriguez H, Curiel JA, Landete JM *et al.* (2009) Food phenolics and lactic acid bacteria. *Int J Food Microbiol* **132**, 79-90.

493. Rohner F, Zimmermann MB, Wegmueller R *et al.* (2007) Mild riboflavin deficiency is highly prevalent in school-age children but does not increase risk for anaemia in Cote d'Ivoire. *Br J Nutr* **97**, 970-976.

494. Rojas M, Ascencio F & Conway PL (2002) Purification and characterization of a surface protein from *Lactobacillus fermentum* 104R that binds to porcine small intestinal mucus and gastric mucin. *Appl Environ Microbiol* **68**, 2330-2336.

495. Rojo-Bezares B, Saenz Y, Navarro L *et al.* (2008) Characterization of a new organization of the plantaricin locus in the inducible bacteriocin-producing *Lactobacillus plantarum* J23 of grape must origin. *Arch Microbiol* **189**, 491-499.

496. Rooney LW & Serna-Salvador SO (2000) Sorghum in Handbook of Cereal Science and Technology. Edited by Karel Kulp and Joseph G. Ponte, Jr. Second Edition Revised and Expanded. ISBN: 0-8247-8294-1.

497. Roos S, Aleljung P, Robert N *et al.* (1996) A collagen binding protein from *Lactobacillus reuteri* is part of an ABC transporter system? *FEMS Microbiol Lett* **144**, 33-38.

498. Roos S & Jonsson H (2002) A high-molecular-mass cell-surface protein from *Lactobacillus reuteri* 1063 adheres to mucus components. *Microbiology-Sgm* **148**, 433-442.

499. Roos S, Karner F, Axelsson L *et al.* (2000) *Lactobacillus mucosae* sp. nov., a new species with in vitro mucus-binding activity isolated from pig intestine. *Int J Syst Evol Microbiol* **50 Pt 1**, 251-258.

500. Roselli M, Finamore A, Britti MS *et al.* (2007) The novel porcine *Lactobacillus sobrius* strain protects intestinal cells from enterotoxigenic *Escherichia coli* K88 infection and prevents membrane barrier damage. *J Nutr* **137**, 2709-2716.

501. Rosenberg M, Gutnick D & Rosenberg E (1980) Adherence of bacteria to hydrocarbons: A simple method for measuring cell-surface hydrophobicity. *FEMS Microbiology Letters* **9**, 29-33.

502. Rosenfeldt V, Benfeldt E, Nielsen SD *et al.* (2003) Effect of probiotic *Lactobacillus* strains in children with atopic dermatitis. *J Allergy Clin Immunol* **111**, 389-395.

503. Rossello-Mora R & Amann R (2001) The species concept for prokaryotes. *FEMS Microbiol Rev* **25**, 39-67.

504. Rossi M, Amaretti A & Raimondi S (2011) Folate Production by Probiotic Bacteria. *Nutrients* **3**, 118-134.

505. Roth JR, Lawrence JG, Rubenfield M *et al.* (1993) Characterization of the cobalamin (vitamin B12) biosynthetic genes of *Salmonella typhimurium*. *J Bacteriol* **175**, 3303-3316.

506. Rouge C, Piloquet H, Butel MJ *et al.* (2009) Oral supplementation with probiotics in very-low-birth-weight preterm infants: a randomized, double-blind, placebo-controlled trial. *Am J Clin Nutr* **89**, 1828-1835.

507. Rousseaux C, Thuru X, Gelot A *et al.* (2007) *Lactobacillus acidophilus* modulates intestinal pain and induces opioid and cannabinoid receptors. *Nat Med* **13**, 35-37.

508. Rozen S & Skaletsky H (2000) Primer3 on the WWW for general users and for biologist programmers. *Methods Mol Biol* **132**, 365-386.

509. Ruas-Madiedo P, Medrano M, Salazar N *et al.* (2010) Exopolysaccharides produced by *Lactobacillus* and *Bifidobacterium* strains abrogate in vitro the cytotoxic effect of bacterial toxins on eukaryotic cells. *J Appl Microbiol* **109**, 2079-2086.

510. Rul F, Ben-Yahia L, Chegdani F *et al.* (2011) Impact of the metabolic activity of *Streptococcus thermophilus* on the colon epithelium of gnotobiotic rats. *J Biol Chem* **286**, 10288-10296.

511. Ryan KA, Jayaraman T, Daly P *et al.* (2008) Isolation of lactobacilli with probiotic properties from the human stomach. *Lett Appl Microbiol* **47**, 269-274.

512. Ryan KA, O'Hara AM, van Pijkeren JP *et al.* (2009) *Lactobacillus salivarius* modulates cytokine induction and virulence factor gene expression in *Helicobacter pylori*. *J Med Microbiol* **58**, 996-1005.

513. Ryder JW, Portocarrero CP, Song XM *et al.* (2001) Isomer-specific antidiabetic properties of conjugated linoleic acid. Improved glucose tolerance, skeletal muscle insulin action, and UCP-2 gene expression. *Diabetes* **50**, 1149-1157.

514. Saeed AI, Bhagabati NK, Braisted JC *et al.* (2006) TM4 microarray software suite. *Methods Enzymol* **411**, 134-193.

515. Saeed AI, Sharov V, White J *et al.* (2003) TM4: a free, open-source system for microarray data management and analysis. *Biotechniques* **34**, 374-378.

516. Saiki RK, Scharf S, Faloona F *et al.* (1985) Enzymatic amplification of beta-globin genomic sequences and restriction site analysis for diagnosis of sickle cell anemia. *Science* **230**, 1350-1354.

517. Sami M, Yamashita H, Hirono T *et al.* (1997) Hop-resistant *Lactobacillus brevis* contains a novel plasmid harboring a multidrug resistance-like gene. *Journal of Fermentation and Bioengineering* **84**, 1-6.

518. Sanchez B, Gonzalez-Tejedo C, Ruas-Madiedo P *et al.* (2010) *Lactobacillus plantarum* extracellular chitin-binding protein and its role in the interaction between chitin, Caco-2 cells, and mucin. *Appl Environ Microbiol* **77**, 1123-1126.

519. Sanchez B, Saad N, Schmitter JM *et al.* (2010) Adhesive Properties, Extracellular Protein Production, and Metabolism in the *Lactobacillus rhamnosus* GG Strain when Grown in the Presence of Mucin. *J Microbiol Biotechnol* **20**, 978-984.

520. Sanders JW, Leenhouts K, Burghoorn J *et al.* (1998) A chloride-inducible acid resistance mechanism in *Lactococcus lactis* and its regulation. *Mol Microbiol* **27**, 299-310.

521. Sanni AI, Morlon-Guyot J & Guyot JP (2002) New efficient amylase-producing strains of *Lactobacillus plantarum* and *L. fermentum* isolated from different Nigerian traditional fermented foods. *Int J Food Microbiol* **72**, 53-62.

522. Saulnier DM, Santos F, Roos S *et al.* (2011) Exploring metabolic pathway reconstruction and genome-wide expression profiling in *Lactobacillus reuteri* to define functional probiotic features. *PLoS One* **6**, e18783.

523. Savage DC, Siegel JE, Snellen JE *et al.* (1981) Transit time of epithelial cells in the small intestines of germfree mice and ex-germfree mice associated with indigenous microorganisms. *Appl Environ Microbiol* **42**, 996-1001.

524. Savaiano DA & Levitt MD (1984) Nutritional and therapeutic aspects of fermented dairy products. *ASDC J Dent Child* **51**, 305-308.

525. Schillinger U, Guigas C & Heinrich Holzapfel W (2005) In vitro adherence and other properties of lactobacilli used in probiotic yoghurt-like products. *International Dairy Journal* **15**, 1289-1297.

526. Schlee M, Harder J, Koten B *et al.* (2008) Probiotic lactobacilli and VSL#3 induce enterocyte beta-defensin 2. *Clin Exp Immunol* **151**, 528-535.

527. Scholzen T & J G (2000) The Ki-67 protein: from the known and the unknown. *J. Cell. Physiol.* **182(3)**, 311-322.

528. Schonhoff SE, Giel-Moloney M & Leiter AB (2004) Minireview: Development and differentiation of gut endocrine cells. *Endocrinology* **145**, 2639-2644.

529. Schwab C, Sørensen KI & Gänzle MG (2010) Heterologous expression of glycoside hydrolase family 2 and 42 [beta]-galactosidases of lactic acid bacteria in *Lactococcus lactis. Systematic and Applied Microbiology* **33**, 300-307.

530. Schwartz DC & Cantor CR (1984) Separation of yeast chromosome-sized DNAs by pulsed field gradient gel electrophoresis. *Cell* **37**, 67-75.

531. Scott J, Rebeille F & Fletcher J (2000) Folic acid and folates: the feasibility for nutritional enhancement in plant foods. *Journal of the science of food and agriculture* **80**, 795-804.

532. Seidel ER, Haddox MK & Johnson LR (1985) Ileal mucosal growth during intraluminal infusion of ethylamine or putrescine. *Am J Physiol* **249**, G434-438.

533. Servin AL (2004) Antagonistic activities of lactobacilli and bifidobacteria against microbial pathogens. *FEMS Microbiol Rev* **28**, 405-440.

534. Seshadri S, Beiser A, Selhub J *et al.* (2002) Plasma homocysteine as a risk factor for dementia and Alzheimer's disease. *N Engl J Med* **346**, 476-483.

535. Seth A, Yan F, Polk DB *et al.* (2008) Probiotics ameliorate the hydrogen peroxide-induced epithelial barrier disruption by a PKC- and MAP kinase-dependent mechanism. *Am J Physiol Gastrointest Liver Physiol* **294**, G1060-1069.

536. Sgouras D, Maragkoudakis P, Petraki K *et al.* (2004) In vitro and in vivo inhibition of *Helicobacter pylori* by *Lactobacillus casei* strain Shirota. *Appl Environ Microbiol* **70**, 518-526.

537. Sheng J & Marquis RE (2007) Malolactic fermentation by *Streptococcus mutans*. *FEMS Microbiol Lett* **272**, 196-201.

538. Sherman J.M. (1937) The Streptococci. *Bacteriological Reviews* **1**.

539. Shimosato T, Kimura T, Tohno M *et al.* (2006) Strong immunostimulatory activity of AT-oligodeoxynucleotide requires a six-base loop with a self-stabilized 5'-C...G-3' stem structure. *Cell Microbiol* **8**, 485-495.

540. Siragusa S, De Angelis M, Di Cagno R *et al.* (2007) Synthesis of gamma-aminobutyric acid by lactic acid bacteria isolated from a variety of Italian cheeses. *Appl Environ Microbiol* **73**, 7283-7290.

541. Slattery L, O'Callaghan J, Fitzgerald GF *et al.* (2010) Invited review: *Lactobacillus helveticus*: A thermophilic dairy starter related to gut bacteria. *Journal of Dairy Science* **93**, 4435-4454.

542. Smid EJ, Starrenburg MJC, Mierau I *et al.* (2001) Increase of folate levels in fermented foods. *Innovations Food Technol.* **Feb/Mar**, pp. 13-15.

543. Smith JG & Nemerow GR (2008) Mechanism of Adenovirus Neutralization by Human [alpha]-Defensins. *Cell Host & Microbe* **3**, 11-19.

544. Sogin ML, Morrison HG, Huber JA *et al.* (2006) Microbial diversity in the deep sea and the underexplored "rare biosphere". *Proc Natl Acad Sci U S A* **103**, 12115-12120.

545. Songre-Ouattara LT, Mouquet-Rivier C, Icard-Verniere C *et al.* (2008) Enzyme activities of lactic acid bacteria from a pearl millet fermented gruel (*ben-saalga*) of functional interest in nutrition. *Int J Food Microbiol* **128**, 395-400.

546. Songré-Ouattara LT, Mouquet-Rivier C, Icard-Vernière C *et al.* (2009) Potential of amylolytic lactic acid bacteria to replace the use of malt for partial starch hydrolysis to produce African fermented pearl millet gruel fortified with groundnut. *International Journal of Food Microbiology* **130**, 258-264.

547. Sonja M.K. Nybom SJS, Jussi A.O. Meriluoto, (2007) Removal of microcystin-LR by strains of metabolically active probiotic bacteria. *FEMS Microbiology Letters* **270**, 27-33.

548. Spano G, Russo P, Lonvaud-Funel A *et al.* (2010) Biogenic amines in fermented foods. *Eur J Clin Nutr* **64 Suppl 3**, S95-100.

549. Speijers DG (2003) Mycotoxins and Food Safety. *Trends in Food Science & Technology* **14**, 111-115.

550. Spencer J, Finn T & Isaacson PG (1986) Human Peyer's patches: an immunohistochemical study. *Gut* **27**, 405-410.

551. Spencer JFT & Gorin PAJ (1973) Mannose-containing polysaccharides of yeasts, pp. 1-12: Wiley Subscription Services, Inc., A Wiley Company.

552. Spiegel CA (1991) Bacterial vaginosis. *Clin Microbiol Rev* **4**, 485-502.

553. Stack HM, Kearney N, Stanton C *et al.* (2010) Association of beta-glucan endogenous production with increased stress tolerance of intestinal lactobacilli. *Appl Environ Microbiol* **76**, 500-507.

554. Stahl W & Sies H (2005) Bioactivity and protective effects of natural carotenoids. *Biochimica et Biophysica Acta (BBA) - Molecular Basis of Disease* **1740**, 101-107.

555. Stewart CS, Duncan SH & Cave DR (2004) *Oxalobacter formigenes* and its role in oxalate metabolism in the human gut. *FEMS Microbiol Lett* **230**, 1-7.

556. Stolz P, Böcker G, Hammes WP *et al.* (1995) Utilization of electron acceptors by lactobacilli isolated from sourdough. *Zeitschrift für Lebensmitteluntersuchung und - Forschung A* **201**, 91-96.

557. Strom K, Sjogren J, Broberg A *et al.* (2002) *Lactobacillus plantarum* MiLAB 393 produces the antifungal cyclic dipeptides cyclo(L-Phe-L-Pro) and cyclo(L-Phe-trans-4-OH-L-Pro) and 3-phenyllactic acid. *Appl Environ Microbiol* **68**, 4322-4327.

558. Sybesma W, Burgess C, Starrenburg M *et al.* (2004) Multivitamin production in *Lactococcus lactis* using metabolic engineering. *Metabolic Engineering* **6**, 109-115.

559. Sybesma W, Starrenburg M, Kleerebezem M *et al.* (2003) Increased production of folate by metabolic engineering of *Lactococcus lactis*. *Appl Environ Microbiol* **69**, 3069-3076.

560. Sybesma W, Starrenburg M, Tijsseling L *et al.* (2003) Effects of cultivation conditions on folate production by lactic acid bacteria. *Appl Environ Microbiol* **69**, 4542-4548.

561. Tako E, Glahn RP, Welch RM *et al.* (2008) Dietary inulin affects the expression of intestinal enterocyte iron transporters, receptors and storage protein and alters the microbiota in the pig intestine. *Br J Nutr* **99**, 472-480.

562. Tallon R, Arias S, Bressollier P *et al.* (2007) Strain- and matrix-dependent adhesion of *Lactobacillus plantarum* is mediated by proteinaceous bacterial compounds. *J Appl Microbiol* **102**, 442-451.

563. Tamang JP & Nikkuni S (1996) Selection of starter cultures for the production of kinema, a fermented soybean food of the Himalaya. *World Journal of Microbiology and Biotechnology* **12**, 629-635.

564. Taranto MP, Vera JL, Hugenholtz J *et al.* (2003) *Lactobacillus reuteri* CRL1098 produces cobalamin. *J Bacteriol* **185**, 5643-5647.

565. Taylor AL, Dunstan JA & Prescott SL (2007) Probiotic supplementation for the first 6 months of life fails to reduce the risk of atopic dermatitis and increases the risk of allergen sensitization in high-risk children: a randomized controlled trial. *J Allergy Clin Immunol* **119**, 184-191.

566. Taylor JRN & Colin W (2004) Millet/ Pearl. In *Encyclopedia of Grain Science*, pp. 253-261. Oxford: Elsevier.

567. Teniola & Odunfa SA (2001) The effects of processing methods on the levels of lysine, methionine and the general acceptability of ogi processed using starter cultures. *Int J Food Microbiol* **63**, 1-9.

568. Terao K, Ohmori S, Igarashi K *et al.* (1994) Electron microscopic studies on experimental poisoning in mice induced by cylindrospermopsin isolated from blue-green alga *Umezakia natans*. *Toxicon* **32**, 833-843.

569. Terra VS, Homer KA, Rao SG *et al.* (2010) Characterization of novel beta-galactosidase activity that contributes to glycoprotein degradation and virulence in *Streptococcus pneumoniae*. *Infect Immun* **78**, 348-357.

570. Terrade N & Mira de Orduna R (2009) Determination of the essential nutrient requirements of wine-related bacteria from the genera *Oenococcus* and *Lactobacillus*. *Int J Food Microbiol* **133**, 8-13.

571. Teusink B, van Enckevort FH, Francke C *et al.* (2005) *In silico* reconstruction of the metabolic pathways of *Lactobacillus plantarum*: comparing predictions of nutrient requirements with those from growth experiments. *Appl Environ Microbiol* **71**, 7253-7262.

572. Theunissen J, Britz TJ, Torriani S *et al.* (2005) Identification of probiotic microorganisms in South African products using PCR-based DGGE analysis. *International Journal of Food Microbiology* **98**, 11-21.

573. Thompson JD, Higgins DG & Gibson TJ (1994) CLUSTAL W: improving the sensitivity of progressive multiple sequence alignment through sequence weighting, position-specific gap penalties and weight matrix choice. *Nucleic Acids Res* **22**, 4673-4680.

574. To TMH, Grandvalet C & Tourdot-Marechal R (2011) Cyclopropanation of membrane unsaturated fatty acids is not essential in acid stress response of *Lactococcus lactis* subsp. *cremoris*. *Appl. Environ. Microbiol.*, AEM.02518-02510.

575. Toba T, Virkola R, Westerlund B *et al.* (1995) A Collagen-Binding S-Layer Protein in *Lactobacillus crispatus*. *Appl Environ Microbiol* **61**, 2467-2471.

576. Todorov SD (2009) Bacteriocins from *Lactobacillus plantarum* production, genetic organization and mode of action. *Braz. J. Microbiol.* **40**, 209-221.

577. Todorov SD, Botes M, Guigas C *et al.* (2008) Boza, a natural source of probiotic lactic acid bacteria. *J Appl Microbiol* **104**, 465-477.

578. Torriani S, Felis GE & Dellaglio F (2001) Differentiation of *Lactobacillus plantarum*, *L. pentosus*, and *L. paraplantarum* by recA gene sequence analysis and multiplex PCR assay with recA gene-derived primers. *Appl Environ Microbiol* **67**, 3450-3454.

579. Tou EH (2007) *Caractérisation et amélioration du procédé traditionnel de préparation de la bouillie de mil fermenté, ben-saalga, utilisée comme aliment de complément au Burkina Faso*. PhD thesis, Université de Ouagadougou.

580. Tou EH, Guyot JP, Mouquet-Rivier C *et al.* (2006) Study through surveys and fermentation kinetics of the traditional processing of pearl millet (*Pennisetum glaucum*) into *ben-saalga*, a fermented gruel from Burkina Faso. *Int J Food Microbiol* **106**, 52-60.

581. Tou EH, Mouquet-Rivier C, Picq C *et al.* (2007) Improving the nutritional quality of *ben-saalga*, a traditional fermented millet-based gruel, by co-fermenting millet with groundnut and modifying the processing method. *LWT - Food Science and Technology* **40**, 1561-1569.

582. Tou EH, Mouquet-Rivier C, Rochette I *et al.* (2007) Effect of different process combinations on the fermentation kinetics, microflora and energy density of *ben-saalga*, a fermented gruel from Burkina Faso. *Food Chemistry* **100**, 935-943.

583. Tou el H (2007) *Caractérisation et amélioration du procédé traditionnel de préparation de la bouillie de mil fermenté, ben-saalga, utilisée comme aliment de complément au Burkina Faso*. PhD thesis, Université de Ouagadougou.

584. Troost FJ, van Baarlen P, Lindsey P *et al.* (2008) Identification of the transcriptional response of human intestinal mucosa to *Lactobacillus plantarum* WCFS1 *in vivo*. *BMC Genomics* **9**, 374.

318

585. Turner MS, Hafner LM, Walsh T *et al.* (2003) Peptide surface display and secretion using two LPXTG-containing surface proteins from *Lactobacillus fermentum* BR11. *Appl Environ Microbiol* **69**, 5855-5863.

586. Turpin W, Humblot C, Thomas M *et al.* (2010) Lactobacilli as multifaceted probiotics with poorly disclosed molecular mechanisms. *Int J Food Microbiol* **143**, 87-102.

587. Turpin W., Humblot C. & Guyot J.P. (In Press) Genetic screening of functional properties of lactic acid bacteria in a fermented pearl millet slurry and in the metagenome of fermented starchy foods.

588. Turpin W., Humblot C., Noordine ML *et al.* (Submitted) Analysis of binding ability among lactic acid bacteria.

589. Turroni S, Vitali B, Bendazzoli C *et al.* (2007) Oxalate consumption by lactobacilli: evaluation of oxalyl-CoA decarboxylase and formyl-CoA transferase activity in *Lactobacillus acidophilus*. *J Appl Microbiol* **103**, 1600-1609.

590. Uchida H, Kinoshita H, Kawai Y *et al.* (2006) Lactobacilli binding human A-antigen expressed in intestinal mucosa. *Research in Microbiology* **157**, 659-665.

591. Ulluwishewa D, Anderson RC, McNabb WC *et al.* (2011) Regulation of tight junction permeability by intestinal bacteria and dietary components. *J Nutr* **141**, 769-776.

592. UNICEF (2007) La situation des enfants dans le monde 2007.

593. UNICEF (2008) La situation des enfants dans le monde 2008. 164.

594. UNICEF (2011) La situation des enfants dans le monde 2011.

595. USDA/HNIS (1988) Provisional Table on the Dietary Fiber Content of Selected Foods. HNIS/PT-106. U.S. Goverment Printing Office, Washington, DC.

596. USDA/HNIS (1989) Composition of Foods:Cereals Grains and Pasta. Agriculture Handbook 8-20. U.S. Government Printing Office, Washington, DC.

597. Usinger L, Ibsen H, Linneberg A *et al.* (2010) Human *in vivo* study of the renin-angiotensin-aldosterone system and the sympathetic activity after 8 weeks daily intake of fermented milk. *Clin Physiol Funct Imaging* **30**, 162-168.

598. Valdez GF & Taranto MP (2000) Probiotic properties of lactobacilli. *Methods in Biotechnol* **14**, 173-181.

599. Valeur N, Engel P, Carbajal N *et al.* (2004) Colonization and immunomodulation by *Lactobacillus reuteri* ATCC 55730 in the human gastrointestinal tract. *Appl Environ Microbiol* **70**, 1176-1181.

600. van Baarlen P, Troost FJ, van Hemert S *et al.* (2009) Differential NF-kappaB pathways induction by *Lactobacillus plantarum* in the duodenum of healthy humans correlating with immune tolerance. *Proc Natl Acad Sci U S A* **106**, 2371-2376.

601. van de Guchte M, Serror P, Chervaux C *et al.* (2002) Stress responses in lactic acid bacteria. *Antonie Van Leeuwenhoek* **82**, 187-216.

602. van de Wetering M, Sancho E, Verweij C *et al.* (2002) The beta-catenin/TCF-4 complex imposes a crypt progenitor phenotype on colorectal cancer cells. *Cell* **111**, 241-250.

603. van der Flier LG & Clevers H (2009) Stem cells, self-renewal, and differentiation in the intestinal epithelium. *Annu Rev Physiol* **71**, 241-260.

604. Van Klinken BJ, Dekker J, Buller HA *et al.* (1995) Mucin gene structure and expression: protection vs. adhesion. *Am J Physiol Gastrointest Liver Physiol* **269**, G613-G627.

605. van Pijkeren JP, Canchaya C, Ryan KA *et al.* (2006) Comparative and functional analysis of sortase-dependent proteins in the predicted secretome of *Lactobacillus salivarius* UCC118. *Appl Environ Microbiol* **72**, 4143-4153.

606. Vats P & Banerjee UC (2004) Production studies and catalytic properties of phytases (myo-inositolhexakisphosphate phosphohydrolases): an overview. *Enzyme Microb. Technol.* **35**, 3-14.

607. Velazquez OC, Lederer HM & Rombeau JL (1997) Butyrate and the colonocyte. Production, absorption, metabolism, and therapeutic implications. *Adv Exp Med Biol* **427**, 123-134.

608. Velez MP, Petrova MI, Lebeer S *et al.* (2010) Characterization of MabA, a modulator of *Lactobacillus rhamnosus* GG adhesion and biofilm formation. *FEMS Immunol Med Microbiol* **59**, 386-398.

609. Vesterlund S, Paltta J, Karp M *et al.* (2005) Measurement of bacterial adhesion: in vitro evaluation of different methods. *Journal of Microbiological Methods* **60**, 225-233.

610. Vlahcevic ZR, Heuman DM & Hylemon PB (1989) Physiology and Pathophysiology of Enterohepatic circulation of bile acids. *Zakim and Boyer, Ed. (W.B. Saunders Co., Phil., PA.)*, 341-377.

611. Vogel RF, Bocker G, Stolz P *et al.* (1994) Identification of Lactobacilli from Sourdough and Description of *Lactobacillus pontis* sp. nov. *International Journal of Systematic Bacteriology* **44**, 223-229.

612. Voigt MN & Eitenmiller RR (1978) Role of histidine and tyrosine decarboxylases and mono-amine and diamine oxidases in amine buildup in cheese. *Journal of Food Protection* **41**, 182-186.

613. Voltan S, Martines D, Elli M *et al.* (2008) *Lactobacillus crispatus* M247-Derived H2O2 Acts as a Signal Transducing Molecule Activating Peroxisome Proliferator Activated Receptor-[gamma] in the Intestinal Mucosa. *Gastroenterology* **135**, 1216-1227.

614. von Ossowski I, Reunanen J, Satokari R *et al.* (2010) The mucosal adhesion properties of the probiotic *Lactobacillus rhamnosus* GG SpaCBA and SpaFED pilin subunits. *Appl Environ Microbiol* **76**, 2049-2057.

615. von Ossowski I, Reunanen J, Satokari R *et al.* (2010) The mucosal adhesion properties of the probiotic *Lactobacillus rhamnosus* GG SpaCBA and SpaFED pilin subunits. *Appl Environ Microbiol.*

616. von Ossowski I, Satokari R, Reunanen J *et al.* (2011) Functional characterization of a Mucus-Specific LPXTG Surface Adhesin from Probiotic *Lactobacillus rhamnosus* GG. *Appl Environ Microbiol* **77**, 4465-4472.

617. von Wintzingerode F, Gobel UB & Stackebrandt E (1997) Determination of microbial diversity in environmental samples: pitfalls of PCR-based rRNA analysis. *FEMS Microbiol Rev* **21**, 213-229.

618. Vrancken G, Rimaux T, Weckx S *et al.* (2009) Environmental pH determines citrulline and ornithine release through the arginine deiminase pathway in *Lactobacillus fermentum* IMDO 130101. *Int J Food Microbiol* **135**, 216-222.

619. Wachsman MB, Castilla V, de Ruiz Holgado AP *et al.* (2003) Enterocin CRL35 inhibits late stages of HSV-1 and HSV-2 replication in vitro. *Antiviral Res* **58**, 17-24.

620. Wagner RD (2008) Effects of microbiota on GI health: gnotobiotic research. *Adv Exp Med Biol* **635**, 41-56.

621. Wall T, Bath K, Britton RA *et al.* (2007) The early response to acid shock in *Lactobacillus reuteri* involves the ClpL chaperone and a putative cell wall-altering esterase. *Appl Environ Microbiol* **73**, 3924-3935.

622. Wang X, Qin X, Demirtas H *et al.* (2007) Efficacy of folic acid supplementation in stroke prevention: a meta-analysis. *Lancet* **369**, 1876-1882.

623. Wang Y & Ho CT (2009) Metabolism of Flavonoids. *Forum Nutr* **61**, 64-74.

624. Watanabe M, Kinoshita H, Nitta M *et al.* (2010) Identification of a new adhesin-like protein from *Lactobacillus mucosae* ME-340 with specific affinity to the human blood group A and B antigens. *J Appl Microbiol*.

625. Watanabe M, Kinoshita H, Nitta M *et al.* (2010) Identification of a new adhesin-like protein from *Lactobacillus mucosae* ME-340 with specific affinity to the human blood group A and B antigens. *J Appl Microbiol* **109**, 927-935.

626. Wegkamp A, Starrenburg M, de Vos WM *et al.* (2004) Transformation of folate-consuming *Lactobacillus gasseri* into a folate producer. *Appl Environ Microbiol* **70**, 3146-3148.

627. Weisburger JH (1985) Definition of a carcinogen as a potential human carcinogenic risk. *Jpn J Cancer Res* **76**, 1244-1246.

628. Whitehead K, Versalovic J, Roos S *et al.* (2008) Genomic and genetic characterization of the bile stress response of probiotic *Lactobacillus reuteri* ATCC 55730. *Appl Environ Microbiol* **74**, 1812-1819.

629. WHO (1998) Worldwide variation in prevalence of symptoms of asthma, allergic rhinoconjunctivitis, and atopic eczema: ISAAC. The International Study of Asthma and Allergies in Childhood (ISAAC) Steering Committee. *Lancet* **351**, 1225-1232.

630. WHO/FAO (2001) Human vitamin and mineral requirements, Food and Agriculture Organization. *Rome*, 286pp.

631. WHO/UNICEF (2002) *Global strategy for infant and young child feeding. Geneva: World Health Organisation.*

632. Wiggins R, Hicks SJ, Soothill PW *et al.* (2001) Mucinases and sialidases: their role in the pathogenesis of sexually transmitted infections in the female genital tract. *Sex Transm Infect* **77**, 402-408.

633. Wilks M (2007) Bacteria and early human development. *Early Hum Dev* **83**, 165-170.

634. Williams HR, Cox IJ, Walker DG *et al.* (2009) Characterization of inflammatory bowel disease with urinary metabolic profiling. *Am J Gastroenterol* **104**, 1435-1444.

635. Wodzinski RJ & Ullah AH (1996) Phytase. *Adv Appl Microbiol* **42**, 263-302.

636. Wolvers D, Antoine JM, Myllyluoma E *et al.* (2010) Guidance for substantiating the evidence for beneficial effects of probiotics: prevention and management of infections by probiotics. *J Nutr* **140**, 698S-712S.

637. Wong CG, Bottiglieri T & Snead OC, 3rd (2003) GABA, gamma-hydroxybutyric acid, and neurological disease. *Ann Neurol* **54 Suppl 6**, S3-12.

638. Xu J, Jiang B & Xu S (2002) Screening of lactic acid bacteria for biosynthesis of gamma-amino butyric acid. *Food Science and Technology: No. 10, 7-8, 10*, 7-8.

639. Xu J & Verstraete W (2001) Evaluation of nitric oxide production by lactobacilli. *Appl Microbiol Biotechnol* **56**, 504-507.

640. Yakabe T, Moore EL, Yokota S *et al.* (2009) Safety assessment of *Lactobacillus brevis* KB290 as a probiotic strain. *Food and Chemical Toxicology* **47**, 2450-2453.

641. Yamamoto N, Masujima Y & Takano T (1996) Reduction of membrane-bound ATPase activity in a *Lactobacillus helveticus* strain with slower growth at low pH. *FEMS Microbiology Letters* **138**, 179-184.

642. Yan F, Cao H, Cover TL *et al.* (2007) Soluble Proteins Produced by Probiotic Bacteria Regulate Intestinal Epithelial Cell Survival and Growth. *Gastroenterology* **132**, 562-575.

643. Yuan J, Wang B, Sun Z *et al.* (2008) Analysis of host-inducing proteome changes in bifidobacterium longum NCC2705 grown in Vivo. *J Proteome Res* **7**, 375-385.

644. Yusuf IZ, Umoh VJ & Ahmad AA (1992) Occurrence and survival of enterotoxigenic *Bacillus cereus* in some Nigerian flour-based foods. *Food Control* **3**, 149-152.

645. Zago M, Fornasari ME, Carminati D *et al.* (2011) Characterization and probiotic potential of *Lactobacillus plantarum* strains isolated from cheeses. *Food Microbiol* **28**, 1033-1040.

646. Zamudio M, Gonzalez A & Medina JA (2001) *Lactobacillus plantarum* phytase activity is due to non-specific acid phosphatase. *Lett Appl Microbiol* **32**, 181-184.

647. Zhang XB & Ohta Y (1991) Binding of mutagens by fractions of the cell wall skeleton of lactic acid bacteria on mutagens. *J Dairy Sci* **74**, 1477-1481.

648. Zheng Y, Roberts RJ & Kasif S (2002) Genomic functional annotation using co-evolution profiles of gene clusters. *Genome Biol* **3**, RESEARCH0060.

649. Zhou JS, Gopal PK & Gill HS (2001) Potential probiotic lactic acid bacteria *Lactobacillus rhamnosus* (HN001), *Lactobacillus acidophilus* (HN017) and *Bifidobacterium lactis* (HN019) do not degrade gastric mucin in vitro. *International Journal of Food Microbiology* **63**, 81-90.

650. Zocco MA, dal Verme LZ, Cremonini F *et al.* (2006) Efficacy of *Lactobacillus* GG in maintaining remission of ulcerative colitis. *Aliment Pharmacol Ther* **23**, 1567-1574.

651. Zsivkovits M, Fekadu K, Sontag G *et al.* (2003) Prevention of heterocyclic amine-induced DNA damage in colon and liver of rats by different *Lactobacillus* strains. *Carcinogenesis* **24**, 1913-1918.

652. Zuniga M, Perez G & Gonzalez-Candelas F (2002) Evolution of arginine deiminase (ADI) pathway genes. *Mol Phylogenet Evol* **25**, 429-444.

www.ingramcontent.com/pod-product-compliance
Lightning Source LLC
Chambersburg PA
CBHW021029210326
41598CB00016B/955